普通高等教育"十一五"国家级规划教材

光 纤 通 信

（第四版）

张宝富　陈世林　苏　洋　编著
刘增基　主审

西安电子科技大学出版社

内 容 简 介

　　本书内容涉及光纤通信领域的多个方面，具体包括传输光纤、半导体光源与光检测器、无源光器件、光放大器、光纤通信系统的组成部件及系统设计、SDH 与 WDM 光网络的基本组成原理以及光纤通信常用仪表的基本原理及测试方法等。

　　本书最大的特点是选取已被广泛使用的最具代表性的光纤通信技术，并兼顾现代光纤通信的最新进展，所选内容具有相对的稳定性，是进一步深入学习和掌握光纤通信新技术的基础。

　　本书是光纤通信的一本基础性教材，也是一本普及性读物，可作为高等院校电子信息工程、通信工程、广播电视等相关专业的本科教材和有关光纤通信的自考、函授教材，也可作为光纤通信的教学训练和技术培训教材以及广大科技人员的自学用书。

图书在版编目(CIP)数据

光纤通信/张宝富，陈世林，苏洋编著. --4 版. --西安：西安电子科技大学出版社，2023.6
(2024.8 重印)
ISBN 978 - 7 - 5606 - 6870 - 3

Ⅰ. ①光…　Ⅱ. ①张…　②陈…　③苏…　Ⅲ. ①光纤通信—高等学校—教材
Ⅳ. ①TN929.11

中国国家版本馆 CIP 数据核字(2023)第 066320 号

策　　划　马乐惠
责任编辑　阎　彬
出版发行　西安电子科技大学出版社(西安市太白南路 2 号)
电　　话　(029)88202421　88201467　　邮　　编　710071
网　　址　www.xduph.com　　　　　电子邮箱　xdupfxb001@163.com
经　　销　新华书店
印刷单位　陕西日报印务有限公司
版　　次　2023 年 6 月第 4 版　2024 年 8 月第 2 次印刷
开　　本　787 毫米×1092 毫米　1/16　印张 16.5
字　　数　388 千字
定　　价　42.00 元
ISBN 978 - 7 - 5606 - 6870 - 3

XDUP 7172004 - 2

P 前 言
reface

本教材自 2004 年出版以来，已在全国 50 多所高校使用。许多选用过本教材的老师和同学，通过各种方式提供了许多宝贵意见，为教材的修订工作奠定了基础。为了融合光纤通信的新原理、新技术与主流应用，及时反映其最新研究成果，作者对上一版教材内容进行了重新修订，具体变动如下：

（1）在保持原书风格的基础上，修改了部分不准确的概念表述，修正了部分公式。

（2）删除了部分公式繁琐的推导或证明过程。

（3）重新调整、编写了光纤通信系统与设计的相关内容，删除了光纤测试标准。

（4）增加了多芯少模光纤、射频光纤传输等内容，以保持内容的先进性。

本教材原编著者崔敏和王海潼同志因工作原因未参与本次修订工作，在此对其所做的贡献表示感谢。全书由张宝富负责统稿，其中第 1～5 章由张宝富、苏洋负责完成，第 7～9 章由陈世林负责完成。

由于作者水平有限，书中难免有疏漏和不当之处，欢迎读者批评指正。作者电子邮箱：zhangbaofu@163.com。

编著者

2023.2

C目录
Contents

第 1 章　概　　述

早在 3000 多年前，我国的周朝就有利用烽火台的火光传递信息的通信，这种通信主要用于报警、呼叫或某些特定的事件，是一种利用普通光的视觉光通信。1880 年，贝尔发明了光电话，利用光束来传送语音。但是，受当时技术条件的限制，这种光电话没有真正的使用价值。尽管如此，贝尔仍然是用光束传输信息的先驱者。光电话问世后，光通信的进展很慢，沉 寂了近一个世纪，直至 1960 年，人类成功研制出世界上第一台激光器。激光器为光通信提供了一个良好的光源，可产生理想的光波，使光通信的发展进入了一个新阶段。1970 年，低损耗光纤(20 dB/km)由美国康宁(Corning)公司研制成功，为光通信找到了一个优良的传输介质，又使光纤通信在实用化的道路上向前迈进了一大步，从此便进入了光纤通信迅猛发展的时代。目前，光纤通信的发展远远超出了人们的预期，它给通信领域带来了革命性的变革，并成为 20 世纪最伟大的技术成就之一。

第 1 章课件

本章首先阐明光通信、光纤通信的基本概念，以及与电缆通信相比光纤通信所具有的优点，然后简要介绍光纤通信的发展现状以及对未来的展望，最后介绍学习光纤通信所需的光波基础知识，这对于没有学过光波理论的读者是一个很好的补充。

1.1　光通信的基本概念

光通信是利用光波作为载波来传送信息的一种通信方式。光载波的频率比电通信使用的载波频率高得多，因而其通信容量很大。

通信容量与通信系统的带宽成正比。由于带宽越宽，允许的载波频率(载频)越高，因而通信系统的带宽通常用载频的百分比，即带宽利用系数来表示。例如，一个载频为 100 MHz 的无线电通信系统，如果带宽利用系数为 10%，则系统带宽为 10 MHz；而对于载频为 10 GHz 的微波通信系统，若带宽利用率仍为 10%，则系统带宽为 1 GHz。光波的频率一般在 $1\times10^{14}\sim4\times10^{14}$ Hz 范围内，在带宽利用率仍为 10% 的情况下，系统可利用的带宽在 100 000～400 000 GHz 范围内，这是电通信无法比拟的。

1.1.1　光波在电磁频谱中的位置

光波实际上是高频的电磁波。在讨论高频电磁波时，我们习惯采用波长而不是频率来描述。波长与频率的关系为

$$\lambda = \frac{c}{f} \tag{1.1}$$

其中：λ 为电磁波的波长，其物理含义是电磁波在时间上变化一周，其波前在空间上变化一周所行进的长度；c 为光波在自由空间中传播的速度，其值为 3×10^8 m/s；f 为电磁波的频率，其物理含义是交变电磁波在单位时间(每秒)变化的周期数。

对于光波来说，波长常用单位有微米 μm($1\ \mu$m$=10^{-6}$ m)、纳米 nm($1\ nm=10^{-9}$ m)、埃 Å($1\ $Å$=10^{-10}$ m)。

图 1.1 给出了光波在电磁波频谱中的大体位置分布。无线电波的频率范围为 $3 \sim 300$ MHz，通常将频率为 300 MHz$\sim$300 GHz 范围的无线电波称为微波。光波的频率最高可达 $10^{13} \sim 10^{14}$ Hz，波长范围为 $10 \sim 100\ 000$ nm。可进一步将光波细分为红外线、可见光和紫外线。

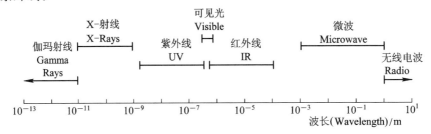

图 1.1　电磁波频谱图

红外线的波长大于 $0.76\ \mu$m。这一波段的波长比可见光的波长要长得多，可细分为近红外($0.76 \sim 2.5\ \mu$m)、中红外($2.5 \sim 25\ \mu$m)和远红外($25 \sim 300\ \mu$m)。这一波段的信号主要用于光波通信、红外制导、电子摄像及天文观测。

可见光的波长范围为 $0.39 \sim 0.76\ \mu$m。这一波段的波长就是人眼实际可见的波长，像自然光源(如太阳光)和白炽灯、日光灯以及许多激光源(如 He-Ne 激光器)等装饰性的人造光源，它们发出的光都是在这一波段。

紫外线的波长小于 $0.39\ \mu$m。这一波段的波长比可见光的波长要短得多。这一波段的信号很少应用于通信。

目前光通信使用的波段主要是位于 $800 \sim 1600$ nm 的红外线。光纤通信所使用的光波波长大约为 $1\ \mu$m，主要位于近红外波段。通常将小于 $1\ \mu$m 的近红外波长称为短波长，将大于 $1\ \mu$m 的近红外波长称为长波长。

1.1.2　激光器产生理想的光波

早期的光通信，如用烽火台的火光传递简短的消息，贝尔的光电话利用太阳光来传递语音信号，它们所传送信息的容量小、距离短、可靠性低，所用设备笨重，究其原因是采用了太阳光等普通光源。

1960 年 7 月 8 日，美国科学家梅曼(Maiman)发明了世界上第一台红宝石激光器。激光器发出的激光与普通光源发出的光相比，其光束的强度极高，方向性极好，光谱的范围小，相位和频率一致性好，其特性与无线电波类似，是一种理想的通信载波，可用来携带信息进行长距离传输。因此激光器的出现使得光通信进入了一个崭新的阶段。

激光一词是从英文 LASER 翻译过来的，而 LASER 一词是由英文"Light Amplification by Stimulated Emission Radiation"中的首字母构成的，其含义是受激辐射光放大。由于激光的频率很高，可极大地提高通信容量，因此引起了通信工作者的广泛重视，使得激光很快在通信领域得到应用。继红宝石激光器之后，各种不同材料的激光器相继出现，如氦-氖激光器、二氧化碳激光器、氩离子激光器和半导体激光器等。

第一个 LD

1.1.3　自由空间光通信(FSO)

激光器问世后，人们就模拟无线电通信进行了大气激光通信的研究，采用的激光源有氦-氖激光器和二氧化碳激光器等。由于发射功率很大，因此那时的激光器的体积相对较大，相应的设备较笨重。近年来大功率半导体激光器的研制成功，使得大气激光通信在实用化的道路上迈出了一大步。由于激光束是在自由空间传播的，因此大气激光通信又称为自由空间光通信(FSO)。目前，FSO 在民用和军事通信中都发挥了重要作用，为建立全天候、具有高机动性和高灵活性、工作稳定可靠的信息传输平台开辟了广阔前景。这主要是由于 FSO 具有如下优点：

(1) FSO 具有安装便捷、使用方便的特点，很适合在特殊地形、地貌及有线通信难以实现和机动性要求较高的场所工作。

(2) FSO 具有不挤占宝贵的无线电频率资源、电磁兼容性好、抗强电磁干扰能力强、保密性好等特点。

(3) 跟微波、毫米波通信系统相比，FSO 系统在价格上也有较强的竞争优势，是一种易于被市场和用户接受的通信手段。

(4) FSO 是组建各种室内、室外局域网和最后 1000 m 接入的有效手段。因为 FSO 的合理应用会使蜂窝网中宝贵的频率资源得到更加充分的利用，所以它对于城市中移动电话蜂窝网的建设和发展有着不可低估的价值。

(5) FSO 是未来实现卫星之间通信的有效手段，在构筑外层空间通信网的过程中将发挥重要的作用。

(6) 由于 FSO 利用极窄的激光束作为载波，传播的发散角非常小，不易捕获，保密性好，因此它具有很好的军事应用前景。

大气光通信与其他无线通信相比虽然具有上述优点，但由于它以大气作为光波的传输介质，因而也存在致命的缺点，目前远未得到应有的发展和推广应用。FSO 主要存在以下技术问题：

(1) 大气信道衰减随机变化量大(雨、雾、灰尘和自然辐射对光能的吸收和散射，使光能迅速衰减)，需要补偿。

(2) 大气湍流现象(因大气中各处的密度和温度不同而引起的)使介质折射率发生不均匀的随机变化，其结果是使接收光斑发生所谓的闪烁现象和漂移现象。

(3) 需要功耗小、转换效率高、激光输出功率大、调制带宽较宽的激光发射器件。

(4) 需要灵敏度高、噪声特性好、适合于常温环境下工作的接收器件。

(5) 需要体积小、重量轻、光学特性好、便于安装、便于调整校准的光学收发天线。

(6) 需要背景噪声的滤除技术。

(7) 在机动性要求高和工作平台方位稳定性差的场合应用时需要自动跟踪瞄准。

1.1.4　光纤是理想的光波传输介质

FSO虽然在机动性、灵活性方面具有优势，适用于大气层视距范围、星际之间、水下等特殊场合的通信，但用于长距离的陆地和海底通信显然不理想。然而光通信的许多优点仍吸引人们进一步探索光波新的传输介质。

为了克服大气对激光束的影响，人们将光波在大气中的传输转移到地下，如在金属或水泥管道内每隔一段距离安放一个反射镜，通过反射镜的反射使光波被限制在管道内向前传输，如图1.2所示。这种方法虽然克服了大气对激光束的影响，但需要摆放许多反射镜，给实际的施工、维护带来诸多不便；而且每反射一次，光能就损耗一次，经过多次反射之后光能迅速降低，传输距离受到限制。类似的方法还有将反射镜换成透镜。这些方法虽然理论上是可行的，但无实际的应用价值。由于光通信在地上（大气光通信）和地下（反射镜传送）都不能理想地传送光波，因而其发展由于传输介质问题而出现了低潮。正在许多人对光通信的前途表示担忧时，英国标准远程通信实验室的英籍华人高锟博士（K. C. Kao）提出了大胆的设想，他认为电可以沿着导电的金属线向前传输，光也可以沿着可以导光的玻璃纤维，即光导纤维传输。光导纤维一词由英国的Kapany在1956年首次提出，他和另一个科技工作者在1951年就用纤维束进行了光传导实验，他们的研究工作促进了在医学领域中应用极广的柔性纤维镜（如胃镜）的发展。

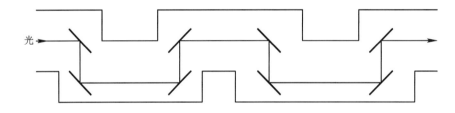

图1.2　利用反射镜传送光束

20世纪60年代，光导纤维的损耗很大，大于1000 dB/km，使得光通信的传输距离限制在短距离内。1970年，纽约康宁（Corning）玻璃厂的Kapron、Keck和Maurer发明了一种低损耗光纤，其损耗小于20 dB/km，这是光通信发展进程中的又一重大突破。这种采用光导纤维（现简称为光纤）来传送光波的通信就是现在所说的光纤通信。自1970年以后，光纤技术以指数规律快速向前发展。1974年，贝尔实验室发明了制造低损耗光纤的方法（称为化学气相沉积法（MCVD）），并成功研制出了损耗为1 dB/km的光纤。1976年，日本电话电报公司研制出具有更低损耗的光纤，损耗下降为0.5 dB/km。20世纪80年代后期，光纤损耗降低到了0.16 dB/km。

1.2　光纤通信的优点

第一根光纤

就在对光纤损耗的研究获得巨大突破的同时，美国贝尔实验室于1970年成功研制出可在室温连续工作的半导体激光器。与气体、液体、固体、离子等激光器相比，半导体激光器体积小、耗电少，通过改变注入电流可方便地实现对信号的调制，具有寿命长、可靠性高等优点。至此，可以说光纤通信向实用化方向发展的两大障碍——没有理想的光载波和传输介质，都得到了圆满的解决。此后各种各样的光纤通信系统如雨后春笋般地发展起来。

1976 年，在美国亚特兰大成功进行了速率为 44.7 Mb/s 的光纤通信系统实验。

1977 年，美国芝加哥电话局进行了速率为 44.7 Mb/s 的光纤通信系统现场试验。

1978 年，日本进行了速率为 100 Mb/s 的光纤通信系统现场试验。

1980 年，日本进行了速率为 400 Mb/s 的光纤通信系统现场试验。

自 1982 年以后，光纤通信迅速发展，促进了光纤的应用和产业化，光纤的需求量呈指数规律上升。无论是在陆地还是在海底都敷设了光纤，光纤甚至已经延伸到了我们的办公桌上和家中。光纤之所以在世界各国的各个领域得到广泛的应用，成为高质量信息传输的主要手段，是因为光纤与传统的金属同轴电缆相比，具有如下优点：

(1) 通信容量大。由于光纤的可用带宽较大，一般在 100 THz 以上，因此光纤通信系统具有巨大的通信容量。而金属电缆存在的分布电容和分布电感实际起到了低通滤波器的作用，使传输频率、带宽以及信息承载能力受到限制。现代光纤通信系统能够将速率为几十 Gb/s 以上的信息传输上百英里(1 英里约为 1.6 km)，允许大约数百万条语音同时在一根光缆中传输。实验室里，传输速率达 Tb/s 级的系统现已研制成功。光纤通信巨大的信息传输能力，使其成为信息传输的主体。

(2) 传输距离长。光缆的传输损耗比电缆低，因而可传输更长的距离。进行长距离通信时，光纤系统仅需要少量的中继器，而光缆与金属电缆的造价基本相同，少量的中继器使光纤通信系统的总成本比相应的金属电缆通信系统的要低。

(3) 抗电磁干扰。光纤通信系统避免了电缆间由于相互靠近而引起的电磁干扰。金属电缆发生干扰的主要原因就是金属导体向外泄漏电磁波。由于光纤的材料是玻璃或塑料，都不导电，因而不会产生电磁波的泄漏，也就不存在相互之间的电磁干扰。

(4) 抗噪声干扰。光纤不导电的特性还避免了光缆受到闪电、电机、荧光灯及其他电器源的电磁干扰(EMI)，外部的电噪声也不会影响光波的传输能力。此外，光缆不辐射射频(RF)能量的特性也使它不会干扰其他通信系统，这对军事上的应用来说是非常理想的，而其他种类的通信系统在核武器的影响下(电磁脉冲干扰)会遭到毁灭性的破坏。

(5) 适应环境。光纤对恶劣环境有较强的适应能力。它比金属电缆更能适应温度的变化，而且腐蚀性的液体或气体对其影响较小。

(6) 重量轻，安全，易敷设。光缆的安装和维护比较安全、简单，这是因为：首先，玻璃或塑料都不导电，没有电流通过或电压的干扰；其次，它可以在易挥发的液体和气体周围使用而不必担心会引起爆炸或起火；第三，它比相应的金属电缆体积小，重量轻，更便于机载工作，而且它占用的存储空间小，运输也方便。

(7) 保密。由于光纤不向外辐射能量，很难用金属感应器对光缆进行窃听，因此，它比常用的铜缆保密性强。这也是光纤通信系统对军事应用具有吸引力的又一个方面。

(8) 寿命长。尽管还没有得到证实，但可以断言，光纤通信系统远比金属设施的使用寿命长，因为光缆具有更强的适应环境变化和抗腐蚀的能力。

当然光纤系统也存在一些不足：

（1）接口昂贵。在实际使用中，需要昂贵的接口器件将光纤接到标准的电子设备上。

（2）强度差。光缆本身与同轴电缆相比抗拉强度要低得多。这可以通过使用标准的光纤包层 PVC 得到改善。

（3）不能传送电力。有时需要为远处的接口或再生的设备提供电能，光缆显然不能胜任，此时在光缆系统中还必须额外使用金属电缆。

（4）需要专用的工具、设备并对人员进行专业培训。需要使用专用工具完成光纤的焊接以及维修；需要专用测试设备进行常规测量；光缆的维修既复杂又昂贵，从事维修光缆工作的技术人员需要通过相应的技术培训并掌握一定的专业技能。

（5）未经受长时间的检验。光纤通信系统的普及时间不太长，还没有足够的时间证实它的可靠性。

1.3　光纤通信的系统组成

光纤通信系统的简化框图如图 1.3 所示。其中最基本的三个组成部分是光发送机、光接收机和光纤链路。光发送机由模拟或数字电接口、电压—电流驱动电路、光源组件与光纤跳线等组成。光接收机包括光纤跳线、光检测器组件、放大器和模拟或数字电接口等。光纤链路由光纤连接器、光缆终端盒、光缆线路盒、中继器和光纤构成。光纤是高纯度的玻璃或塑料光纤，大容量长距离的光纤链路普遍采用石英光纤，对于低速率短距离的传输系统可以采用塑料光纤。

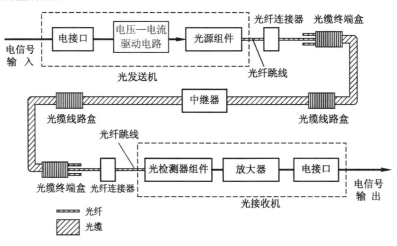

图 1.3　光纤通信系统的简化框图

在光发送机中，光源可由数字信号或模拟信号调试。对于模拟调制，输入电接口要求阻抗匹配并限制输入信号的振幅；对于数字调制，模拟信号应先转变成数字脉冲流，此时输入电接口应包含模/数转换器。

电压—电流驱动电路是输入电接口和光源之间的转换电路。发射机的光源组件中采用的是半导体发光二极管(LED)或注入式半导体激光二极管(ILD)，简称 LD。这两种二极管的光功率与驱动电流成正比。因此，电压—电流驱动电路是用来将输入信号的电压转换为电流以驱动光源的。

将光源、光源光纤耦合器件和一段光纤封装在一起，就形成光源组件。光源光纤耦合器件是一种机械式接口，它的作用是把光源发出的光耦合到光纤中。这一小段光纤常称为尾纤或光纤跳线。同样，将光纤、光纤与光检测器之间的接口和光检测器封装在一起，就形成光检测器组件。光纤与光检测器之间的接口也是一种机械接口，其作用是把光缆中的光尽可能多地耦合到光检测器中。

光检测器常用的有光电二极管(PIN)和雪崩光电二极管(APD)，二者都能将光能转化为电流，然后再通过电流—电压转换器将电流变成输出电压信号。

光接收机输出端的模拟或数字接口是一种电接口。该接口对输出电路起阻抗匹配和信号电平匹配的作用。

光缆由玻璃或塑料纤维光纤、金属包层和外套管组成。光缆可以架空铺设(敷设)，也可以铺设在管道内，或直埋于地下，或铺设于海底。由于制造、铺设等原因，光缆生产厂家生产的光缆一般为 2 km 一盘，因此如果光发送与光接收之间的距离超过 2 km，那么每隔 2 km 就需要用光缆线路盒将光缆连接起来。

光缆线路盒一般置于户外，因而要注意防潮、防腐等措施。

光缆终端盒主要用于将光缆从户外引入室内，将光缆中的光纤从光缆中分出来，一般放置在光设备机房内。

光纤连接器主要用于将光发送机或光接收机与光缆终端盒分出的光纤连接起来，即连接光纤跳线与光缆中的光纤。

中继器主要用于补偿信号由于长距离传送所损失的能量。由于光纤的损耗和带宽限制了光波的传输距离，因此当光纤通信线路很长时，要求每隔一定的距离加入一个中继器，它与有线通信的电话增音机作用相同。但应该指出，由于光纤损耗很低，因此光纤通信的中继距离要比有线通信，甚至微波通信长得多。目前，2.5 Gb/s 单模光纤长波长通信系统的中继距离可达 153 km，已超过微波中继距离的几倍，因而光纤通信线路中的中继器数目相比微波通信线路中的大大减少，从而提高了光纤通信的可靠性和经济效益。

随着光电器件制造技术的进一步发展，将光波直接放大已成为现实。现已研制成功各种类型的光放大器，可作为光直接放大中继器。通过光纤传输后衰减的光信号可用光放大器直接放大并继续向前传输，以达到长距离通信的目的。目前，光放大器尤其是掺铒光纤放大器(EDFA)已在实际的光纤通信系统中被广泛使用。

1.4　光纤通信的回顾与展望

自 1976 年光纤通信开始实用化以来，其通信容量以每 4 年增加 10 倍的速度发展。其发展如此之快，有赖于以下几项支撑技术的进步。

1.4.1 长波长激光器

光纤通信采用的光源是半导体光源,如半导体发光二极管(LED)、半导体激光器(LD)。之所以选择半导体光源是由于它们具有以下优良的特性:

(1) 几何尺寸小,结构紧凑。半导体光源相对其他光源如固体光源、气体光源等是体积最小的,这一特性对于实际应用的通信设备来说是很重要的。

(2) 高的耦合效率。半导体光源由于几何尺寸与光纤的端面尺寸相匹配,因而它发出的光能够更好地耦合进光纤中。

(3) 合适的发光波长。半导体光源发出的光波波长与在光纤中传输时损耗较低的光波波长相一致。

(4) 可靠性较高。半导体光源的功耗较其他光源都低,室温下可连续工作,寿命长。

(5) 可以直接进行调制。通过直接改变其注入电流就可以进行光调制输出。

早期的光纤通信系统采用的是由三元化合物镓铝砷 GaAlAs 制成的半导体光源,其发光波长为 $0.85\ \mu m$。但人们发现,当光波的波长为 $1.3\ \mu m$ 和 $1.55\ \mu m$ 时,在光纤中传输的损耗比 $0.85\ \mu m$ 还低,因而若采用长波长光源的光纤通信系统,其中继距离还会增加,这推动了全世界努力发展长波长激光器的研究工作。终于在 1977 年,人们采用四元化合物铟镓砷磷 InGaAsP 研制成功了 $1.3\ \mu m$ 波长的激光器。

1.4.2 单模光纤(SMF)

1984 年,单模光纤取代了多模光纤,使得光纤通信系统的容量又有了很大增长,这主要归因于单模光纤的带宽比多模光纤的带宽大得多。

所谓单模光纤,是指光纤中只存在一种模式的电磁波由光纤导引沿光纤轴线向前传播,光源耦合进光纤的能量,以该模式向前传输。单模光纤的纤芯直径较小,一般为 $5\sim10\ \mu m$,只有一个传播模;而多模光纤的直径较大,为 $50\ \mu m$ 或 $62.5\ \mu m$,存在多个传播模。光源发出的光在多模光纤传输时,能量被分配在不同的模(模式)上向前传输,不同的模在光纤中传输时速度是不一样的,因而经过一定长度的光纤后,不同的模到达的时间有差异。如有一个光脉冲注入光纤后,经过长距离传输后光脉冲的宽度被展宽了,这种光脉冲的展宽通常称为色散,它严重影响了光纤通信系统的误码性能,限制了光纤通信系统的容量。

1.4.3 SDH 传输体制

为了充分利用光纤信道,通常将来自不同用户的信息(如声音、图像、数据等)组成一个合成信号,并将这一合成信号通过单一的光纤信道进行传送。如果每个用户的数据传输速率都为 R b/s,则 N 个独立的用户以电的方式组成一个传输速率为 $N \times R$ b/s 的合成信号,这一过程在数字通信中通常称为时分复用(TDM)或数字复接。

早期的光纤通信主要用来传送数据速率为 64 kb/s 的话音信号,64 kb/s 的话音信号将通过时分复用(TDM)组成一个高速的数据流。由于欧洲和北美的电话体制不同,因而也

存在两种复接方式(工程中习惯将复用方式称为复接方式,对应的设备称为复接设备)。我国采用了欧洲的体制,这里主要给出欧洲及我国的数字复接体制。首先将 32 个 64 kb/s 的数字信号复用成一个 E1(2.048 Mb/s)信号,简称为 2M 基群或一次群信号,这是第一次复接 DS1;然后用 4 个 2M 信号复接成一个 8M 的二次群信号,其标称速率为 8.448 Mb/s,这是第二次复接。依此类推,用 4 个 8M 信号复接成一个 34M 的三次群信号……该复接体制如图 1.4 所示。这种复接体制称为准同步数字体制(Plesiochronous Digital Hierarchy,PDH)。随着数据传输速率的进一步提高,这种复接体制暴露出越来越多的缺点。

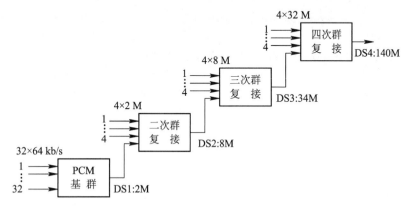

图 1.4　准同步数字体制(PDH)

20 世纪 80 年代,一种新的标准体制出现了,这就是同步数字体制(SDH)。因 SDH 更加适合高速光纤线路传输,所以很快被业务提供商所采用。SDH 在光纤传输链路上承载数字同步 STM $-$ N(N$=$1,4,16,…)信号,这些同步信号是在从 STM $-$ 1(155.520 Mb/s)到 STM $-$ 16(2.488 32 Gb/s)或更高的标准速率范围内的一种速率等级上传输的,其速率等级如表 1.1 所示。最基本的 STM $-$ 1 信号承载在一个 125 μs 的帧结构中,这个帧结构包括所有的传送开销和有效信息载荷(净荷数据),如 PDH 的各次群信号。较高速率的 STM $-$ N 信号是由对多个 STM $-$ 1 进行字节间插 TDM 复用而形成的,所以其帧结构要复杂得多,它包括了所有用于通信的和用于维护的开销字节。STM $-$ 1 的帧结构及段开销字节如图 1.5 所示。

表 1.1　SDH 的标称速率

SONET OC 等级	ITU $-$ T SDH 等级	线路速率/(Mb/s)	简　　称
OC $-$ 1	—	51.84	—
OC $-$ 3	STM $-$ 1	155.520	155M
OC $-$ 12	STM $-$ 4	622.08	622M
OC $-$ 24	—	1244.16	
OC $-$ 48	STM $-$ 16	2488.32	2.5G
OC $-$ 192	STM $-$ 64	9953.28	10.0G

A1	A1	A1	A2	A2	A2	J0	×	×	净负荷区
B1	△	△	E1	△		F1	×	×	(含通道开销)
D1	△	△	D2	△		D3			(260 字节×9 行)
H1	H1	H1	H2	H2	H2	H3	H3	H3	
B2	B2	B2	K1			K2			
D4			D5			D6			
D7			D8			D9			
D10			D11			D12			
S1						M1	E2	×	×

再生段开销（第1~3行）　AU 指针（第4行）　复用段开销（第5~9行）

A1，A2：帧定位字节；

B1，B2：误码监测时的奇偶校验码；

J0：再生段跟踪字节；

D1~D12：用于网管的数据通信通道；

E1，E2：公务通道；

F1：使用者的数据通道；

K2(b6~b8)：远端故障指示,用于复用段

AIS(告警指示信号)检出指示；

M1：远端块误码回送字节,用于 BIP‐24 误码检查；

S1：同步状态信息字节；

×：保留字节；

△：与传输介质有关的特征字节；

K1，K2(b1~b5)：自动保护倒换(APS)；

空字节：待定的字节

图 1.5　STM‐1 的帧结构及段开销字节

1.4.4　光纤放大器

1989 年,光纤放大器开始使用,这是光纤通信发展过程中一个突破性的进展。它给光纤通信带来如下优点：

(1) 中继器的价格下降了。原有的中继器采用的是光—电—光中继,即将光纤中接收的光信号转换为电信号,对电信号进行放大,然后再转换为光信号发送到光纤中,因而中继器实际上相当于一个光接收机和一个光发送机,其成本相当高。采用光纤放大器(直接进行光放大)代替原来的中继器后,中继器的成本降低了。

(2) 对传送的数据速率和调制格式透明,这样系统只需改变链路的终端设备就很容易升级到高的速率。

(3) 可以同时放大多个波长信号,使波分复用(WDM)的实现成为可能。

(4) 提供了系统扩容的新途径,无需增加光纤和工作的速率,只需通过增加波长就可以提高系统的容量。

(5) 最关键的是系统的成本下降了。虽然增加了更多的波长来扩容,但每根光纤所需的中继器或放大器的数目却减少了,而这是决定系统成本的关键因素。

虽然基于 GaAlAs 的半导体光纤放大器首先问世,但最为成功的是掺铒光纤放大器(EDFA),它工作于 1.55 μm 波长。工作在 1.30 μm 波长的掺镨光纤放大器(PDFA)也已研制成功,但未投入商用。

1.4.5　WDM 技术

波分复用(WDM)技术,是继光放大器之后,光纤通信发展史上又一次突破性进展。利用 WDM 技术,可使光纤传输容量获得突破。

WDM 的基本思想是将工作波长略微不同、各自携带了不同信息的多个光源发出的光信号，一起注入同一根光纤进行传输。一个简化的带有光纤放大器的多个波长点到点的光纤通信系统的框图如图 1.6 所示。

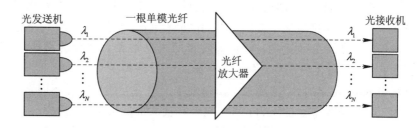

EDFA 的发明

图 1.6 WDM 的简化原理图

由于同一根光纤耦合进了许多波长，因此有效地提高了每根光纤的总带宽。总的信息速率是每个波长的信息速率之和。例如，在同一根光纤中每个波长的速率为 10 Gb/s，如果有 40 个波长，则总的信息速率为 400 Gb/s。目前，每秒达几个太比特(Tb/s)的惊人信息速率也已经实现。

采用 WDM 技术的光纤通信系统具有的主要优点如下：

（1）充分利用了光纤巨大的带宽资源。WDM 技术充分利用了光纤的巨大带宽资源(低损耗波段)，使一根光纤的传输容量比单波长传输容量增加了几倍至几十倍，从而降低了成本，具有很大的应用价值和经济价值。早期的光纤通信系统只在一根光纤中传输一个波长信道，而光纤本身在长波长区域有很宽的低损耗区，有很多的波长可以利用，所以 WDM 技术可以充分利用单模光纤的巨大带宽，在很大程度上解决传输的带宽问题。

（2）同时传输多种不同类型的信号。由于 WDM 技术中使用的各波长相互独立，因而每个波长可以传输特性完全不同的信号，完成各种电信业务信号的综合和分离，包括数字信号和模拟信号以及 PDH 信号和 SDH 信号，实现多媒体信号(如音频、视频、数据、文字、图像等)混合传输。

（3）实现单根光纤双向传输。由于许多通信(如打电话)都采用全双工方式，因而需要两根光纤，一根用于发送信息，另一根用于从对方接收信息。但如果采用 WDM 技术，则只需要一根光纤，其中用一半的波长数发送信息，用另一半的波长数接收信息，因此采用 WDM 技术可节省大量的线路投资。

（4）多种应用形式。根据需要，WDM 技术可有很多应用形式，如陆地长途干线网、广播式分配网络、用户接入网、局域网络、海底光缆等，因此对网络应用十分重要。

（5）节约线路投资。采用 WDM 技术可使 N 个波长复用起来在单根光纤中传输，在大容量长途传输时可以节约大量光纤。另外，采用 WDM 技术对已建成的光纤通信系统扩容方便，只要原系统的功率富余度较大，就可进一步扩容而不必对原系统做大的改动。

（6）降低器件的超高速要求。随着单个波长上传输速率的不断提高，许多光电器件的性能已明显不足，使用 WDM 技术可降低对一些器件在性能上的极高要求，同时又可实现大容量传输。例如要达到总的速率为 40 Gb/s 的传输，采用单个波长传输，光发送机和光接收机中的电子器件要工作在如此高的速率，技术上难度是很大的，对器件的要求是相当高的。但如果采用 16 个波长的 WDM 通信，则每个波长上的工作速率只有 2.5 Gb/s，这对

器件的要求不高，目前很容易实现，而且 16 个波长的 WDM 技术实现起来也很容易。

1.4.6　全光网络

WDM（波分复用）技术的实用化，提供了利用光纤带宽的有效途径，使大容量光纤传输技术取得了突破性进展。点到点之间的光纤传输容量的提高，为高速大容量宽带综合业务网的传输提供了有效途径，而传输容量的飞速增长对现存的交换系统的发展产生了压力。由于电子器件本身的物理极限，传统的电子设备在交换容量上难以再有质的提高，交换过程引入的"电子瓶颈"问题成为限制通信网络吞吐能力的主要因素。

为了减轻交换节点的压力，可将交换粒度大的交换采用光波长交换，而交换粒度小的交换仍采用电子交换，这样就降低了交换节点用电子技术处理的数据速率。例如将大的业务量如 2.5 Gb/s 以上的数据采用基于光波长的交换，引入光交叉连接（OXC）和光分插复用（OADM）功能，而将小的业务量如 64 kb/s、2.048 Mb/s、155 Mb/s 等的交换，采用电子交换，如 SDH 的数字交叉连接（DXC）、数字分插复用（ADM）等，就能充分利用光交换的交换粒度大、交换路数（即端口）少和电子交换的交换粒度小、端口数多的特点，发挥各自的优势。人们将这种基于多波长传输和波长交换技术的网络称为 WDM 光传送网（OTN），也称为全光网络（AON）。全光网络被认为是网络升级的优选方案。

全光网络解决了多波长光网络中波长交换和波长复用传输等问题，可解除交换过程对光网络的限制，建立具有高度灵活性和生存性的多波长光网络，被普遍认为是可行且有发展前途的方案。

全光网络中各节点信号的连接和交换在光域内进行，波长路由就是指这种连接和交换依据波长来确定，亦即当光信号从输入端（信号源）传送到输出端（用户）时，是根据它们的波长进行路由选择的。波长路由有两个特点：

（1）波长路由决定了光信号选取的路径，如果多波长复合信号从同一节点发出，则各个波长信号将到达不同的目的点，而目的点的数目等于各个节点产生的波长数。

（2）每个波长的信号被限制在某一特定路径，因而在整个网络的不同路径上同一个波长可以多次重用，只要这些路径不共存于相同的光纤链路即可。这就是所谓的波长空间复用。

全光网络具有如下的主要优点：

（1）可以极大地提高光纤的传输容量和节点的吞吐量，以适应未来高速宽带通信网的要求。

（2）OXC 和 OADM 对信号的速率和格式透明，可以建立一个支持多种电通信格式的、透明的光传送平台。

（3）以波长路由为基础，可实现网络的动态重构和故障的自动恢复，构成具有高度灵活性和生存性的光传送网（OTN）。

全光网具有可重构性、可扩展性、透明性、兼容性、完整性和生存性等优点，是目前光纤通信领域的研究热点和前沿。以美国为代表的北美地区、欧盟以及亚洲的日本都已开展了光网络技术的研究，并进行了系统性的大规模网络应用试验。我国自 1996 年开始设立国家级项目，研究波分复用全光网，并取得了突出进展。可以预言，全光网的研究和实用化进程，必将使网络的性能和业务的提供能力跨上新的台阶。

1.5 光波技术基础

光纤通信是一门理论性很强、实验性要求较高的课程。其中有些内容，如激光器是如何产生激光的、光波是如何在光纤中传播的、光纤光栅和光学滤波器等光器件是如何工作的等，必然涉及光和物质的共振相互作用、光波的传播规律等基本的原理。为了使读者对光纤中的光传播和各种光器件的工作原理有更透彻的了解，本节提供了广泛而深入的基础知识，且简化了复杂的数学推导，尽可能少地列出了所必需的一些公式。有兴趣的读者可参阅具有更深理论和完整数学推导的教材或参考资料。

1.5.1 光的波粒二象性

光具有两种特性：波动性和粒子性。所谓波动性，就是说光具有电磁波的特性，粒子性就是说光具有运动粒子的特性。

1. 光的波动性

就像无线电波或 X 射线一样，光也是电磁波，是一种频率远高于电波的电磁波，会产生反射、折射、衍射、干涉、偏振、衰落、损耗等。

电磁波满足电磁方程即麦克斯韦方程。当电磁波在没有电流和电荷的线性均匀介质中传播时，麦克斯韦方程可化简为描述电磁波的波动方程，用公式表述为

$$\nabla^2 \boldsymbol{E} = \left(\frac{1}{v^2}\right)\left(\frac{\partial^2 \boldsymbol{E}}{\partial^2 t}\right) \tag{1.2a}$$

和

$$\nabla^2 \boldsymbol{H} = \left(\frac{1}{v^2}\right)\left(\frac{\partial^2 \boldsymbol{H}}{\partial^2 t}\right) \tag{1.2b}$$

式中，∇^2 是二阶拉普拉斯算子，v 是均匀介质中电磁波的前进速度，$\boldsymbol{E}$ 和 $\boldsymbol{H}$ 分别是电场和磁场。

单个频率或波长的波称为单色波，相应的单个频率或波长的光称为单色光，它们是麦克斯韦方程的一个特解：

$$\boldsymbol{E}(\boldsymbol{r}, t) = \boldsymbol{E}_0 \mathrm{e}^{\mathrm{i}(2\pi f)t - \mathrm{i}\boldsymbol{k}\cdot\boldsymbol{r}} \tag{1.3}$$

式中，$\boldsymbol{E}_0$ 为光波电场的振幅矢量；$\boldsymbol{k}$ 为波矢，对于单色平面电磁波，它的方向就是光的传播方向，大小就是波的相位传播常数 β；$\boldsymbol{r}$ 为空间位置坐标矢量。

光作为一列波，常使用频率（和波长）、相位传播常数、传播速度、偏振等物理量来说明其特征。

如前所述，波长的单位为纳米（nm）或微米（μm），另一个偶尔会用到的单位是埃（1 Å=10^{-10} m）。

频率是每秒的波数，其单位是周数每秒（C/s）或赫兹（Hz），它与波长的关系如公式（1.1）所示。

光波的速度与光波所在的介质有关。光在真空中的速度最快，为 $2.997\,924\,583 \times 10^8$ m/s，约为 3×10^8 m/s。光在介质中的传播速率为

$$v = \frac{c}{n} \tag{1.4}$$

式中，n 为介质的光学折射率。

光波具有偏振特性。由于电场和磁场都是矢量，它们的幅度和方向都随时间改变。实际上，这两个矢量在垂直于光波的传播方向上变化，也就是说它们在光的传播方向上的分量一般很小甚至为零，这种电磁波称为模电磁波 TEM。如果在所有垂直于光波的传播方向上的电场和磁场的振幅不变，即具有相同的强度，则称光波为圆偏振光或无偏振光；但如果其强度在某些方向强，在某些方向弱甚至为零，则称光波为偏振光，如椭圆偏振光和线性偏振光。线性偏振光习惯上称为线偏振光，是一种极端情况，即电场和磁场只存在于垂直于传播方向的一个方向上。我们习惯将电场的振动方向称为偏振方向。

图 1.7 给出了沿光波传播方向上的偏振情形。图中假设光波垂直入射到纸面。

无偏振或圆形偏振光　　　　椭圆偏振光　　　　线性偏振光

图 1.7　光波的偏振

2. 光的粒子性

和所有运动的粒子一样，光具有能量、动量和质量，也能产生压力，使轮子转动（Compton 的实验）等。因此，光也可以用粒子的数目来描述。单色光的最小能量称为光子。

（1）光子的能量 E 与光波频率 f 的对应关系为

$$E = hf \tag{1.5}$$

式中，$h = 6.626 \times 10^{-34}$ J·s，称为普朗克常数。

（2）光子具有运动质量，可表示为

$$m = \frac{E}{c^2} \tag{1.6}$$

光子的静止质量为零。

（3）光子的动量与单色平面光波的波矢量的对应关系为

$$P = \frac{h}{2\pi} \boldsymbol{k} \tag{1.7}$$

（4）光子具有两种可能的独立偏振状态，对应于光波场的两个独立偏振方向。

（5）光子具有自旋特性。

上述基本关系后来均被康普顿（Arthur Compton）的散射实验证实（1923 年），并在现代量子电动力学中得到了理论解释。量子电动力学从理论上把电磁波动理论和光的粒子理论在电磁场量子化描述的基础上统一起来，从而阐明了光的波粒二象性。

1.5.2　光与物质的相互作用

当光进入物质时，它的电磁波与物质原子之间要相互作用，这种相互作用导致了光纤的色散和非线性现象。色散和非线性是光纤通信系统设计时必须考虑的重要因素，并且这种相互作用中的受激辐射过程是激光器的物理基础。本小节只给出受激辐射的基本概念。

受激辐射的概念是爱因斯坦在 1917 年首先提出的。为了从理论上解释黑体辐射分布规律，人们从经典物理学出发所作的努力都归于失败。后来普朗克提出了与经典理论概念完全不相容的辐射量子化假设，并在此基础上成功地得到了与实验相符的黑体辐射普朗克公式。爱因斯坦从光量子概念出发重新推导了黑体辐射普朗克公式，并在推导中提出了两个重要概念：自发辐射和受激辐射。40 年后，受激辐射的概念在激光技术中得到了广泛应用。

我们知道，处于某一温度 T 的物体能够吸收或发射电磁波。例如不透明的物体能吸收部分波长的电磁辐射，普通光源如日光灯能产生热辐射。如果某一物体是能够完全吸收任何波长的电磁辐射的物体，则称此物体为黑体。如果将一个球状物体的表面开一个小孔，此球状物体就成为一个较理想的黑体，因为从小孔射入球状物体内的任何波长的电磁辐射在球状物体内来回反射而不再逸出来，在温度 T 的热平衡下，为了保持能量守恒，它吸收的辐射量应等于发出的热辐射能，即黑体与辐射场之间应处于热平衡状态。显然，这种热平衡必然导致物体内存在确定的辐射场，辐射场是温度 T 和频率的函数，即黑体辐射满足普朗克公式。

普朗克公式表示的黑体辐射，实质上是辐射场和构成黑体的物质原子相互作用的结果。爱因斯坦从辐射与原子相互作用的量子论观点出发，提出相互作用应包含原子的自发辐射跃迁、受激辐射跃迁和受激吸收跃迁三个过程。为简化问题，我们只考虑原子的两个能级 E_2 和 E_1，并有

$$E_2 - E_1 = hf \tag{1.8}$$

其中，f 为辐射场的频率。

（1）自发辐射（如图 1.8(a)所示）。处于高能级 E_2 的一个电子自发地向 E_1 跃迁，并发射一个能量为 hf 的光子，这种过程称为自发跃迁。由电子自发跃迁发出的光子称为自发辐射。自发跃迁是一种只与原子本身性质有关而与辐射场无关的自发过程。

（2）受激吸收（如图 1.8(b)所示）。显然，如果黑体物质原子和辐射场相互作用只包含上述自发跃迁过程，是不能维持物体内辐射场的稳定的。因此，爱因斯坦认为，必然还存在一种原子在辐射场作用下的受激跃迁过程，从而第一次从理论上预言了受激辐射的存在。由于自发辐射会因为高能态的粒子数很快消耗而衰弱，因此如果只存在自发辐射过程，则不可能建立稳定的场。

处于低能态 E_1 的一个原子，在频率为 f 的辐射场作用（激励）下，受激地向 E_2 能态跃迁并吸收一个能量为 hf 的光子，这种过程称为受激吸收跃迁。应该强调的是，受激跃迁和自发跃迁是本质不同的物理过程，自发辐射只与原子本身性质有关，而受激吸收不仅与原子本身性质有关，还与辐射场有关。

（3）受激辐射（如图 1.8(c)所示）。受激吸收跃迁的反过程就是受激辐射跃迁。由原子

受激辐射跃迁发出的光子称为受激辐射。

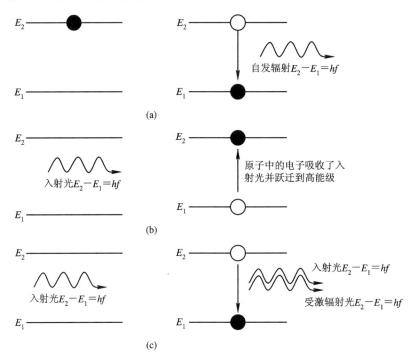

图 1.8　原子自发辐射、受激吸收、受激辐射示意图

　　受激辐射与自发辐射的重要区别是相干性。如前所述,自发辐射是电子在不受外界辐射场控制情况下的自发过程。因此,大量原子的自发辐射场的相位是无规则分布的,因而是不相干的。此外,自发辐射场的传播方向和偏振方向也是无规则分布的。而受激辐射是指在外界辐射场的控制下,高能态 E_2 的电子跃迁到低能态 E_1,释放出一个能量为 hf 的光子,该光子与辐射场的光子完全一样。由于所有受激辐射光子是在同一辐射场的激发下产生的,受激辐射场与入射辐射场完全一样,因而是相干的。受激辐射是激光工作的物理基础。

1.5.3　电介质的极化

　　处在电磁场中的物质会受到场的作用。对电介质来说,电磁场中电场分量的作用是主要的。因此在讨论它与场的相互作用时,我们忽略磁场分量的影响。

　　电介质由原子组成,原子所带的电荷只局限在空间小区域内,这样一个微小的带电体系可看作该区域内某一点处各级电多极子(单极子、偶极子、四极子……)的叠加,它与电磁场的作用表现为各级电多极子与电场的作用。在没有外场时,原子内的电荷分布使原子不表现出极性。然而当存在外加电场时,原子内正负电荷在场的作用下,其分布会发生变化,结果使得电荷体系的多极子展开不同于无外场时的情形。这时原来不具有偶极性的原子可能表现出偶极性,这就是原子在外场作用下的感应电偶极化。由于原子的正负电荷数量相等,因此其多极子展开式中第一项(单极子)为零。在激光器中,外加电场就是腔内的激光场,它可能很强,但在原子范围内变化缓慢,因此高阶项(如四极子等)与场的作用为零。鉴于上述理由,我们以后只考虑场与原子的偶极相互作用。在这种情况下,原子与外场的作用等同于一个偶极子与外场的作用。因此可以设想原子由两个很小的带电小球(为简单起见,假定原子只有一个电子)组成,它们是如此之小,以至于可以被当作点电荷。在没有外场时,它们几乎重合在一起,因而不具有偶极性。有外场时,由于场的作用,正负电荷不再重合,被拉开了一段距离,从而形成电偶极子。电偶极子的特性存在主动方面和被动方面,即在它产生场方面和受其他场的作用方面,均可由电偶极矩来描述,它是电子电荷量的绝对值与正负电荷之间距离的乘积。显然,场强越强,正负电荷受到的场的作用力就越大。不过它与场强的关系并不完全是线性关系。以上就是我们所熟悉的原子极化的经典模型。

一般采用宏观电极化强度来描述物质的极化,它定义为单位体积内电偶极矩的总和。在偶极相互作用下,电感应强度 D、电场强度 E、电极化强度 P 存在着一定的关系。实验表明,当与原子相互作用的场比较弱,即外界场远远小于原子内的电子所经受到的库仑场(它约为 10^9 V/cm)时,极化强度与电场强度近似呈线性关系:

$$P_L = \varepsilon_0 \chi_L E \qquad (1.9)$$

式中,P_L 表示与 E 呈线性关系的介质极化强度,χ_L 为线性电极化率。

激光技术的出现,使获得强场成为可能。当场强增大到可与原子内的电子所经受到的库仑场相比拟的程度时,在一些非线性介质中,会明显地出现一些在弱场时观察不到或不易观察到的非线性现象。在强场时,P 与 E 的近似线性关系已不适用,因此应对式(1.9)进行修改。修改后的极化强度与场强的关系式对强场与弱场均能适用。既然在弱场时式(1.9)成立,所以可以认为它是极化强度的一级近似表达式,它只包含场强的一次幂。当场强增强时,一级近似表达式不复成立,这时可以在一级近似表达式的基础上加一项二级修正项 $P^{(2)}$,它包含场强的二次幂。如果加了二级修正项后还不能解释新的物理现象(如四波混频过程),则应在极化强度的表达式中再加进三级修正项 $P^{(3)}$,它与场强的二次幂有关……这样,极化强度 P 可写成

$$\begin{aligned} P &= P_L + P_{NL} \\ &= P^{(1)} + P^{(2)} + P^{(3)} + \cdots \\ &= \varepsilon_0 [\chi^{(1)} \cdot E + \chi^{(2)} : E + \chi^{(3)} \vdots E + \cdots] \end{aligned} \qquad (1.10)$$

式中,$P_L = P^{(1)}$,$P_{NL} = P^{(2)} + P^{(3)} + \cdots$,它们分别为极化强度的线性项与非线性项;$\chi^{(1)}$ 为线性电极化率;$\chi^{(2)}$ 为二次非线性电极化率,为二阶张量;$\chi^{(3)}$ 为三阶张量;其余类推。

场与物质相互作用的非线性效应向人们揭示了新的物理现象,有的非线性效应已经得到了越来越多的应用。实际上,当许多波长不同的波以高的功率进入光纤,即进行波分复用(WDM)光纤传输时就会有非线性效应产生,如四波混频(FWM)、受激布里渊散射(SBS)、受激拉曼散射(SRS)等。这些将在后面介绍。

1.5.4 光波的传播特性

由上面的分析可知,分析光的波粒二象性及光与物质的相互作用时,严格的理论是量子电动力学,即将光频电磁场和物质原子都作量子化处理,并将二者作为一个统一的整体来描述。但并不是说描述光的任何特性时都一定要采用量子电动力学的全部观点和方法,

这将会带来不必要的复杂性。正确的做法是用不同近似程度的理论来描述光的不同层次的特性,每一种近似理论都揭示出光的某些规律,但也掩盖了某些更深层次的规律。人们在多年科学研究的基础上总结了许多好的近似分析方法,如:几何光学即射线理论可用来描述光的粒子性,揭示光的直线传播、反射折射等现象,但不能描述光的波动特性;波动理论用来描述光的波动特性,揭示光的干涉、衍射等现象,但掩盖了光的粒子性;上面的原子极化的经典模型(物质被看作电偶极子)成功地解释了光的吸收、色散特性;速率方程理论(量子化光的辐射场)成功地解释了激光的强度。

这里采用波动理论来描述一些光在介质中的传输特性。我们知道光在介质中传播时,不同的物质对光的影响是不同的,同时这种影响还会受到介质本身的缺陷、杂质以及环境如温度、压力等的影响。对光而言,物质大体可分为透明物质(让光全部通过)、半透明物质(让部分光通过)和不透明物质(不让光通过)。显然我们感兴趣的是半透明物质和透明物质,因为半透明的物质可以用来制作光纤通信用的光器件,如红色等彩色玻璃(让部分波长的光通过)可以用作光学滤波器,在透明玻璃上镀一层金属膜可以制作光衰减器(衰减部分光功率),而透明物质如干净的玻璃、晶体等具有很好的光学特性。

透明物质又可以细分为以下几种:

(1) 各向同性物质与各向异性物质。各向同性物质是指整个材料中的每一个方向都具有相同的光学特性,如相同的折射率、偏振、传播常数等;反之,不具备这些特性的材料为各向异性物质。双折射现象就是由于材料在特定的方向具有不同的折射率所致。当无偏振光束进入物质时,该光束会分为两束,这两束光具有不同的偏振、不同的方向和不同的传播常数,称为寻常光和不寻常光。值得注意的是,各向同性物质在外界应力的作用下会变成各向异性物质。

(2) 线性介质与非线性介质。线性介质的电极化强度与电场成正比,即呈线性关系。非线性介质的电极化强度与电场的一次方有关,还与电场的平方甚至三次方有关。当电场强度较强时,原来的线性介质会变成非线性介质,如注入光纤的光强较强时光纤就是非线性介质。

(3) 均匀物质与不均匀物质。均匀物质的整个材料通体都具有一致的性质,包括机械、电、磁、化学、结晶等。不均匀物质不具有均匀性。

光实际上也是电磁波,只不过其频率比大家熟知的无线电波等的频率高得多。光波在介质中的传播同样可以用以上电磁波的麦克斯韦方程来描述。单色平面电磁波是麦克斯韦方程的一个特解,由公式(1.2)给出。而麦克斯韦方程的通解可表示为一系列单色平面电磁波的线性叠加。

在自由空间中,具有任意波矢 k 的单色平面电磁波都可以存在。但在一个有边界条件限制的空间如矩形波导、谐振腔、光纤(实际上是一圆柱波导)中,只能存在一系列独立的具有特定波矢 k 的单色驻波。这种能够存在于有限空间内的驻波(以某一波矢 k 为标志)称为电磁波的模式或光波模。一种模式就是电磁波运动的一种类型,不同的模式以不同的波矢 k 区分。考虑到电磁波的两种独立的偏振,因此同一波矢 k 对应着两个具有不同偏振方向的模,被称为偏振模(PM)。

习 题 一

1. 光纤通信的优缺点各是什么？

2. 光纤通信系统由哪几部分组成？各部分的功能是什么？

3. 假设数字通信系统能够在高达 1% 的载波频率的比特率下工作，试问：在 5 GHz 的微波载波和 1.55 μm 的光载波上能有多少路 64 kb/s 的音频信道？

4. SDH 体制有什么优点？

5. 简述未来光网络的发展趋势及关键技术。

6. 简述 WDM 的概念。

7. 解释光纤通信为何越来越多地采用 WDM＋EDFA 方式。

8. 全光网络的优点是什么？

第 1 章习题答案

第 2 章　光　　纤

光纤的主要成分是二氧化硅（SiO_2），它具有很好的光传播特性，已经成为话音、数据和图像等信息高速传输的优选介质。光纤与铜线相比具有极低的损耗和几乎无限的带宽，不受电磁干扰和腐蚀等优点，它是光纤通信系统的重要组成部分。

第 2 章课件

光纤除了有光传播特性外，还具有其他优良的光学特性。当光在光纤中向前传播时，由于光与物质的相互作用，从光纤输出的光波的性质已发生了变化，这些变化取决于入射光波的强度、波长和光纤材料等。从传送信号的角度看这可能是不希望的，但可以利用它来制造具有优良的光学性能的各类光纤器件，如光纤光栅、光纤放大器、光纤激光器等。这些光纤器件将在第 4 和第 5 章介绍。另外，外界的环境如温度、压力、光场和其他外部电磁场等因素对光在光纤中的传播也有影响，利用这种影响可以制成各种类型的传感器，如温度传感器、压力传感器等，这些内容属于光纤传感器讨论的范围，本书不作介绍。

本章主要介绍光纤及其传播特性。首先介绍光纤的主要成分、光纤的结构、光纤的制造工艺及光缆的结构，然后主要采用几何光学理论分析光如何在光纤中传播，最后讨论光在光纤中传播时受到的损伤，如光纤中的损耗、光纤中的色散、光纤中存在的非线性现象等。关于模式理论，本章没有作深入的分析，而是采用了定性分析方法，着重于物理概念和结论的含义讲解。

2.1　光纤与光缆

2.1.1　光纤的结构

光纤的基本结构一般是双层或多层的同心圆柱体，如图 2.1 所示。其中心部分是纤芯，纤芯外面的部分是包层，纤芯的折射率高于包层的折射率，从而形成一种光波导效应，使大部分的光被束缚在纤芯中传输，实现光信号的长距离传输。由纤芯和包层组成的光纤常称为裸光纤，这种光纤如果直接使用，由于裸露在环境中，容易受到外界温度、压力、水汽的侵蚀等，因而实际应用的光纤都是在裸光纤的外面增加了防护层，用来缓冲外界的压力，增加光纤的抗拉、抗压强度，并改善光纤的温度特性和防潮性能等。防护层通常也包括好几层，细分为包层外面的缓冲涂层、加强材料涂覆层以及最外一层的套塑层。光纤的套塑方法有两种：紧套和松套。紧套是指光纤在二次套管内不能自由松动；而松套光纤则有一定的活动范围。紧套的优点是性能稳定，外径较小但机械性能不如松套，因为紧套无松套的缓冲空间，易受外力影响。松套光纤温度性能优于紧套，制作比较容易，但外径较大，为避免水分进入，需要填充半流质的油膏来提高光缆的纵向封闭性能。现在的发展趋势是采用松套方法。经过涂覆、套塑形成的光纤常称为被覆光纤。

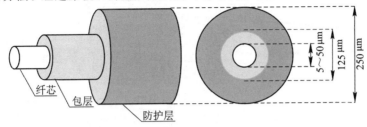

图 2.1　光纤的基本结构

光纤的几何尺寸很小，纤芯直径一般在 $5\sim50\ \mu m$ 之间，包层的外径为 $125\ \mu m$，包括防护层，整个光纤的外径也只有 $250\ \mu m$ 左右。

2.1.2　光纤的主要成分

目前通信用的光纤主要是石英系光纤，其主要成分是高纯度的 SiO_2。如果在石英中掺入折射率高于石英的掺杂剂，就可以制作光纤的纤芯。同样，如果在石英中掺入折射率低于石英的掺杂剂，就可以作为包层材料。纤芯中广泛应用的掺杂剂为二氧化锗（GeO_2）、五氧化二磷（P_2O_5）等，包层中主要的掺杂剂为三氧化二硼（B_2O_3）、氟（F）等。

2.1.3　光纤的制造工艺简介

光纤是由圆柱形预制棒拉制而成的，因而光纤的生产工艺主要包括怎样制造圆柱形预制棒和拉丝工艺。

1. 预制棒的制造方法

预制棒的制造方法主要有管内化学气相沉积法，如改进的化学气相沉积法（Modified Chemical Vapour Deposition，MCVD）、等离子体气相沉积法（Plasma Chemical Vapour Deposition，PCVD）和管外化学气相沉积法。而管外化学气相沉积法又分为气相轴向沉积法（Vapour Phase Axial Deposition，VAD）和外气相沉积法（Outside Vapour Deposition，OVD）两种。

MCVD 是目前使用最广泛的预制棒生产工艺。MCVD 法生产光纤预制棒的基本原理是用氧气按特定的次序将 SiO_2、$GeCl_4$、BCl_3 送入旋转的高纯硅管中，硅管维持较高的温度，使硅和掺杂元素（Ge、B 等）按受控方式产生化学反应。反应的产物均匀沉积在硅管的内壁，随着沉积的不断产生，中空的硅管逐渐被封闭。

首先沉积的是光纤的包层，其氧化反应的化学过程如下：

$$SiCl_4+O_2 \xrightarrow{\text{高温}} SiO_2+2Cl_2 \uparrow$$

$$4BCl_3+3O_2 \xrightarrow{\text{高温}} 2B_2O_3+6Cl_2 \uparrow$$

最后沉积光纤的纤芯，其氧化反应过程如下：

$$SiCl_4+O_2 \xrightarrow{\text{高温}} SiO_2+2Cl_2 \uparrow$$

$$GeCl_4+O_2 \xrightarrow{\text{高温}} GeO_2+2Cl_2 \uparrow$$

为了保证沉积的均匀性，在整个过程中要以一定的速度旋转石英管，并使氢氧焰喷灯以适当的速度沿石英管来回移动。图 2.2 给出了其工艺示意图。

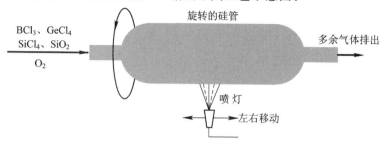

图 2.2 用 MCVD 法制造预制棒的工艺

2. 拉丝工艺

预制棒拉制成光纤的示意图如图 2.3 所示。当预制棒由送棒机构以一定的速度均匀地送往环形加热炉中加热，且预制棒尖端加热到一定的温度时，棒体尖端的黏度变低，靠自身重量逐渐下垂变细而成纤维，由牵引棍绕到卷筒上。光纤外径和内外圆的同心度由激光测径仪和同心度测试仪监测，其监测结果控制送棒机构和牵引辊相互配合，以保证光纤的同心度和外径的均匀性。目前，光纤的外径波动可控制在 $\pm 0.5~\mu m$ 以内，拉丝速度一般为 600 m/min。

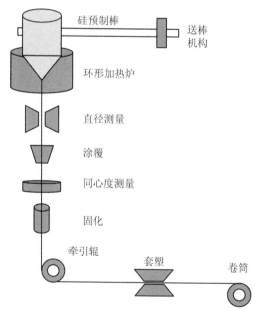

图 2.3 光纤制造的拉丝工艺

2.1.4 光缆的技术要求

为了构成实用的传输线路，同时便于工程上安装和敷设，常常将若干根光纤组合成光缆。虽然在拉丝过程中经过涂覆、套塑的光纤已具有一定的抗拉强度，但仍经不起弯折、扭曲等侧压力，所以必须把光纤和其他保护元件组合起来构成光缆，使光纤能在各种敷设条件下和各种工程环境中使用，达到实际应用的目的。

光缆的最主要的技术要求是保证在制造成缆、敷设以及在各种使用环境下光纤的传输性能不受影响并具有长期稳定性。其主要性能有：

（1）机械性能：包括抗拉强度、抗压、抗冲击和弯曲性能。

（2）温度特性：包括高温和低温温度特性。

（3）重量和尺寸：每千米重量（kg/km）及外径尺寸。

其中最关键的是机械性能，它是保持光缆在各种敷设条件下都能为缆芯提供足够的抗拉、抗压、抗弯曲等机械强度的关键指标。光缆必须采用加强芯和光缆防护层（简称护层）。根据敷设方式的不同，护层要求也不一样：

管道光缆的护层要求具有较高的抗拉、抗侧压、抗弯曲的能力；

直埋光缆要加装铠装层，要考虑地面的振动和虫咬等；

架空光缆的护层要考虑环境的影响，还要有防弹层等；

海底光缆则要求具有更高的抗拉强度和更高的抗水压能力。

2.1.5　光缆的结构

为了满足以上所说的光缆的性能，必须合理地设计光缆的结构。光缆的结构可分为缆芯、加强元件和护层三大部分。

缆芯是光缆结构中的主体，其作用主要是妥善地安置光纤的位置，使光纤在各种外力影响下仍能保持优良的传输性能。多芯光缆还要对光纤进行着色以便于识别。另外，为防止气体和水分子浸入，光纤中应具有各种防潮层并填充油膏。

加强元件有两种结构方式，一种是放在光缆中心的中心加强方式，另一种是放在护层中的外层加强方式。对加强元件的要求是具有高杨氏模量、高弹性范围、高比强度（强度和重量之比）、低线膨胀系数、优良的抗腐蚀性和一定的柔软性。加强件一般采用钢丝、钢绞线或钢管等，而在强电磁干扰环境和雷区中则应使用高强度的非金属材料玻璃丝和凯夫拉尔纤维（Kevlar）。

光纤护层同电缆护层一样，是由护套等构成的多层组合体。护层一般分为填充层、内护套、防水层、缓冲层、铠装层和外护套等。

填充层是由聚氯乙烯（PVC）等组成的填充物，起固定各单元位置的作用。

内护套是置于缆芯外的一层聚酯薄膜，一方面可将线芯扎成一个整体，另一方面也可起隔热和缓冲的作用。

防水层用在海底光缆中，由密封的铝管等构成。

缓冲层用于保护缆芯免受径向压力，一般采用尼龙带沿轴向螺旋式绕包线芯的方式。

铠装层是在直埋光缆中为免受径向压力而在光缆外加装的金属护套。

外护套是利用挤塑的方法将塑料挤铸在光缆外面，常用材料有 PVC、聚乙烯等。

2.1.6　常用光缆的典型结构

根据缆芯结构，光缆可分为层绞式、骨架式、带状式和束管式四大类。图 2.4 为各类光缆的典型结构示意图。我国和欧亚各国多采用前两种结构。

层绞式光缆结构（图 2.4（a））与一般的电缆结构相似，能用普通的电缆制造设备和加工工艺来制造，工艺比较简单，也较成熟。这种结构由中心加强件承受张力，而光纤环绕在

中心加强件周围,以一定的节距绞合成缆,光纤与光纤之间排列紧密。当光纤数较多时,可先用这种结构制成光纤束单元,再把这些单元绞合成缆,这样可制得高密度的多芯光缆。由于光纤在缆中是"不自由"的,当光缆受压时,光纤在护层与中心加强件之间没有活动余地,因此层绞式光缆的抗侧压性能较差,属于紧结构光缆。通常采用松套光纤以减小光纤的应变。

骨架式结构(图 2.4(b))是指在中心加强件的外面制作一个带螺旋槽的聚乙烯骨架,在槽内放置光纤绳并充以油膏,光纤可以自由移动,并由骨架来承受轴向拉力和侧向压力,因此骨架式结构光纤具有优良的机械性能和抗冲击性能,而且成缆时引起的微弯损耗也小,属于松结构光缆。其缺点是加工工艺复杂,生产精度要求较高。

带状式光缆(如 2.4(c))是一种高密度结构的光纤组合,它是将一定数目的光纤排列成行制成光纤带,然后把若干条光纤带按一定的方式排列扭绞而成的。其优点是空间利用率高,光纤易处理和识别,可以做到多纤一次快速接续;其缺点是制造工艺复杂,光纤带在扭绞成缆时容易产生微弯损耗。

束管式光缆(图 2.4(d))的特点是中心无加强元件,缆芯为一充油管,一次涂覆的光纤浮在油中。加强件置于管外,既能用于加强,又可作为机械保护层。由于构成缆芯的束管是一个空腔,因此束管式光缆又称为空腔式光缆。由于束管式光缆中心无任何导体,因而可以解决与金属护层之间的耐压问题和电磁脉冲的影响问题。这种结构的光缆因为无中心加强件,所以缆芯可以做得很细,减小了光缆的外径,减轻了重量,降低了成本,而且抗弯曲性能和纵向密封性较好,制作工艺较简单。

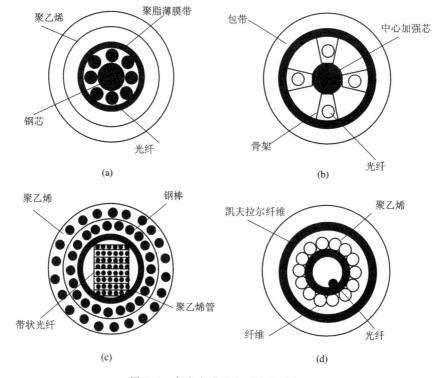

图 2.4 各类光缆的典型结构示意图

(a) 层绞式;(b) 骨架式;(c) 带状式;(d) 束管式

从应用角度考虑，光缆又可分为中继光缆、海底光缆、用户光缆、局内光缆、无金属光缆、复合光缆以及野战光缆等。这些光缆可根据其应用场合选择以上四种结构形式。

2.2 光纤端面的折射率分布

光纤的光学特性取决于其端面的折射率分布，因此光纤纤芯和包层折射率在制造阶段是沿径向加以控制的，即用控制预制棒中掺杂剂的种类和数量的方法来使之产生一定形状的折射率分布。折射率分布有阶跃(突变)、高斯、三角或更复杂的形式，如图 2.5 所示。

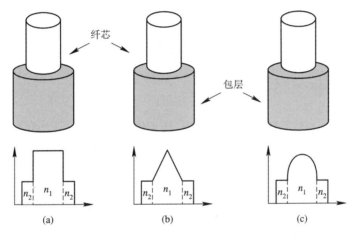

图 2.5 光纤的折射率分布

(a) 阶跃分布；(b) 三角分布；(c) 高斯分布

根据光纤端面(横截面)上折射率分布的情况来分类，光纤可分为阶跃折射率型和渐变折射率型(也称为梯度折射率型)，即阶跃光纤和渐变光纤。

阶跃光纤：在纤芯中折射率的分布是均匀的，常用 n_1 表示，在纤芯和包层的界面上折射率发生突变。

渐变光纤：在纤芯中折射率的分布是变化的，而包层中的折射率通常是常数。在渐变光纤中，包层中的折射率常数用 n_2 表示，纤芯中折射率分布可用方幂律式表示。

渐变光纤的折射率分布可以表示为

$$n(r) = \begin{cases} n_1\left[1 - \Delta\left(\dfrac{r}{a}\right)^g\right] & r < a \\ n_2 & r \geqslant a \end{cases}$$

其中，g 是折射率变化的参数，a 是纤芯半径，r 是光纤中任意一点到中心的距离，Δ 是渐变折射率光纤的相对折射率差，即

$$\Delta = \frac{n_1 - n_2}{n_1}$$

当 $g = 2$ 时，折射率分布为抛物线分布；当 $g = \infty$ 时，渐变光纤演变为阶跃光纤。

2.3　光在光纤中的几何传输

　　一束光照射小圆孔，当小圆孔的孔径远远大于光的波长时，光直接通过圆孔，投射到圆孔后面的屏幕上；当小圆孔的孔径与光的波长比拟即相当时，才能观察到衍射光斑。因此，当空间尺度远大于光波长时，可以用较成熟的几何光学分析法分析光在物质中的运动；当空间尺度与光波长相当时，应采用复杂而严密的波动理论分析法。由此可见，几何光学分析法是严密的波动理论在一定条件下的近似。

　　对于多模光纤，由于其光纤的纤芯为 $50/62.5~\mu m$，远远大于光波的波长(约 $1~\mu m$)，因而可以采用几何光学分析法；而对于单模光纤，其光纤纤芯小于 $10~\mu m$，与光波的波长同一数量级，因而用几何光学分析法不合适，应采用波动理论进行严格的求解。

2.3.1　反射和折射

　　几何光学分析法认为光是由光子组成的，光子的能量为

$$E = hf$$

其中，h 为普朗克常数，f 为光的频率。

　　光在均匀介质中沿直线传播，光在两介质的分界面发生反射和折射现象。图 2.6 给出了光在介质折射率为 n_1 和 n_2 的介质分界面的反射和折射现象。其中，入射角 θ_1 定义为入射光线与分界面垂直线(常称为法线)之间的夹角，反射角 θ_{1r} 定义为反射光线与分界面垂直线之间的夹角，折射角 θ_2 定义为折射光线与分界面垂直线之间的夹角。从介质 n_1 入射到介质 n_2 的光信号的能量一部分反射回介质 n_1，一部分透射到介质 n_2，且 θ_1、θ_2、θ_{1r} 满足如下关系：

$$\theta_{1r} = \theta_1 \tag{2.1}$$

$$n_1 \sin\theta_1 = n_2 \sin\theta_2 \tag{2.2}$$

式(2.1)即为大家熟知的反射定律，式(2.2)为折射定律，又称斯涅尔(Snell)定律。

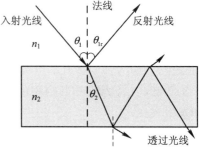

图 2.6　光在两种介质界面上的反射和折射

2.3.2　全反射定律

　　由斯涅尔定律可以得到，折射角 $\theta_2 = \arcsin\dfrac{n_1 \sin\theta_1}{n_2}$。如果 $n_1 > n_2$，则在 $\dfrac{n_1 \sin\theta_1}{n_2} = 1$ 时，折射角 $\theta_2 = 90°$；当 $\dfrac{n_1 \sin\theta_1}{n_2} > 1$ 时，θ_2 为非实数，这意味着发生了全反射。我们称满足 $\dfrac{n_1 \sin\theta_1}{n_2} = 1$ 的入射角 θ_1 为全反射的临界角，如图 2.7 所示，记为 θ_c，则有

$$\theta_c = \arcsin\frac{n_2}{n_1} \tag{2.3}$$

当入射角 $\theta_1 > \theta_c$ 时，光线在分界面上发生全反射，这是用几何光学描述均匀光波导中光线

传播特点的一个理论依据。

可见光在阶跃光纤中的传输是由光在纤芯和包层分界面上的全反射导引向前的，其传输路径如图 2.8(a)所示。其在纤芯中的传输速度为

$$v = \frac{c}{n_1}$$

其中，c 为光在真空中的速度($c=2.997\ 924\ 58\times 10^5$ km/s)；n_1 为纤芯中的折射率。

渐变光纤的纤芯折射率是连续变化的，可以

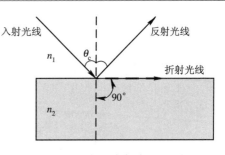

图 2.7　光在两种介质界面上的
反射和全反射

将其看成 $n_0 > n_1 > n_2$(n_0、n_2 分别对应纤芯最大的折射率和包层的折射率)的均匀介质，因而光线由光密介质向光疏介质行进时，由于折射，光线不断向光纤的中心轴线方向偏移，到达与包层的分界面时全反射返回，由光疏介质向光密介质行进时，光线不断折射，其传输路径如图 2.8(b)所示。

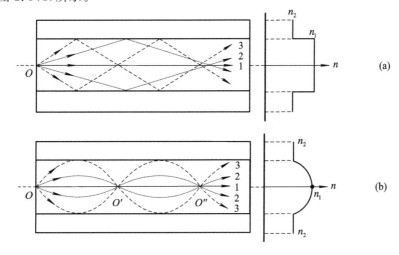

图 2.8　阶跃光纤和渐变光纤中的光传输
(a) 阶跃光纤中的光传输；(b) 渐变光纤中的光传输

2.4　光纤的数值孔径(NA)

上面讨论了光在光纤中的传播。现在来讨论从光源输出的光通过光纤端面送入光纤的条件。这是光纤通信和电通信的一个重要差别。对电信号来说，只要把振荡器的输出端与传输线连接起来，电信号就被送入线路。而对光通信来说，情况就比较复杂了。入射在光纤端面上的光，其中一部分是不能进入光纤的，而能进入光纤端面的光也不一定能在光纤中传输，只有符合某一特定条件的光才能在光纤中发生全反射而传播到远方。

从空气中入射到光纤纤芯端面上的光线被光纤捕获成为束缚光线的最大入射角 θ_{max} 为临界光锥的半角(如图 2.9 所示)，称为光纤的数值孔径(Numerical Aperture)，记为 NA。它与纤芯和包层的折射率分布有关，而与光纤的直径无关。对于阶跃光纤，NA 为

$$NA = \sin\theta_c = \sqrt{n_1^2 - n_2^2} = n_1\sqrt{2\Delta} \tag{2.4}$$

式中，$\Delta = \dfrac{n_1^2 - n_2^2}{2n_1^2} \approx \dfrac{n_1 - n_2}{n_1}$ 是光纤纤芯和包层的相对折射率差。根据光纤端面上斯涅尔反射定律和光纤纤芯与包层分界面处的全反射定律，该公式很容易推导出来。

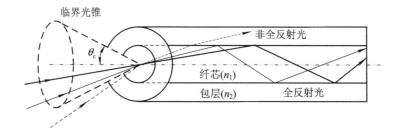

图 2.9　临界光锥与数值孔径

数值孔径(NA)是光纤的一个极为重要的参数，它反映了光纤捕捉光线能力的大小。NA 越大，光纤捕捉光线的能力就越强，光纤与光源之间的耦合效率就越高。

2.5　光的波动性

1. 光的描述

光的波动性表明，光像无线电波、X 射线一样，实际上都是电磁波，会产生光的反射、折射、干涉、衍射、吸收、偏振、损耗等。单个波长(或频率)的光称为单色光，可用麦克斯韦方程即式(1.2)来描述。其中，E 有三个分量，即 E_x、E_y、E_z，其解有如下形式(以 E_z 为例)：

$$E(z,\ t) = A\mathrm{e}^{[\mathrm{i}\omega t - \beta z]}$$

式中，A 为场的幅度；ω 为角频率，$\omega = 2\pi f$(f 为频率，单位是每秒的波数)；β 为传播常数。

2. TE 波和 TM 波

设波的传播方向为 z 方向，如果 E_z 分量为零，即 $E_z = 0$，而 $H_z \neq 0$，称这种波为模电波或 TE 波；如果 H_z 分量为零，即 $H_z = 0$，而 $E_z \neq 0$，称这种波为模磁波或 TM 波。

3. 光的偏振

光在介质(如波导、光纤)中传播时，对介质而言，电场和磁场分量的作用是同时存在的，并有确定的相互关系，因此在讨论光与物质相互作用时，可以只考虑电场分量的贡献。电场是一个矢量，若它的幅度和方向是随时间改变的，这样的电场称为时变电场。如果时变电场的方向是恒定不变的，则称该时变电场为线性极化场。如果一个电磁波的电场在波的传播方向没有分量(如自由空间的平面电磁波)，则其电场是垂直于传播方向的线性极化偏振。由于这两个分量相互垂直，因而相互正交偏振，如果两分量具有相同的强度，则无偏振或为圆偏振。然而当光波通过介质时，它接近了物质中的原子或离子的场，会产生相互作用，这种相互作用在一定程度上会对某个方向上光的电场强度产生影响，最终结果是形成椭圆或线性的场分布。图 2.10 给出了光的偏振示意图。

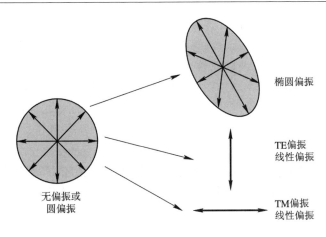

图 2.10　光的偏振示意图(光的方向是垂直入射到纸面)

2.6　光纤介质的特性

原子极化的经典模型认为：原子中电子带负电，原子核带正电，在没有外电场作用时，它们几乎重叠在一起，因而不具有偶极性；有外电场作用时，由于场的作用，正负电荷不再重合，被拉开了一段距离，从而形成了电偶极子，因而光场与物质的相互作用可看成介质的极化，可用极化强度来描述。

对于光纤，当有光场加于光纤中的 SiO_2 原子时，原子核和电子所受的作用力是相反的，会引起原子的极化或畸变。材料的感应电极化(或简单地说极化)可以用矢量 P 来表示，P 与材料的特性和所加的电场有关，可以理解为是材料对所加电场的响应。

P 和外加电场 E 之间的相互关系是影响光纤(SiO_2 材料)色散和非线性的根本原因(下面再讨论)。E 和 P 之间的关系与介质的特性有关，下面介绍介质的五个特性以及它们对介质的极化 P 与所加电场 E 之间的相互关系的影响。

(1) 响应的局部性。这一特性是指：在介质中，介质对所加电场的响应是局部的，即介质在某处的极化 P 只与该处所加电场 E 有关，而其他部分所加的电场 E 对 P 没有影响。这一特性对工作在 $0.5 \sim 2\ \mu m$ 波长的光纤是一个很好的近似。目前，光纤通信系统采用的光纤波长为 $1.3\ \mu m$ 和 $1.55\ \mu m$。

(2) 各向同性与各向异性(双折射)。各向同性介质是指其电磁特性(如折射率、偏振、传播常数等)在所有的方向都是一样的，且其电场矢量 E、极化矢量取向相同的介质。采用 SiO_2 材料制作的圆柱形光纤都是各向同性介质。如果光纤的圆柱特性被破坏，如不对称，则不是各向同性介质。如果材料的折射率在任意两个方向，如 X、Y 方向上不同，则称它为双折射材料。由于光纤沿长度方向很难保证圆柱对称性，因而它是双折射材料。同样，铌酸锂、光隔离器、调谐滤波器等也都是双折射材料。

(3) 线性与非线性特性。当介质所加的电场 E 较弱时，其电极化强度 P 与电场 E 近似呈线性关系。线性介质可看作线性系统，则介质所产生的感应极化可以看作是系统的冲激响应。最重要的是，时刻 t 的 P 的值不仅与时刻 t 时的电场值 E 有关，还与 t 以前的电场值

E 有关,介质对加在其上的电场的这种响应特性是非时变的,而且是有依赖关系的,这是光纤色散的根本原因所在,它对光纤通信系统的性能是一个基本的限制。

电极化 P 与所加电场 E 之间的线性关系只有在光纤中信号的功率和所传比特率适中的情况下才保持正确,当光功率增加到一定阈值时,系统的非线性会影响系统的性能。

(4) 均匀性与不均匀性。若介质在其所有点上的电磁特性都相同,则介质称为均匀介质。光纤不是均匀介质,因为纤芯的折射率与包层的折射率不相等。然而对于阶跃光纤,在其纤芯域和包层域分别是均匀介质。梯度光纤在纤芯域不是均匀介质。

(5) 无损耗特性。尽管光纤不是无损耗介质,但其损耗值较小,可以忽略不计,因此在讨论传播模时可以假设损耗为零,即使假设损耗不为零,对讨论传播模也没有大的影响。

由上面的分析可知:如果假设光纤具有这五种特性,即响应的局部性、各向同性、线性、均匀、无损,那么其实质与假设光纤的感应极化 P 与所加的电场 E 有合适的特性(如线性关系、平方关系等)是一致的。

2.7 光 纤 模 式

2.7.1 模式的概念

光纤纤芯中的电场和磁场以及包层中的电场和磁场均满足波动方程,但它们的解不是彼此独立的,而是在纤芯和包层处满足电场和磁场的边界条件,这样理解光纤的模式是相当简单的。所谓的光纤模式,就是满足边界条件的电磁场波动方程的解,即电磁场的稳态分布。这种空间分布在传播过程中只有相位的变化,没有形状的变化,且始终满足边界条件,每一种这样的分布对应一种模式。

光纤的同心圆柱体结构表明,光纤是一种圆柱波导,其中的模式不同于光在自由空间或平面波导中的传输,除少数几个模式之外,大部分模式的 E_z 或 H_z 分量不为零,因而光纤中的模式是混合模。根据 E_z 和 H_z 的贡献大小,分为 EH 模($E_z > H_z$)和 HE 模($E_z < H_z$)。

一个模式由它的传播常数 β 唯一决定。为了更好地理解传播常数 β,作如下假设:电磁波在折射率为 n 的均匀介质中传播,电磁波是一个单色波,也就是说所有的能量集中在一个频率 ω 或真空中的波长 λ 上。在这种情况下,传播常数 $\beta = \omega n / c = 2\pi n / \lambda$。若利用波数 $k = 2\pi / \lambda$ 来表示,则 $\beta = kn$。在光纤中,单色波在纤芯中传播时,传播常数为 kn_1,在包层中传播时,传播常数为 kn_2。由于光纤中模的一部分在纤芯中传播,另一部分在包层中传播,因而其传播常数 β 满足 $kn_2 < \beta < kn_1$。可用模的有效折射率 $n_{eff} = \beta/k$ 代替模的传播常数,则模的有效折射率位于纤芯折射率和包层折射率之间。在光纤中,单色波的有效折射率与折射率 n 类似,波的传播速度为

$$v = \frac{c}{n_{eff}} \tag{2.5}$$

为了避免过多使用数学公式,减少繁琐的推导过程,突出思路和结论的物理含义,这里沿用导波在平面介质波导中传播的常规思路,进行一定的修正后,分析图 2.8 所示的阶跃光纤中存在的模式及模式的特点。

由于平面波导仅被限制在一个方向上，因此边界上波的反射仅发生在一个方向，例如 y 方向。当 y 方向的长度 L 满足半波长的整数倍，即 $L=m\cdot\dfrac{\lambda}{2}$ 时，根据波的相长干涉的要求（即驻波条件），会引起不同的驻波，每一个驻波对应一个模式，这些模式用 m 进行分类。但图 2.8 中的圆柱形波导被限制在二维中，两个方向分别是 r 方向以及 φ 方向。这时需要用两个整数 l 和 m 来标记所有在波导中可能存在的行波或导波模。

另外，在平面波导的情况下，观察到光线在波导中呈锯齿形前行，并且所有的光线必须通过波导的轴面。所有的波不是 TE（横向电场）模就是 TM（横向磁场）模。阶跃光纤不同于平面波导的一个显著特点是，除了存在经过光纤轴线的子午光线，它还存在着沿着光纤呈锯齿形传播（但不一定经过光纤轴线）的光线即偏斜光线。子午光线经过光纤轴线进入光纤，因此当它沿光纤呈锯齿形前行时每一次反射也经过光纤轴，如图 2.11(a)所示。而偏斜光线偏离光纤轴线进入光纤，在光纤中呈锯齿形前行时并不经过轴线。从光纤端面看过去，它的投影是一个围绕轴心内切于圆的多边形，如图 2.11(b)所示。在阶跃光纤中，子午光线和偏斜光线都可以引起沿着光纤的导模（即传播波），每一个导模都对应沿着 z 方向的传播常数 β。子午光线的投影与 z 轴垂直，因而 z 轴方向没有分量，引起的导模是 TE 模或者是 TM 模，与平面波导的情况一致。而偏斜光线引起的模式既有 E_z 分量又有 H_z 分量，因此既不是 TE 模（E_z 分量为零）也不是 TM 模（H_z 分量为零），根据 E_z 和 H_z 的贡献大小称其为 EH 模（$E_z>H_z$）或 HE 模（$H_z>E_z$）。这种电场和磁场沿 z 方向都有分量的传播模称为混合模。

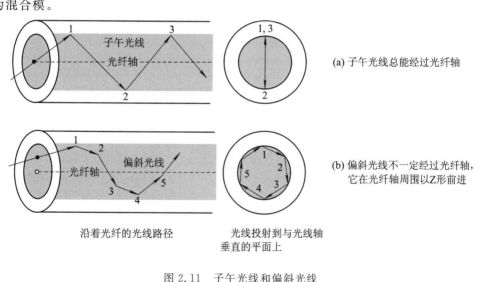

图 2.11　子午光线和偏斜光线
（图中的数字表示光线在纤芯包层界面的第几次反射）

在 $\Delta\ll1$ 的阶跃光纤中，导波模一般通过行波来表示。行波大部分是线极化的。包含有电场和磁场（E 和 B 相互正交，并且都和 z 轴正交）。这些波被称为线偏振或线极化波（LP），它们有横向电场和磁场特性。LP 模可以用沿 z 轴方向的电场分布 $E(r,\varphi)$ 来表示。这个场分布（或者叫模式）在光纤轴法线所在的平面上，因此与 r、φ 有关而与 z 无关。而且，由于边界的存在，用两个整数 l 和 m 就可以刻画它们的特点。既然 LP 模传播场的分

布由 $E_{lm}(r, \varphi)$ 给定,可表示成 LP$_{lm}$,那么一个 LP$_{lm}$ 模可以用沿 z 轴方向的传播波来描述,即

$$E_{\text{LP}} = E_{lm}(r, \varphi)\exp \mathrm{j}(\omega t - \beta_{lm} z)$$

式中,E_{LP} 是 LP 模的场,β_{lm} 是它沿 z 方向的传播常数。显然,对于给定的 l 和 m,$E_{lm}(r, \varphi)$ 代表一个特定的场模式,也代表光能量在光纤中的一种稳定分布,如为可见光,则为特定形状的光斑。

图 2.12 显示了阶跃光纤中的基模 E_{01},对应着 $l=0$,$m=1$ 即 LP$_{01}$ 模。在纤芯(或光纤轴)中心的场量最大,由于伴随有消逝波,场会向包层穿透,场强逐渐减弱。光斑形状如图 2.12(a)、(b)所示,即中心区域最亮,向着包层方向亮度逐渐降低。为了比较,图 2.12(c)、(d)同时也显示了 LP$_{11}$ 模和 LP$_{21}$ 模的强度分布。在 LP$_{lm}$ 模中,l、m 与强度图案是有关的。从纤芯中心开始沿着 r 方向有 m 个最大值,而围绕着圆周有 $2l$ 个最大值,如图 2.12 所示。在射线图中,l 代表偏斜光线对模式贡献的大小(在基模中为零);而 m 代表子午光线对模式的贡献,直接与光线的反射角 θ 相关联。因而从几何光学的角度理解模,则模代表进入光纤端面且有特定入射角的光线。

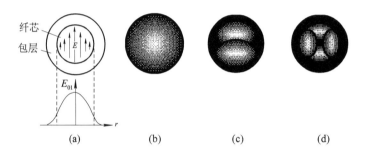

图 2.12 光纤横截面上基模的电场分布以及 LP$_{01}$、LP$_{11}$、LP$_{21}$ 的强度图案

(a)基模电场;(b)基模 LP$_{01}$ 模强度;(c)LP$_{11}$ 模强度;(d)LP$_{21}$ 模强度

从以上的讨论可以看出,光沿着光纤以不同的模式传播,每种模式有自己的传播常数 β_{lm} 和自己的电场 $E_{lm}(r, \varphi)$。

LP 模的传播常数 β_{lm} 依赖于波导的特性以及光源的波长,如果定义一个与光源的波长、光纤波导的参数等有关的参数 V,用归一化传播常数 b 代替传播常数 β,那么可以将光纤中的导波模用 b-V 曲线统一表示在图 2.13 中。

给定 $k=2\pi/\lambda$ 以及波导结构参数 a、折射率 n_1 和 n_2,参数 V 定义如下:

$$V = \frac{2\pi a}{\lambda}(n_1^2 - n_2^2)^{1/2} = \frac{2\pi a}{\lambda}(2n_1^2 \Delta)^{1/2} \quad (2.6)$$

相应的归一化传播常数 b 定义如下:

$$b = \frac{(\beta/k)^2 - n_2^2}{n_1^2 - n_2^2} \quad (2.7)$$

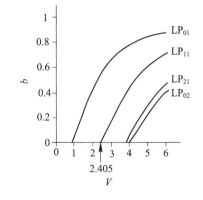

图 2.13 光纤中 LP 模的归一化传播常数 b 和 V 值的关系图

根据上面的定义,b 的上限值为 1 即 $b=1$,对应的 $\beta=kn_1$,对应导波模在光纤纤芯中

传播；b 的下限值为 0 即 $b=0$，对应于 $\beta=kn_2$，对应导波模由纤芯传播完全变为在包层中传播，这就是导波模的截止条件。

图 2.13 中是光纤波导中存在的几个较低阶 LP 导波模的情形，横坐标为归一化频率 V，纵坐标为归一化传播常数 b。

由图 2.13 可知，对于 LP 导波模，给定光纤的 V 参量，可以很容易得到 b，从而得到 β。

注意基模（LP_{01}）在所有的 V 值处都存在，LP_{11} 模在 $V=2.405$ 处被截止。对于每一个高阶 LP 模式，都存在着截止 V 值以及对应的截止波长。

可见参数 V 是光纤的一个重要参数，它与光纤中的模式数、模式截止条件相联系。当 $V\leqslant2.405$ 时，光纤中只存在一个模式，随着 V 值的增大，模式数增多。对于每一个模式，都存在一个 V 值可以达到极限值，与此极限 V 值对应的 $b=0$，即 $\beta=kn_2$，这时模式截止。V 实际上是光纤的归一化波数或归一化频率。

2.7.2 模式数目

光纤中传输的模式数目的多少，与光纤的归一化频率 V 有关。经过理论计算，光纤中传导模的总数为

$$M = \frac{V^2}{2} \cdot \frac{g}{2+g} \tag{2.8}$$

式中，g 为光纤中纤芯的折射率分布参数。

对于阶跃光纤，$g=\infty$，其模式数目为

$$M \approx \frac{V^2}{2} \tag{2.9}$$

对于渐变光纤，$g=2$，其模式数目为

$$M \approx \frac{V^2}{4} \tag{2.10a}$$

对于三角分布光纤，$g=1$，其模式数目为

$$M \approx \frac{V^2}{6} \tag{2.10b}$$

由上可见，对于相同的 V 值，三角分布光纤的模式数目只为阶跃光纤的 1/3，控制光纤纤芯的折射率分布可以减少光纤中传播的模式数目。

多模光纤允许多个传导模传输。多模光纤有两种结构，即多模阶跃光纤和多模渐变光纤。多模阶跃光纤结构简单，工艺易于实现，是早期的产品。但由于其模式数目较多，因而模间延时较大，传输带宽较窄，所以现已被多模渐变光纤取代。

典型多模光纤的结构如图 2.14 所示。多模光纤的芯径和外径分别为 50 μm 和 125 μm，纤芯中最大的相对折射率差 $\Delta=0.01$，纤芯折射率 $n_1=1.46$。根据数值孔径（NA）的公式（式（2.4））和参数 V 的公式（式（2.6））可知，NA＝0.206，$V=25$（$\lambda=1.3$ μm）。为了最大限度地减少模的数目，一般使折射率分布为抛物线分布，即 g 约为 2。

多模渐变光纤现已成为国际标准，即 G.651 光纤，ITU－T 对其主要参数作了严格的规定（芯径、包层直径、同心度误差等）。

有关多模光纤和单模光纤的横截面尺寸见图 2.14。

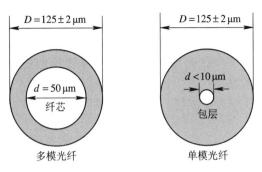

图 2.14　多模光纤与单模光纤的横截面尺寸

2.7.3　单模截止条件

只能传播一种模式的光纤称为单模光纤。为保证光纤中只存在一种模式,由图 2.13 可知,V 应满足如下截止条件:

$$V = \frac{2\pi}{\lambda} a \sqrt{n_1^2 - n_2^2} < 2.405 \qquad (2.11)$$

其中,波长的最小值称为单模光纤的截止波长,表示为 $\lambda_{截止}$。V 随纤芯半径 a、纤芯和包层的相对折射率 $\Delta = (n_1 - n_2)/n_1$ 的增大而增大,因而单模光纤的纤芯和折射率差都较小,典型值是当 $a=4\ \mu m$,$\Delta=0.03$,$\lambda=1.55\ \mu m$ 时,V 的值约为 2。

由于 Δ 的值较小,因而纤芯和包层的折射率近似相等,光的能量并不全部限制在纤芯中,而是有相当一部分在包层中,我们称这种光纤为弱导光纤。为了减少基模在包层中的损耗,实际的单模光纤的结构详见本书 2.11.2 小节。

目前,ITU - T 根据不同的应用分别定义了四种类型的单模光纤,即 G.652、G.653、G.654、G.655 光纤,本章后面分别介绍。

2.7.4　偏振模

单模光纤中的基模实际上是一简并模,它是两个相互正交的线性偏振模。对于理想的圆柱对称光纤,这两个模具有相同的传播常数,尽管光脉冲的能量分布在这两个模上,不过并没有引起光脉冲的展宽。但实际上,光纤不可能保证圆柱对称性,因而这两个模的传播常数有微小的差别,分布在这两个模式上的光脉冲略微有分开。传播常数的差别导致了光脉冲的展宽,我们称这一现象为偏振模色散(PMD)。

2.8　多模光纤的模式色散

2.8.1　模间时延差

在光纤中,光能量首先被分配到光纤中存在的模式上去,然后由不同的模携带能量向前传播。由于不同模的传播路径不同,因此到达目的地时不同的模之间存在时延差。

对于多模光纤,其纤芯为 $50\ \mu m$,远大于光的波长 $1.3\ \mu m$,因而用波动理论与几何光学分析的结论是一致的，可以将一个模式看成是光线在光纤中一种可能的行进路径。由于不同的路径其长度不同，因而对应的不同模式的传播时延也不同。

设有一光脉冲注入长为 L 的阶跃型光纤中，可以用几何光学求出其最大的时延差 $\delta\tau$，如图 2.15 所示。设一单色光波注入光纤中，其能量将由不同的模式携带，最快的模（路径最短）与中心轴线光线相对应，最慢的模（路径最长）与沿全反射路径的光线相对应，可求出最大的时延差：

$$\delta\tau = \tau_{\max} - \tau_{\min} = \frac{L/\sin\theta}{c/n_1} - \frac{L}{c/n_1} = \frac{Ln_1^2}{cn_2}\Delta = L\tau \qquad (2.12)$$

公式(2.12)利用了全反射定理：$\sin\theta = \dfrac{n_2}{n_1}$，其中 τ 为单位长度的时延。

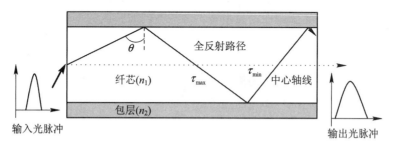

图 2.15　模间时延差

2.8.2　模间色散的减少

由于不同的光线在光纤中传输的时间不同，因而输入一个能量在时间上相对集中的光脉冲，经光纤传输后到达输出端，输出一个能量在时间上相对弥散的光脉冲，这种现象称为模式色散。通过合理设计光纤，模式色散可以减小（如渐变光纤）甚至没有（如单模光纤）。

2.8.3　多模光纤的最大比特率

由于模间色散的存在，展宽的光脉冲会达到某种程度，使得前后光脉冲相互重叠，这是我们不希望看到的。一个粗略的判据是，只要光脉冲在时间上的展宽不超过系统比特周期 $1/B$ 的 $1/2$，即 $1/(2B)$（B 为系统的比特率），就可接受。因此模式色散有如下限制：

$$\delta T = L\tau \approx L\,\frac{n_1}{c}\Delta < \frac{1}{2B} \qquad (2.13)$$

因而光纤通信系统由于受模式色散的影响，其比特率距离积为

$$BL < \frac{c}{2n_1\Delta} \qquad (2.14)$$

如 $\Delta=0.01$，$n_1=1.5(\approx n_2)$，可得 $BL<10(\text{Mb/s})\cdot\text{km}$。

对于折射率呈抛物线分布的渐变光纤，在光纤 L 处，最快光线和最慢光线的时延差为

$$\delta T = L\tau = \frac{L}{c}\,\frac{n_1\Delta^2}{8} \qquad (2.15)$$

如假设 $\delta T < \dfrac{1}{2B}$，则系统的比特率距离积为

$$BL < \frac{4c}{n_1 \Delta^2} \qquad (2.16)$$

假设 $\Delta = 0.01$，$n_1 = 1.5$，则 $BL < 8 (\mathrm{Gb/s}) \cdot \mathrm{km}$。例如，目前的商用系统都工作在 200 Mb/s，传输距离为几千米。

2.9　单模光纤的波长色散或色度色散

　　多模光纤中存在模间色散，导致属于同一波长的光脉冲传输后脉冲展宽。单模光纤中虽不存在模间色散，但存在波长色散。由于光源发出的光脉冲不可能是单色光，即使是单色光，光波上调制的信号也存在一定的带宽，这些不同波长或频率成分的光信号在光纤中传播时，由于速度不同而引起的光脉冲的展宽现象称为波长色散。由于光波长不同，其颜色也不同，因而也称为色度色散。

　　光波的传播速度是一个很重要的概念，下面先看一下单色光波的传播速度，然后再分析复合光波(含多个波长或频率)的传播速度。

2.9.1　相速

　　单色光波可以描述为
$$E(z, t) = A \cos(\omega_0 t - \beta(\omega_0) z)$$
式中，A 为光场的振幅，$\beta(\omega = \omega_0)$ 为传播常数，$\omega_0 = 2\pi f_0$。

　　相速 v_φ 定义为与行波光场保持固定相位的观察者前进的速度或等相位面($\omega t - \beta z =$ 常数)前进的速度：
$$v_\varphi = \frac{\mathrm{d}z}{\mathrm{d}t} = \frac{\omega_0}{\beta(\omega_0)} \qquad (2.17)$$

2.9.2　群速

　　实际光纤通信系统中的光波不是单色波而是已调复合波，包含多个频率分量，为简化分析，假设只包含两个分量：$\omega_0 + \Delta\omega$ 和 $\omega_0 - \Delta\omega$，且 $\Delta\omega \ll \omega_0$，则有
$$\beta(\omega_0 \pm \Delta\omega) \approx \beta_0 \pm \beta_1 \Delta\omega \qquad (2.18)$$
式中
$$\beta_0 = \beta(\omega_0), \quad \beta_1 = \left.\frac{\mathrm{d}\beta}{\mathrm{d}\omega}\right|_{\omega=\omega_0}$$
则光脉冲的电场可以描述为
$$E(z, t) = E[\cos((\omega_0 + \Delta\omega)t - \beta(\omega_0 + \Delta\omega)z) + \cos((\omega_0 - \Delta\omega)t - \beta(\omega_0 - \Delta\omega)z]$$
$$\approx E[\cos(\Delta\omega t - \beta_1 \Delta\omega z)\cos(\omega_0 t - \beta_0 z)]$$

　　由此可见，合成光波 $E(z, t)$ 是一个调制波，为快变化的光载波 $\cos(\omega_0 t - \beta_0 z)$ 和一个慢变化的包络波 $\cos(\Delta\omega t - \beta_1 \Delta\omega z)$ 的乘积。其中，E 为光场的振幅；$\omega_0 \pm \Delta\omega$ 为调制信号产生的频率分量，以不同的相速传播($\beta_0 \pm \Delta\beta$)；ω_0 为光波的频率。

　　值得注意的是，光载波行进的速度为光波的相速，即为 ω_0/β_0，而包络行进的速度 $1/\beta_1$

相应地称为群速，即

$$v_g = \frac{1}{\beta_1} = \frac{d\omega}{d\beta} \tag{2.19}$$

由于群速与频率存在依赖关系，光脉冲的不同分量的传播速度不同，到达光纤的输出端有先有后，因而光脉冲被展宽了。假设谱宽为 $\Delta\omega$，光纤的长度为 L，则光脉冲的展宽为

$$\Delta T = \frac{dT}{d\lambda}\Delta\lambda = \frac{d}{d\lambda}\left(\frac{L}{v_g}\right)\Delta\lambda = DL\,\Delta\lambda \tag{2.20}$$

式中，D 为色散参数，单位是 ps/(nm·km)即单位长度(km)、单位波长(nm)间隔的时延(ps)值。它由下式给出：

$$D = \frac{d}{d\lambda}\left(\frac{1}{v_g}\right) = -\frac{2\pi c}{\lambda^2}\left(\frac{d^2\beta}{d\omega^2}\right) = -\frac{2\pi c}{\lambda^2}\beta_2 = D_M(n(\lambda)) + D_W(\Delta \cdot V) \tag{2.21}$$

其中，第一项为材料色散，与光纤的折射率随波长的变化有关；第二项为波导色散，与波导的结构参数 V、Δ 有关。

2.9.3 材料色散

材料色散是由于石英材料的折射率随波长变化(是波长的函数)而引起的，而实际的光源的谱是有一定宽度的，因而不同的波长由于速度不同相互之间有延迟，导致输入光纤的窄脉冲输出时变宽了。

公式(2.21)推导

对于普通的单模光纤，材料色散在波长 $\lambda = 1.27~\mu m$ 左右时为零，在 $\lambda > 1.27~\mu m$ 时有正的色散，在 $\lambda < 1.27~\mu m$ 时有负的色散。

2.9.4 波导色散

波导色散是由于光纤中模式的传播常数是频率的函数而引起。它不仅与光源的谱宽有关，还与光纤的结构参数如 V 等有关。

对于普通的单模光纤，波导色散相对于材料色散较小，它与光纤波导参数有关，随 V、光纤的纤芯、光波长的减小而变大。波导色散为负色散。

2.9.5 色散补偿

色散对通信尤其是高比特率通信系统的传输有不利的影响，但我们可以采取一定的措施来设法降低或补偿。有如下几种方案：

(1) 零色散波长光纤。在某一波长范围，如 $\lambda > 1.27~\mu m$，由于材料色散与波导色散符号相反，因而在某一波长上可以完全相互抵消。对于普通的单模光纤，波长为 $\lambda = 1.30~\mu m$，选用工作于该波长的光纤其色散最小。

(2) 色散位移光纤(DSF)。减少光纤的纤芯使波导色散增加，可以把零色散波长向长波长方向移动，从而在光纤最低损耗窗口 $\lambda = 1.55~\mu m$ 附近得到最小色散。将零色散波长移至 $\lambda = 1.55~\mu m$ 附近的光纤称为 DSF。

(3) 色散平坦光纤(DFF)。将在 $\lambda = 1.30~\mu m$ 和 $\lambda = 1.55~\mu m$ 范围内，色散接近于零的光纤称为 DFF。

(4) 色散补偿光纤(DCF)。普通单模光纤的色散典型值为 1 ps/(nm·km)，且在特定

波长范围内；DCF的色散符号与其相反，即为负色散，这样当DCF与普通单模光混合使用时，色散得到了补偿。为了得到更好的补偿效果，通常DCF的色散值都很大，典型值为－103 ps/(km·nm)，所以只需很短的DCF就能补偿很长的普通单模光纤。

（5）色散补偿器如光纤光栅(FBG)、光学相位共轭(OPC)等。其原理都是让原先跑得快的波长经过补偿器时慢下来，减少不同波长由于速度不一样而导致的时延。

2.10 光纤损耗与可用频带

2.10.1 损耗系数

光纤的损耗限制了光纤的最大无中继传输距离。损耗用损耗系数 $\alpha(\lambda)$ 表示，单位为 dB/km，即单位长度(即每千米)的光功率损耗 dB(分贝)值。

如果注入光纤的功率为 $p(z=0)$，光纤的长度为 L，则经长度 L 的光纤传输后光功率为 $p(z=L)$，因为光功率随长度是按指数规律衰减的，即 $p(z=L)=p(z=0)\mathrm{e}^{-\alpha(\lambda)\cdot L}$，所以

$$\alpha(\lambda) = \frac{10}{L} \lg \frac{p(z=0)}{p(z=L)} \quad (\mathrm{dB/km}) \tag{2.22}$$

光纤的损耗系数与光纤因折射率波动而产生的散射如瑞利散射、光缺陷、杂质吸收(如 OH^- 根离子、红外)等有关，且是波长的函数：

$$\alpha(\lambda) = \frac{c_1}{\lambda^4} + c_2 + A(\lambda) \tag{2.23}$$

式中，c_1 为瑞利散射常数，c_2 为与缺陷有关的常数，$A(\lambda)$ 为杂质引起的波吸收。$\alpha(\lambda)$ 与波长的关系如图2.16所示。从图2.16中可看出，有三个低损耗窗口，其中心波长分别位于 0.85 μm、1.30 μm、1.55 μm 处。

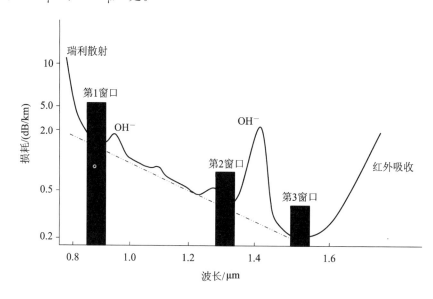

图2.16 光纤损耗与波长的关系

2.10.2　可用频带

单模光纤的第一低损耗窗口位于 0.85 μm 附近；第二低损耗窗口位于 1.30 μm 附近；第三、四低损耗窗口位于 1.55 μm 附近。根据光纤的光功率损耗，同时考虑到光源、光检测器和包括光纤在内的光器件的使用，目前应用的光谱范围如表 2.1 所示。

表 2.1　目前光纤使用的频带或波段

窗　口	标　记	波长范围/nm	光纤类型	应　用
第一	—	800～900	多模光纤	LAN
第二	O 波段（基本波段）	1260～1360	单模光纤	单波长系统
	E 波段（扩展波段）	1360～1460	单模光纤	MAN
第三	S 波段（短波波段）	1460～1530	单模光纤	WAN
	C 波段（基本波段）	1530～1565	单模光纤	多波长系统
第四	L 波段（长波波段）	1565～1625	单模光纤	MAN
	U 波段（超长波波段）	1625～1675	单模光纤	WAN

2.11　单模光纤的模场直径与折射率剖面

2.11.1　模场直径

光纤中传播模的模场直径（MFD）是一个重要的性能参数。模场直径可以由主模的模场分布决定。多模光纤的模场直径与纤芯直径几乎相等，但单模光纤的模场直径一般不等于纤芯直径，这是因为单模光纤中并非所有的光都由纤芯承载并局限于纤芯内传播。单模光纤中模场的分布可以用图 2.17 解释。

假设电场分布是高斯型的，即

$$E(r) = E_0 \exp\left(\frac{-r^2}{W_0^2}\right) \qquad (2.24)$$

式中，r 是纤芯径向长度，E_0 是 $r=0$ 处的场量值，W_0 是电场分布的半宽度。于是可以定义式（2.24）中的全宽 $2W_0$ 为 MFD，也就是场量降至中心处的

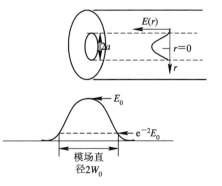

图 2.17　单模光纤中模场的光功率分布

e^{-1} 时对应半径的 2 倍（这个半径等价于光功率降至中心处 e^{-2} 时的半径）。MFD 宽度 $2W_0$ 可以定义为

$$2W_0 = 2\left[\frac{2\int_0^\infty r^3 E^2(r)\,\mathrm{d}r}{\int_0^\infty rE^2(r)\,\mathrm{d}r}\right]^{1/2} \tag{2.25}$$

式中，$E(r)$代表主模的场分布。这个定义并不是唯一的，还有好几种定义方式已经被提出。同时还应注意到，一般模场分布会随折射率剖面的改变而变化，因而会偏离高斯型模场分布。

2.11.2 折射率剖面

单模光纤按照零色散波长，可以分为常规型、色散位移型、非零色散型以及色散平坦型等。每种光纤又有不同的折射率剖面。

1. 常规型单模光纤

常规型单模光纤的零色散波长在 1310 nm 附近，最低损耗在 1550 nm 附近，在 1550 nm 处有一个较高的正色散值。ITU-T 建议的 G.652 光纤和 G.654 光纤都属于这种类型。零色散波长在 1300~1324 nm，最大色散 $D(\lambda) < 3.5$ ps/(nm·km)，色散斜率 $S_0 \leqslant 0.093/(nm^2 \cdot km)$。

常规单模光纤的剖面结构有匹配包层型和下凹内包层型，如图 2.18 所示。

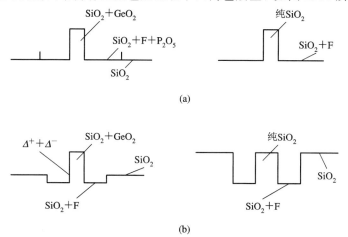

图 2.18　常规单模光纤的剖面结构
（a）匹配包层；（b）下凹内包层

匹配包层结构一般通过在纤芯中掺 GeO_2 来提高它的折射率。如果掺杂浓度过高，则会增加散射损耗；掺杂浓度低则相对折射率差 Δ 值偏低，包层与纤芯界面对模场约束降低，光纤的抗弯特性就会稍差一些。

下凹内包层光纤是一种三层结构。中心的纤芯掺 GeO_2，使它具有较高的折射率 n_1。内包层掺 P_2O_5 或 F，使得它的折射率 n_1 与包层折射率 n_2 相同，甚至还低，从而产生一个 Δ^-。包层由纯石英构成，它与纤芯之间有相对折射率差 Δ^+。总的折射率差也就是纤芯与内包层之间的相对折射率差 $\Delta = \Delta^+ + \Delta^-$。这样可以在不必增加 Δ^+，即纤芯包层折射率差的同时又获得了对模式场的紧约束，所以这种结构的光纤具有较好的性能。

2. 色散位移型光纤(DSF)

色散位移型光纤的零色散波长 λ_0 在 1.55 μm 左右，它的零色散波长范围为 1500～1600 nm，色散斜率 $S_0 \leqslant 0.085/(nm^2 \cdot km)$，在 1525～1575 nm 范围内最大色散系数 $D(\lambda) < 3.5$ ps/(nm·km)。ITU-T 建议的 G.653 光纤即属于色散位移型光纤。

将石英玻璃的零色散波长从 1.31 μm 附近移位至 1.55 μm 附近是为了与石英光纤的最低损耗波长相吻合。实现色散位移的手段是增加波导色散，使得在 1.55 μm 附近材料色散刚好与波导色散相抵消。增加波导色散除前面提到的可以用减小纤芯直径的办法以外，主要是将纤芯折射率制成渐变的，例如三角分布等。具体的折射率分布如图 2.19 所示，其中图(e)的分段芯和图(f)的双台阶芯是较好的设计。

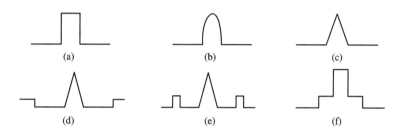

图 2.19　色散位移型光纤折射率分布

(a) 阶跃；(b) 梯度；(c) 三角；(d) 凹正内包三角；(e) 分段芯；(f) 双台阶芯

3. 非零色散型光纤(NZDF)

色散位移型光纤在 1550 nm 波段有十分优异的传输特性，它在光纤的最低损耗波长处的色散系数几乎为零。这对于单波长系统来说无疑是最好的，但是对于多波长系统，例如 WDM(波分复用)系统，这种光纤则有严重问题。在 WDM 系统中，如果各个波长信道的光功率较大，则会产生所谓的四波混频，这将导致系统性能的严重劣化。而如果多波长系统工作在零色散区则正好可以满足形成四波混频的相位匹配条件。为克服这一问题，ITU-T 制定了 G.655 建议。按 G.655 建议制造的光纤在 1550 nm 窗口保留了一定量的色散，以抑制四波混频。但其色散又要充分小，以保证色散不会成为系统容量的限制因素。这种光纤就是非零色散型光纤(Non Zero Dispersion Fiber，NZDF)。近年来，为了解决光纤中的非线性问题，又研制成功了大有效面积光纤(LEAF)。这种光纤也属于 G.655 光纤，只不过它的有效面积明显大于普通 G.655 光纤。在相同输入功率条件下，大有效面积光纤中的光强要小得多，从而有效地抑制了非线性效应。非零色散型光纤的折射率剖面，尤其是大有效面积光纤的折射率剖面更为复杂，这里不再讨论。

4. 色散平坦型光纤

色散平坦型光纤有两个零色散波长，分别位于 1.3 μm 和 1.6 μm 附近，因而在 1.3～1.6 μm 波长范围内总色散都很小，而且色散斜率也很小。实现色散平坦的手段是使波导色散曲线具有更大的斜率，或其负色散值随波长变化更陡，使得在 1.3～1.6 μm 波长范围内波导色散与材料色散都可较好地抵消。

常规型、色散位移型、色散平坦型单模光纤的色散谱如图 2.20 所示。

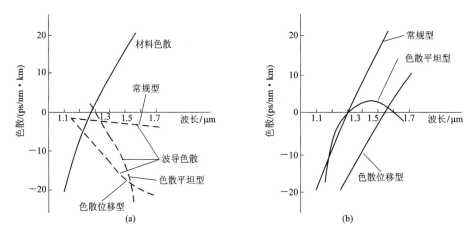

图 2.20 几种单模光纤的色散特性

（a）材料色散与波导色散；（b）总色散

色散平坦型光纤的折射率分布比色散位移型光纤更为复杂，如图 2.21 所示。这种结构的光纤制造难度极大，目前尚未大量使用。

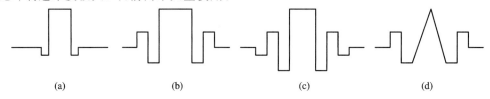

图 2.21 色散平坦型单模光纤的折射率分布

2.12 光纤的非线性效应

任何介质(如玻璃光纤)对光功率的响应都是非线性的。由于光注入光纤介质产生了电偶极子，电偶极子反过来与光波会产生相互调制的作用，在光功率小时引起小的振荡即线性响应，在光功率大时振荡产生非线性响应。电偶极子的极化强度 P 与光场 E 的关系如公式(1.10)所示。

对于各向同性介质如光纤，第二项是正交的，因而该项消失，第三项引起的非线性效应很大，它常称为克尔效应，主要有两类：一类是由于光纤的折射率随输入光功率的变化引起的，另一类是由散射产生的。

当光纤中光功率较低时，玻璃光纤的折射率一直为常数。当光纤中的光功率提高后，光纤的折射率受到传输信号光强度的调制而发生变化。非线性折射率波动效应可分为三大类：自相位调制(SPM)、交叉相位调制(XPM)以及四波混频(FWM)。

在光强度调制系统中，当光信号与声波或光纤材料中振动的分子相互作用时，会散射光并把能量向更长的波长转移。非线性受激散射可分为布里渊散射和拉曼散射两种形式。

2.12.1 自相位调制(SPM)

由克尔效应可知，强光场将瞬时改变光纤的折射率，光强 I 与折射率变化 δn 的关系为

$$\delta n = \sigma I$$

其中，σ 是非线性克尔系数。

当有一光波信号在光纤中传输时，其相位随距离而变化，方程为

$$\varphi = (nz + \varphi_0) + \frac{2\pi}{\lambda}\sigma I(t)z \qquad (2.26)$$

前一项是线性相移，后一项为非线性相移。如果输入的光信号是强度调制，则非线性相移引起相位调制，这种效应称为自相位调制(SPM)。

SPM 的相位调制能够产生新的频率，同时展宽了光脉冲的频谱，在波分复用系统中如果这种调制现象较严重，展宽的光谱会覆盖到相邻的信道。另外，自相位调制能带来好处，它能够与光纤的正色散作用相互抵消，从而暂时压缩传输的光脉冲。

交叉相位调制(XPM/CPM)准确地讲是与自相位调制产生方式相同的另一种非线性效应。然而自相位调制是光脉冲对自身相位的影响，交叉相位调制是光脉冲对其他信道信号光脉冲相位的影响，仅在多信道系统中才发生。

2.12.2　四波混频(FWM)

当有三个不同波长的光波同时注入光纤时，由于三者的相互作用，产生了一个新的波长或频率，即第四个波，新波长的频率是由入射波长组合产生的新频率。这种现象称为四波混频效应。

四波混频效应能够将原来各个波长信号的光功率转移到新产生的波长上，从而对传输系统性能造成破坏。在波分复用系统中，混合产生的新波长会与其他信道的波长完全一样，严重地破坏信号的眼图并产生误码。

四波混频效应的效率与波长失配、波长间隔、注入光波长的强度、光纤的色散、光纤折射率、光纤的长度等有关。色散在四波混频效应中起了重要的作用。通过破坏相互作用的信号间的相位匹配，色散能减少四波混频效应产生的新波长数目。目前，1550 nm 波长附近的波分复用系统能够传输的波长数目受到了严格限制。

2.12.3　受激布里渊散射(SBS)

当一个窄线宽、高功率光信号沿光纤传输时，将产生一个与输入光信号同向的声波，此声波波长为光波长的一半，且以声速传输。理解非线性布里渊效应的一个简单方法是将声波想象为一个把入射光反射回去的移动布拉格光栅，由于光栅向前移动，因此反射光经多普勒频移到一个较低的频率值。对于工作于 1.55 μm 的二氧化硅光纤，布里渊频偏约为 11 GHz，且取决于光纤中的声速、反射光线宽及声波的损耗，它可在几十至几百兆赫的范围内变动。

在光纤中，光波与声波相互作用，一些向前传输的光被改变方向而向后传输，从而减小了向前传输光的功率，并限制了到达光检测器的光功率。在所有非线性效应中，受激布里渊散射的门限最低，它的准确值取决于信号源的线宽和光纤的具体特性。典型的受激布里渊散射的门限在几毫瓦数量级，并且与信道数目无关。由于受激布里渊散射的门限随着信号源线宽的增加而增加，一个简单可行的提高门限的办法是采用低频、正弦小信号对激光器进行调制。虽然受激布里渊散射是潜在的第一个带来麻烦的非线性效应，但它同样也

是最易于处理的非线性效应。

2.12.4　受激拉曼散射(SRS)

当一个强光信号在光纤中引发了分子共振时,拉曼非线性效应发生了,这些分子振动调制信号光后产生了新的光频,除此之外还将放大新产生的光。在室温下,大部分新产生的频率都处于光载波的低频区,对于二氧化硅玻璃,新峰值频率比光载频低 13 THz。换言之,当信号波长为 1.55 μm 时,将在 1.65 μm 处产生新的波长。

光纤中的光信号与光纤的材料分子相互作用产生受激拉曼散射。虽然受激拉曼散射会产生前后两个方向的散射光,但采用光隔离器可以滤除后向传输的光。受激拉曼散射的门限值取决于光纤的特性、传输信道的数目、信道间隔、每个信道的平均光功率及再生段的距离。单信道系统的受激拉曼散射的门限值约为 1 W,明显高于受激布里渊散射的门限值。

总之,对于受激布里渊散射的门限,能够通过增加信号源的线宽来提高,而对于受激拉曼散射的门限,却不能采用相类似的办法来改变。受激拉曼散射有可能是最终限制未来光纤通信系统容量的障碍。但是,就目前而言,受激拉曼散射的门限还是很高的。

2.12.5　光孤子的定性描述

一束光脉冲包含许多不同的频率成分,不同频率的光脉冲在介质中的传播速度不同。因此,光脉冲在光纤中将发生色散,使得脉宽展宽。但当具有高强度的极窄单色光脉冲入射到光纤中时,将产生克尔效应,即介质的折射率将随着光强发生变化,由此导致在光脉冲中产生自相位调制(SPM),即脉冲前沿产生的相位变化引起频率降低,脉冲后沿产生的相位变化引起频率升高,于是脉冲前沿比脉冲后沿传播得慢,从而使脉冲宽度变窄。当脉冲具有适当的幅度时,以上两种作用可以恰好抵消,则脉冲可以保持波形稳定不变地在光纤中传输,即形成了光孤子。

孤子实际上是在特定条件下从非线性波动方程得到的一个稳定的、能量有限的不弥散解,它在传输过程中始终保持其波形和速度不变,这是由光纤中的色散和非线性效应相互作用而引起的。基于光孤子的形成机理,光孤子可以用于光脉冲在光纤中的长距离无畸变传输,从而构成光孤子通信系统。

2.13　多芯少模光纤

少模光纤(Few-Mode Fiber,FMF)是一种纤芯面积足够允许几个独立的空间模式传输的光纤。少模光纤模式的数量比多模光纤中的模式少一些,但每个模式都相当于一根单模光纤。少模光纤可用于同时在几个模式上发送信息,进行模分复用(MDM),从而进一步提高光纤的传输容量。少模光纤的容量与模式的数量成正比。

多芯光纤是指一根有多个纤芯的光纤。每个纤芯都可以传输信号,因而可进行空分复用(SDM),有效提升传输容量。

多芯少模光纤是一根有多个纤芯,每个纤芯中允许少数几个模式传输的光纤。多芯少模光纤可同时进行空分复用和模分复用，利用纤芯和模式的组合实现光纤容量数量级的提升。图 2.22 为几种光纤的结构示意图。

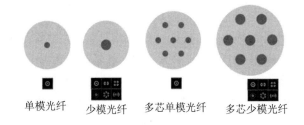

单模光纤　　少模光纤　　多芯单模光纤　　多芯少模光纤

图 2.22　单模光纤、少模光纤、多芯少模光纤结构示意图

1. 光波从空气中以角度 $\theta_1 = 33°$ 投射到平板玻璃表面上，这里的 θ_1 是入射光线与玻璃表面之间的夹角。根据投射到玻璃表面的角度，光束一部分被反射，另一部分发生折射。如果折射光束和反射光束之间的夹角正好为 $90°$，请问：玻璃的折射率等于多少？这种玻璃的临界角又为多少？

2. 计算 $n_1 = 1.48$ 及 $n_2 = 1.46$ 的阶跃折射率光纤的数值孔径。如果光纤端面外介质折射率 $n = 1.00$，则允许的最大入射角 $\theta_{\max}$ 为多少？

3. 弱导阶跃光纤纤芯和包层折射率指数分别为 $n_1 = 1.5$，$n_2 = 1.45$，试计算：

(1) 纤芯和包层的相对折射差 Δ。

(2) 光纤的数值孔径。

4. 已知阶跃光纤纤芯的折射率 $n_1 = 1.5$，相对折射（指数）差 $\Delta = 0.01$，纤芯半径 $a = 25~\mu m$，若 $\lambda_0 = 1~\mu m$，计算光纤的归一化频率 V 及其中传播的模数量 M。

5. 一根数值孔径为 0.20 的阶跃折射率多模光纤在 850 nm 波长上可以支持 1000 个左右的传播模式。试问：

(1) 其纤芯直径为多少？

(2) 在 1310 nm 波长上可以支持多少个模？

(3) 在 1550 nm 波长上可以支持多少个模？

6. 用纤芯折射率为 $n_1 = 1.5$，长度未知的弱导光纤传输脉冲重复频率 $f_0 = 8$ MHz 的光脉冲，经过该光纤后，信号延迟半个脉冲周期，试估算光纤的长度 L。

7. 有阶跃型光纤，若 $n_1 = 1.5$，$\lambda_0 = 1.31~\mu m$，那么

(1) 若 $\Delta = 0.25$，为保证单模传输，光纤纤芯半径 a 应取多大？

(2) 若取芯径 $a = 5~\mu m$，要保证单模传输时，Δ 应怎样选择？

8. 渐变型光纤的折射指数分布为

$$n(r) = n(0)\left[1 - 2\Delta\left(\frac{r}{a}\right)^a\right]^{1/2}$$

求光纤的本地数值孔径。

9. 某光纤在 1300 nm 处的损耗为 0.6 dB/km，在 1550 nm 波长处的损耗为 0.3 dB/km。假设下面两种光信号同时进入光纤：1300 nm 波长的 150 μW 的光信号和 1550 nm 波长的 100 μW 的光信号。试问：这两种光信号在 8 km 和 20 km 处的功率各是多少？（以 μW 为单位。）

10. 一段 12 km 长的光纤线路，其损耗为 1.5 dB/km。试回答：

(1) 如果在接收端保持 0.3 μW 的接收光功率，则发送端的功率至少为多少？

(2) 如果光纤的损耗变为 2.5 dB/km，则所需的输入光功率为多少？

11. 有一段由阶跃折射率光纤构成的 5 km 长的光纤链路，纤芯折射率 $n_1 = 1.49$，相对折射率差 $\Delta = 0.01$。

(1) 求接收端最快和最慢的模式之间的时延差；

(2) 假设最大比特率就等于带宽，则此光纤的带宽距离积是多少？

12. 有 10 km 长，$NA = 0.30$ 的多模阶跃折射率光纤。如果其纤芯折射率为 1.45，计算光纤带宽。

第 2 章习题答案

第 3 章　光源与光检测器

光源与光检测器是光纤通信系统的主要器件。光源用在光发送机中，主要功能是产生光载波，完成电信号到光信号的转换。相反，光检测器的功能是完成光信号到电信号的转换，即解调。

第 3 章课件

用于光纤通信的光源应该是单色的、小型化的、稳定的、长寿命的。原则上是不存在单色光源的，所谓的单色光源，是指光源产生的光的波长在一个很窄小的波长范围之内，常用光源谱宽 $\Delta\lambda$ 来表示。光源的稳定性是指其输出光波长是不随时间或温度而漂移的，即光功率是恒定不变的。目前，光纤通信采用的是半导体光源，主要原因是：

(1) 半导体光源的发光波长适合在光纤的低损耗窗口中传输。

(2) 电流注入发光容易实现电控发光，从而可以进行强度调制(IM)。

(3) 半导体光源体积小，发光面积可以与光纤纤芯相比，从而提高了与光纤的耦合效率。

(4) 可靠性高，常温下可以连续工作。

(5) 响应速度快，光束的相干性好，适合于高速率、大容量的光纤通信系统。

(6) 结构紧凑、体积小。

(7) 半导体激光器实际上是一个 PN 结，因而可采用半导体集成技术批量生产。

同样，光检测目前主要是采用半导体光检测器。这主要是因为半导体光检测器有足够快的响应速度和高的转换效率，易于实现，经济、可靠。描述光检测器的关键参数有：

(1) 光谱响应：波长与所产生的电流大小之间的关系，前提是所有的波长的光强度是一致的。

(2) 响应度：光检测器产生的电流(mA)与入射到光检测器的光功率(mW)之比。

(3) 量子效率：产生电流的电子数目与入射光功率的光子数之比。

(4) 暗电流：在没有光照射下流过检测器的电流引起的暗电流噪声。

(5) 时间响应：定义为光脉冲幅度从 10% 上升到 90% 所经历的时间(称为上升时间)和从 90% 下降到 10% 所经历的时间(称为下降时间)。

(6) 波长响应：定义为光检测器能响应的波长范围。

(7) 截止波长：光检测器所能响应的最低波长。

(8) 时间常数($\tau=RC$)：由 PN 结电容 C_d 和负载电阻决定。

由于新型的半导体激光器都是在 F－P 腔(法布里-珀罗腔)激光器基础上发展起来的，因而本章主要对其基本原理和工作特性作详细介绍。了解了 F－P 腔激光器的工作原理，对目前广泛应用的 DFB 激光器(分布反馈激光器)的原理也就好理解了。PN 光电二极管虽然在实际的光纤通信中很少应用，但它是光纤通信采用的 PIN 和 APD 光检测器(雪崩光电二极管)的工作基础，因而本章对它的工作原理也作重点介绍。

3.1 半导体激光器(LD)的工作原理

3.1.1 光放大

1. 受激辐射的概念

大家已经知道,任何一个物理系统如原子内部的电子是处于不同的能量轨道上的,电子在每一个这样的轨道上运动时具有确定的能量,称为原子的一个能级。能级图就是用一系列的水平横线来表示原子内部的能量关系的。当原子中的电子与外界有能量交换时,电子就在不同的能级之间跃迁,并伴随有能量如光能、热能等的吸收与释放。

考虑一个具有二能级的原子系统,能级为 E_1 和 E_2,且 $E_2 > E_1$,如果照在其上的光波频率为 f,且光子的能量 hf 满足 $hf = E_2 - E_1$,h 为普朗克常数,则会引起原子在不同的能级 E_1 和 E_2 之间的跃迁,且 $E_1 \to E_2$ 和 $E_2 \to E_1$ 之间的跃迁是同时发生的。原子吸收了光子的能量从 E_1 跃迁到 E_2,原子从 E_2 跃迁到 E_1 放出一个光子,其能量与入射光子的能量 hf_c 一样,前者称为受激吸收,后者称为受激辐射,它与自发辐射是不同的,它们合称为光与物质之间的三种相互作用,即自发辐射、受激吸收、受激辐射。如果受激辐射超过受激吸收而占主导地位,则入射的光信号会引起 $E_2 \to E_1$ 之间的跃迁多于 $E_1 \to E_2$ 之间的跃迁,导致了能量为 hf 的光子数的净增加,入射的光信号得到了放大,如图 3.1 所示;否则,光信号将被衰减。

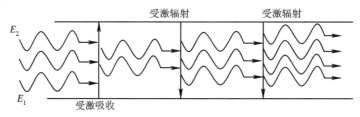

图 3.1 二能级原子系统的受激辐射与受激吸收

根据物理学原理可知,每个原子的 $E_1 \to E_2$ 的跃迁速率和 $E_2 \to E_1$ 的跃迁速率是一样的,可以用 r 表示。如果假设能级 E_1 和 E_2 上的粒子数(电子的数目)分别为 N_1 和 N_2,则功率净增益(单位时间的能量)为 $(N_2 - N_1)rhf$。显然,如果要实现信号放大,该值必为正,即 $(N_2 - N_1) > 0$,$N_2 > N_1$。这一条件称为粒子数反转分布。之所以称为粒子数反转分布,是因为在正常热平衡状态下,低能级 E_1 上的粒子数 N_1 是大于高能级 E_2 上的粒子数 N_2 的,入射的光信号总是被吸收。为了获得光信号的放大,必须将热平衡下能级 E_1 和 E_2 上的粒子数 N_1 和 N_2 的分布关系倒过来,即高能级上的粒子数应更多。

粒子数反转分布可以通过利用附加(额外)的能量以适当的方式将电子泵到高能级上来实现。附加的能量可以是光能也可以是电能。

仍以上述的二能级系统为例,说明一下自发辐射的概念。自发辐射对光放大器和激光器的性能都有影响,这种影响往往是有害的。在没有外界光照的情况下,原子从上能级(高)E_2 跃迁到下能级(低)E_1 上,向外辐射一个能量为 hf 的光子,其跃迁速率由原子系统的自发辐射寿命 τ_{21} 决定,为 N_2/τ_{21},自发辐射功率为 hfN_2/τ_{21}。自发辐射中虽然辐射光子

的能量也为 hf_c，但它与受激辐射有本质的不同。它辐射光子是自发的，不需要外来光子的激励，且辐射的光子的方向是杂乱无章的，相互之间的相位、偏振方向也是不同的。而受激辐射辐射的光子的能量、方向、偏振、相位都与入射光子是完全一样的。因此常称受激辐射为相干的，自发辐射是非相干的。自发辐射对光放大而言是不利的，一般将其看成另一个光波，入射光信号得到放大的同时它也得到了放大，并在输出端形成自发辐射放大噪声（ASE）。ASE 对光纤通信系统影响很严重。

2. 半导体光放大（器）

尽管半导体光放大器（SOA）是研究较早的光放大器，用来放大光信号时的性能不如 EDFA 放大器（在第 5 章介绍）。但它除了用于光放大之外还可用于光开关、波长变换器，这是光纤通信的两个关键器件。它也是学习理解半导体激光器的基础。

图 3.2 给出了 SOA 的结构图。SOA 实际上是一个 PN 结，由下面的分析可知，中间的耗尽层实际上充当了有源区，当光通过有源区时，光由于受激辐射而得到了放大。由于放大器的增益是波长的函数，因而放大器有源区的两端面上镀有防反射涂层（AR），以减少部分光的反射，从而减少放大器的带内增益波动。而激光器没有防反射涂层（AR）。

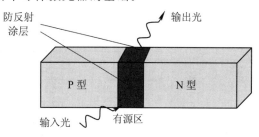

图 3.2　半导体光放大器的结构

半导体光放大器（SOA）与 EDFA 放大器的不同之处在于实现粒子数反转分布的方式是不同的。首先，SOA 的粒子不是处于不同能级上的原子，而是半导体材料中的载流子，即电子或空穴。半导体有两个由电子能级构成的能带：一个是由许多能级构成的能量低的价带；另一个是由许多能级构成的能量高的导带。电子或空穴可以处在不同的能级上。导带与价带之间的能量差为 E_g，中间不存在能级，称为禁带。对于一个 P 型半导体，在热平衡状态下只有很少的电子位于导带中，如图 3.3（a）所示。类似前面的讨论，将导带看作能量高的 E_2 能级，将价带看作能量低的 E_1 能级。这里的高低是指电子在能带上的能量。在粒子数反转分布情况下，导带中的电子数是很多的，如图 3.3（b）所示。这时如有光照射，将有更多的电子通过受激辐射从导带跃迁到价带（这当然是与通过受激吸收从价带跃迁到导带的电子数相比），实际上这就是半导体光放大器产生光增益或粒子数反转的条件。

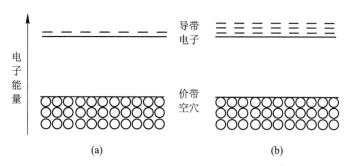

图 3.3　P 型半导体的能带和电子数
（a）热平衡；（b）粒子数反转

半导体的粒子数反转分布可以通过对 PN 结加正向偏压来实现。PN 结由 P 型和 N 型半导体组成。P 型半导体是在半导体中掺入合适的原子,如Ⅲ族的硼(B),使它有多余的空穴。相反,N 型半导体中掺入合适的原子,如Ⅵ族的铟(In),使其有多余的电子。为了理解 PN 结,可以将空穴理解为与电子一样的电荷载流子,只是极性与电子相反。当 P 型和 N 型半导体并行放置时,如图 3.4(a)所示,则 P 型半导体中的空穴将向 N 型半导体扩散,N 型半导体中的电子将向 P 型半导体扩散,将形成如图 3.4(b)所示的在 P 型半导体中有净负电荷,在 N 型半导体中有净正电荷的状态。它们组成了 PN 结的空间电荷区,也称为耗尽层。没有外加偏置电压时,少数载流子即 P 型半导体中的电子和 N 型半导体中的空穴将保持原有的热平衡。当有正向偏置电压施加在 PN 结上时(如图 3.4(c)所示),耗尽层的厚度将减小,N 型半导体中的电子将向 P 型半导体漂移,漂移运动的结果使 P 型半导体的导带中有了电子;同样,P 型半导体中的空穴将向 N 型半导体漂移,漂移运动的结果使 N 型半导体的价带中有了空穴。当正向偏置电压足够大时,增加的少数载流子引起了粒子数反转,因此,PN 结可用作光放大器。

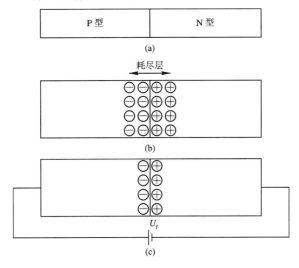

PN 结形成

图 3.4 用作放大器的正向偏置的 PN 结

(a) PN 结;(b) 没有正向偏置电压时的少数载流子和耗尽层;

(c) 施加正向偏置电压 U_f 时的少数载流子和耗尽层

实际中很少使用简单的 PN 结。在 PN 结之间有一很薄的半导体材料,它与 PN 结的半导体材料相异,这种结构称为异质结。中间一层半导体形成了一个有源区或层,它与 P 型或 N 型半导体材料相比,其禁带宽度较小,而折射率较高。小的禁带宽度有利于将注入有源区的少数载流子,即来自 N 型半导体的电子和 P 型半导体的空穴限制在有源区内,高的折射率使这种结构构成了一个电介质波导,在放大时有利于将光限制在有源区内。

半导体光放大器中的粒子数反转分布条件(受激辐射超过受激吸收)是波长或频率的函数,如入射光波的频率为 f,则满足 $hf > E_g$(E_g 为半导体的禁带宽度)。如果与 E_g 对应的最低光频或最长光波长能够放大,则随着正向偏压的加大,该波长的粒子数反转分布条件首先满足,随着正向偏置电压的加大,注入的电子占据了 P 型半导体的高能级,这时短波长的信号开始放大。实际上 SOA 的放大带宽可达 100 nm,可以同时放大 1.30 μm、1.55 μm 窗口的信号。

3.1.2　F-P 腔半导体激光器

　　半导体激光器是光纤通信最主要的光源，它实际上是将光放大器置于一个反射腔之内构成的。光放大器充当激光器的工作物质（增益介质）。反射腔通过正反馈使光放大器产生振荡。半导体激光器的增益介质是正向偏置的 PN 结。

　　如果将光放大器置于如图 3.5 所示的 F-P 腔内，就构成了一个 F-P 腔激光器。F-P 腔实际上是由两个平行的平面反射镜构成的，它使得只有与腔内谐振波长相对应的波的增益增高。换句话说，F-P 腔具有波长选择性。图 3.5 所示的 F-P 腔，其右端面将一部分光透射过去，另一部分光被反射回来后在其左端面又反射回来。与腔内谐振波长相对应，通过右端面发送出去的所有光波其相位相互叠加。相位叠加的结果是发送出去的光波的幅度比其他波长的光波的幅度得到了很大的增强，因而，端面的部分反射作用使光放大器的增益变成了波长的函数。

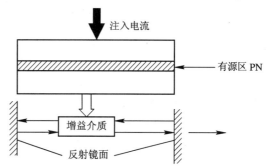

注入电流

有源区 PN

增益介质

反射镜面

谐振腔的作用　　　　　　　　　　　　　图 3.5　F-P 光学谐振腔

　　如果增益介质的增益和镜面的反射率足够高的话，光放大器将形成振荡，即使在没有输入光信号的情况下也将有光信号输出。对于给定的器件，产生激光输出的条件称为阈值条件。在阈值以上，将形成光频振荡，激光器实为一个光频段的振荡器。这主要是因为放大器带宽内存在所有波长的自发辐射光信号，即使在没有光信号输入时，由于腔的选择性也有相应波长的光信号输出。这种情形与电振荡器很相像，电振荡器可以看成是一个具有正反馈的电放大器，自发辐射起的作用与由于电子的随机性运动所产生的热噪声是一样的。由于放大的过程是因受激辐射而产生的，因此输出的激光是相干的。

3.2　LD 的输出光功率

　　LD 的输出光功率是随着注入电流的不同而改变的。注入电流常用毫安（mA）来表示，光功率的单位为毫瓦（mW），但实际工程应用中常用分贝（dBm）来表示。其定义为

$$P(\text{dBm}) = 10 \lg \frac{P(\text{mW})}{1\ \text{mW}} \tag{3.1}$$

3.2.1　阈值特性

　　半导体激光器是一阈值器件，它的工作状态随注入电流的不同而不同。当注入电流较小时，PN 结有源区也称激活区不能实现粒子数反转，自发发射占主导地位，激光器发射普通的

荧光。随着注入电流量的增加，激活区里实现了粒子数反转，受激辐射占主导地位。但当注入电流小于阈值电流时，谐振腔内的增益还不足以克服由介质的吸收、镜面反射不完全(反射系统<100%)等引起的谐振腔的损耗时，不能在腔内建立起振荡，激光器只发射较强荧光，这种状态称为"超辐射"。只有当注入电流大于阈值电流时，才能产生功率很强的激光。

3.2.2 注入电流(I)与光功率(P)响应特性

从光与物质相互作用的角度看，半导体激光器的特性是腔内光场与电子空穴对相互作用的结果，与注入载流子密度和产生的光子密度变化有关。这可用速率方程(形象地表述了物质(电子数)与光场(光子数)之间的相互作用)来描述。为了简化，设激光器的电流注入是均匀的，光子被完全限制在激活区内，光子和电子在腔内均匀分布。二能级系统的速率方程可写为

$$\begin{cases} \dfrac{\mathrm{d}N_e}{\mathrm{d}t} = \dfrac{J}{ed} - A(N_e - N_0)N_p - \dfrac{N_e}{\tau_e} \\[2mm] \dfrac{\mathrm{d}N_p}{\mathrm{d}t} = A(N_e - N_0)N_p - \dfrac{N_p}{\tau_p} + \alpha \dfrac{N_e}{\tau_e} \end{cases} \tag{3.2}$$

其中：$J/(ed)$ 代表电流注入时载流子浓度(N_e 是电子浓度)的增长率；$-A(N_e - N_0)N_p$ 代表受激发射时载流子浓度 N_e 减少的速率，A 为比例常数，N_0 为产生粒子数反转时载流子的浓度；$-N_e/\tau_e$ 代表自发跃迁时 N_e 减少的速率，τ_e 为自发跃迁的寿命(粒子在能级上停留的时间)；$A(N_e - N_0)N_p$ 代表受激发射时光子密度 N_p 增加的速率；$-N_p/\tau_p$ 代表光损耗(包括输出)时光子密度减少的速率，τ_p 为光子的寿命；$\alpha\dfrac{N_e}{\tau_e}$ 代表自发辐射时激光光子密度 N_p 增长的速率，α 为自发辐射进入激光模式的比例常数。

在稳态情况下，$\dfrac{\mathrm{d}}{\mathrm{d}t} = 0$，用 $\overline{N_e}$ 和 $\overline{N_p}$ 分别表示电子密度和光子密度，则速率方程变为

$$\begin{cases} A(\overline{N_e} - N_0)\,\overline{N_p} + \dfrac{\overline{N_e}}{\tau_e} = \dfrac{J}{ed} & (3.3a) \\[2mm] A(\overline{N_e} - N_0)\,\overline{N_p} - \dfrac{\overline{N_p}}{\tau_p} + \alpha \dfrac{\overline{N_e}}{\tau_e} = 0 & (3.3b) \end{cases}$$

考虑阈值以下和刚达阈值时的情况，这时受激复合项与自发复合项相比可忽略，即 $\overline{N_p} = 0$，则由式(3.3)有

$$J = \frac{ed\,\overline{N_e}}{\tau_e}, \quad J < J_{th} \tag{3.4}$$

在阈值时，有

$$J_{th} = \frac{ed(N_e)_{th}}{\tau_e}$$

在阈值以上时，受激辐射占主导地位，α 通常很小(为 $10^{-3} \sim 10^{-5}$ 量级)，可忽略自发辐射项，则由式(3.3)有

$$\overline{N_p} = \frac{\tau_p}{ed}(J - J_{th}) \tag{3.5}$$

根据以上分析可知，理想激光器的输出功率 P(正比于光子浓度)与注入电流 I 的曲线如图

3.6 所示。

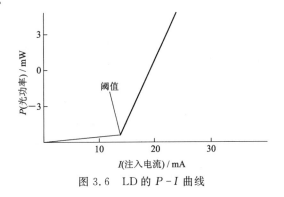

图 3.6 LD 的 $P\text{-}I$ 曲线

实验一 $P\text{-}I$ 特性曲线

3.3 LD 的输出光谱

LD 的光谱特性是指输出光功率 P(dB)与光波长 $\lambda(\mu m)$ 之间的关系。光功率最大值对应的光波长称为中心波长,中心波长一般要与光纤的低损耗窗口相对应。由于光功率与放大器的增益成正比,因此输出光谱特性也可以用增益谱(增益与波长的关系)来描述。

要形成稳定激光振荡,输出的那些波长应满足两个条件。第一个条件是:光波长应在增益谱之内,如果是长波长激光器,则波长应位于 1225~1560 nm 范围内。第二个条件是:谐振腔的长度应为半波长的整数倍。对于给定的激光器,满足第二个条件的驻波称为激光模式,它与前面讨论的光纤中的模是不一样的,前者为波导模式,后者严格地说是空间模式,为了区别开,可以称为纵模。

3.3.1 多纵模 LD

如果激光器同时有多个模式振荡,就称为多纵模(Multiple Longitudinal Mode,MLM)激光器。前面讨论的 F-P 腔激光器就是多纵模激光器。MLM 激光器通常有宽(大)的光谱宽度,典型值约为 10 nm。典型的 MLM 激光器的光谱如图 3.7 所示。图中,L 为激光器的腔长,n 为腔内折射率,$c/(2nL)$ 为纵模间隔。

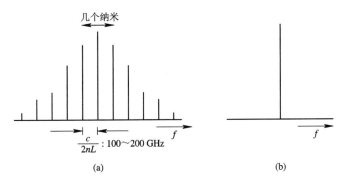

图 3.7 MLM 激光器和 SLM 的光谱

(a) MLM 激光器的光谱;(b) SLM 激光器的光谱

3.3.2 单纵模 LD

由前面的分析可知，由于光纤中存在色散，谱宽很宽对高速光通信系统是很不利的，因此光源的谱宽应尽可能地窄，即希望激光器仅仅工作在单纵模状态，这样的激光器称为单纵模(Single Longitudinal Mode，SLM)激光器。SLM 激光器的典型光谱如图 3.7(b)所示。SLM 激光器可以利用滤波器原理来选择所需的波长，同时对不需要的波长提供损耗。SLM 激光器的重要特性是其边模抑制比(Side-mode Suppression Ratio，SMSR)，它决定了相对于主模的其他纵模被抑制的程度。典型的 SMSR 值为 30 dB。目前有分布反馈(DFB)、外腔反馈等常用方法来实现单纵模。具体原理在下面介绍。

3.4 LD 的调制响应

以上分析了在稳态情况下半导体激光器的特性，下面用小信号近似情形来分析半导体激光器在接通电源、关闭电源或受其他电流扰动时的瞬态特性。

小信号分析假定：

$$\begin{cases} N_e = \overline{N_e} + n_e(t)，n_e(t) \ll \overline{N_e} \\ N_p = \overline{N_p} + n_p(t)，n_p(t) \ll \overline{N_p} \end{cases} \tag{3.6}$$

忽略自发辐射项，即令 $\alpha=0$，联立式(3.2)和式(3.6)得

$$\begin{cases} \dfrac{\mathrm{d}n_e}{\mathrm{d}t} = -\left(A\overline{N_p} + \dfrac{1}{\tau_p}\right)n_e(t) - A(\overline{N_e} - N_0)n_p(t) \\ \dfrac{\mathrm{d}n_p}{\mathrm{d}t} = AN_p n_e(t) \end{cases}$$

再微分一次得

$$\begin{cases} \dfrac{\mathrm{d}^2 n_e(t)}{\mathrm{d}t^2} + \left(A\overline{N_p} + \dfrac{1}{\tau_e}\right)\dfrac{\mathrm{d}n_e(t)}{\mathrm{d}t} + \dfrac{A\overline{N_p}}{\tau_p}n_e(t) = 0 \\ \dfrac{\mathrm{d}^2 n_p(t)}{\mathrm{d}t^2} + \left(A\overline{N_p} + \dfrac{1}{\tau_e}\right)\dfrac{\mathrm{d}n_p(t)}{\mathrm{d}t} + \dfrac{A\overline{N_p}}{\tau_p}n_p(t) = 0 \end{cases} \tag{3.7}$$

这是标准二阶常系数微分方程组，其解为

$$\begin{cases} n_e(t) = n_{e0}\exp[-(\gamma - \mathrm{i}\omega_0 t)] \\ n_p(t) = n_{p0}\exp[-(\gamma - \mathrm{i}\omega_0 t)] \end{cases} \tag{3.8}$$

其中，衰减常数 γ 为

$$\gamma = \frac{1}{2}\left[A\overline{N_p} + \frac{1}{\tau_e}\right] = \frac{1}{2\tau_e}\left(\frac{J}{J_{th}}\right) \tag{3.9}$$

弛豫振荡频率为

$$\omega_0 = \left(\frac{A\overline{N_p}}{\tau_p} - \gamma^2\right)^{\frac{1}{2}} = \left[\frac{1}{\tau_e \tau_p}\left(\frac{J}{J_{th}} - 1\right) - \gamma^2\right]^{\frac{1}{2}} \tag{3.10}$$

通过改变注入电流可改变弛豫振荡频率。

由 $\tau_e \gg \tau_p$ 可知，

$$\gamma^2 = \left[\frac{1}{2\tau_e}\left(\frac{J}{J_{th}}\right)\right]^2 \ll \frac{1}{4\tau_e^2} \ll \frac{1}{\tau_e \tau_p}$$

当半导体激光器注入交变信号即注入调制信号时，设注入电流密度 $J = J_0 + J(t)$，且 $J(t) \ll J_0$，则式(3.7)可改写为

$$\begin{cases} \dfrac{d^2 n_e(t)}{dt^2} + \left(A\overline{N_p} + \dfrac{1}{\tau_e}\right)\dfrac{dn_e(t)}{dt} + \dfrac{A\overline{N_p}}{\tau_p}n_e(t) = \dfrac{1}{ed}\dfrac{dJ(t)}{dt} \\[3mm] \dfrac{d^2 n_p(t)}{dt^2} + \left(A\overline{N_p} + \dfrac{1}{\tau_e}\right)\dfrac{dn_p(t)}{dt} + \dfrac{A\overline{N_p}}{\tau_p}n_p(t) = \dfrac{A\overline{N_p}}{ed}J(t) \end{cases} \tag{3.11}$$

设 $J(t) = J_m e^{i\omega t}$，$J_m \ll J_0$，则代入式(3.10)可得

$$\begin{cases} n_e(t) = n_{e0}\exp[-(\gamma + i\omega_0 t) + n_{em}\exp(i\omega t)] \\ n_p(t) = n_{p0}\exp[-(\gamma + i\omega_0 t)] + n_{pm}\exp(i\omega t) \end{cases} \tag{3.12}$$

方程(3.10)为非齐次二阶常系数线性微分方程，所以其通解式(3.11)包括弛豫振荡项和受迫振荡项，后者即代表调制响应。在稳态情况下，弛豫振荡项可忽略，所以有

$$\begin{cases} n_e(t) = n_{em}\exp(i\omega t) \\ n_p(t) = n_{pm}\exp(i\omega t) \end{cases} \tag{3.13}$$

其中光子密度的振幅为

$$n_{pm} = \frac{J_m A\overline{N_p}}{ed\ \sqrt{(\omega^2 - \omega_0^2)^2 + 4\omega^2\gamma^2}}$$

ω_0、γ 的含义与前面的相同，由式(3.9)和式(3.10)给出。为了衡量激光二极管的调制特性，定义归一化调制深度 $H(\omega)$ 如下：

$$H(\omega) = \frac{n_{pm}}{(n_{pm})\mid_{\omega=0}} = \frac{\omega_0}{\sqrt{(\omega^2 - \omega_0^2)^2 + 4\omega^2 a^2}} \tag{3.14}$$

图 3.8 给出了归一化调制深度 $H(\omega)$ 随 ω 变化的规律。半导体激光二极管的本征调制响应带宽就是由激光器的激射作用所限制的调制带宽。也就是说，本征响应就是由速率方程所决定的调制响应，因此它可用 $H(\omega)$ 来代表。从图 3.8 可见，当 $\omega > \omega_0$ 时，归一化调制深度迅速下降。因此，很自然地将弛豫振荡频率 ω_0 定义为激光二极管的本征调制带宽。激光二极管的弛豫振荡频率和 $(J - J_{th})^{1/2}$ 成正比，所以阈值越低的器件越能获得较大的带宽。

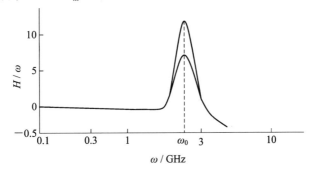

图 3.8　半导体激光器的调制响应

实际调制带宽比本征调制带宽(即 ω_0)要窄得多，这是由激光二极管的高频等效电路参数的影响造成的，这里不作深入讨论，有兴趣的读者可参阅其他书籍。

3.5 LD 的温度特性与自动温度控制(ATC)

我们知道,LD 的 P-I 特性曲线是选择半导体激光器的重要依据。图 3.9 是双异质结 (BH)激光器输出功率与注入电流的关系曲线。从图中可以看出,温度对半导体激光器的阈值电流 I_{th} 和输出功率都有影响。可以用下面的经验公式表示 I_{th} 随温度的变化的情况:

$$I_{th} = I_0 e^{T/T_0} \qquad (3.15)$$

其中,I_0 为常数,T_0 为特征温度,表示激光器对温度的敏感程度。对于长波长的 InGaAsP 激光器,T_0 的典型值为 $50\sim70$ K;对于短波长的 GaAs 激光器,$T_0 > 120$ K。由式(3.15)可见 InGaAsP 激光器对温度较敏感。

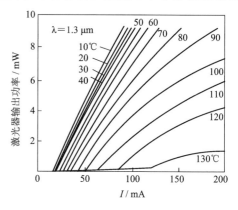

图 3.9 $1.3\ \mu m$ BH 激光器输出功率与注入电流的关系曲线

LD 在高温环境下工作也会影响它的寿命,而且 LD 的发射波长也会产生变化,以致影响数字光纤通信系统的正常工作,所以在光发送机电路中需要对 LD 的温度进行控制。一般采用两种方法来进行温度控制:一种是环境温度控制法,另一种是对 LD 进行自动温度控制(ATC)。

环境温度控制主要对通信机房的温度进行调控,这种方法对环境温度要求过高,显然不合适。目前在光纤通信中对 LD 进行的自动温度控制一般采取半导体制冷器控制方式。

半导体制冷是基于帕尔贴效应的一种制冷方式。制冷器由特殊的半导体材料制成,当其通过直流电流时,一端制冷(吸热),另一端放热。在 LD 的组件中,将制冷器的冷端贴在 LD 的热沉上,测试用的热敏电阻也贴在热沉上,通过温度自动控制电路控制通过制冷器的电流,就可以控制 LD 的工作温度,从而达到自动温度控制的预期效果。

图 3.10 所示为温控电路的原理图。LD 组件中的热敏电阻 R_t 具有负温度系数,在 $20℃$ 时其阻值为 $10\sim12$ kΩ,$\Delta R_t/\Delta T \approx -0.5\%/℃$。它与 R_1、R_2、R_3 构成桥式电路,它们的输出电压加到差分放大器 A 的同相及反相输入端,在某温度(如 $20℃$)下电桥平衡。LD 发热时 R_t 下降,A 的同相端为高电平,输出也为高电平,V_1 正向偏置,制冷器 R_c 电流增大,使 LD 温度下降。

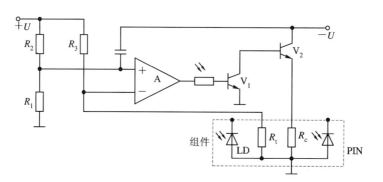

图 3.10 LD 的 ATC 电路

3.6　LD 的输出光功率稳定性与自动功率控制(APC)

　　LD 稳定的输出功率对光发送机来说非常重要,所以要通过自动功率控制(APC)来实现光功率的稳定输出。APC 的主要功能有:

　　(1) 自动补偿 LD 由于环境温度变化和老化效应而引起的输出光功率的变化,保持其输出光功率不变,或保持其变化幅度不超过光纤通信工程设计要求的指标范围。

　　(2) 自动控制光发送机的输入信号码流中长连"0"序列或无信号输入时使 LD 不发光。

　　除了控制式(3.15)中的阈值以外,还要控制另一个重要的参数:LD 的微分量子效率 η_d。η_d 定义为阈值以上光子输出速率增量与注入电子数增量之比,它显然和各种损耗有关,可以通过 P-I 曲线的斜率计算。η_d 与温度的关系为

$$\eta_d = \eta_0 \, e^{-T/T_0} \tag{3.16}$$

式中,η_0 为 T_0 时的微分量子效率。

　　图 3.11 显示了输出功率随阈值电流和微分量子效率变化的情形。为了克服温度以及老化造成的输出功率下降,也为了克服输入长连"0"或长连"1"造成的影响,在发送机的驱动电路中一般除了 ATC 外,还采用自动功率控制(APC)电路。APC 可以通过两条途径来实现:一是自动跟踪 I_{th} 的变化,使 LD 偏置在最佳状态;二是控制调制脉冲电流幅度 I_m,自动跟踪 η_d 的变化。一般 η_d 的变化不是非常大,所以简单有效的办法是通过检测直流光功率控制偏置电流,这样可以收到较好的效果。采用这种方法的电路如图 3.12 所示。光检测器 PIN 从 LD 的背向输出光中检测到一部分能线性地反映 LD 输出光功率变化的光功率,经过光电变换将其变换成电信号,经过电容 C_1 平滑,并通过运算放大器 A_1 放大,作为 LD 输出光功率平均值的电平送到比较积分放大器 A_2 的反向输入端,与 LD 驱动电路的输入数据信号平均值电平进行比较,其比较结果是输出控制 LD 的直流偏置电流控制晶体管 V_3,从而调整 V_3 的集电极电流(即 LD 的直流偏置电流)的大小。这是一种负反馈控制过程,假设在 LD 驱动电路的输入数据参考电平不变的条件下,由于种种原因使 LD 的输出光功率减小,这时,PIN 检测输出电流减小,导致 A_2 反相输入端的电平下降,A_2 输出电平上升,V_3 输入电流增大,从而使 LD 的偏置电流 I_b 增加,最后使 LD 的输出光功率及时得到回升,这样就达到了稳定 LD 输出光功率的预期目的。

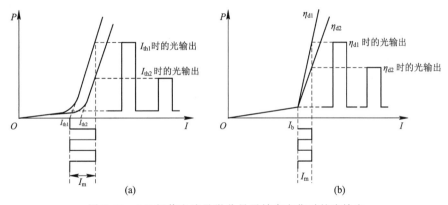

图 3.11　LD 阈值电流及微分量子效率变化时的光输出

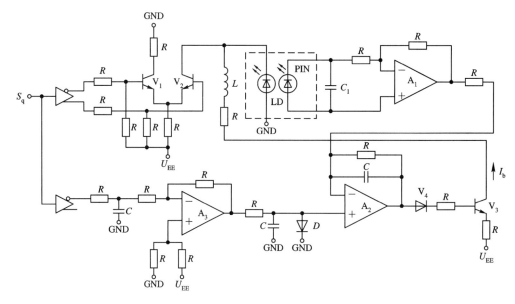

图 3.12　APC 原理电路

从图 3.12 中还可以看到，在 LD 驱动电路的输入数据信号为长连"0"或者输入数据信号消失时，A_3 的反相输入端为高电平，因此 A_3 输出电平下降，进而控制 LD 的 I_b 减小，使 LD 的输出光功率减小。这是该控制的自动控制原理，其反馈控制又可能会使 I_b 增加。然而所谓自动光功率控制，是以 LD 驱动电路的输入数据信号的参考电平不变为必要条件的，因此由于其输入数据信号参考电平变化而引起 I_b 的变化要大于自动光功率控制的幅度，结果在长连"0"或无信号输入时，LD 的输出光功率大大降低，致使 LD 不发激光而发荧光。这样就有效地保护了 LD 不致因为过高的直流光而受到损害，这对延长 LD 的工作寿命也十分有益。这种控制方法在 $10 \sim 50\,℃$ 的温度变化范围内，可使输出光功率变化小于 5%。

3.7　DFB 和 DBR 激光器

前面讨论的 F‑P 腔激光器，其光的反馈是由腔体两端面的反射提供的，其位置是确定的，就在端面上。光的反馈也可以是分布方式，即由一系列靠得很近的反射端面的反射提供，最常用的做法是将腔体沿宽度方向设计成周期性变化的结构，如图 3.13(a) 和 (b) 所示。

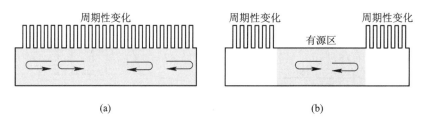

(a)　　　　　　　　　　　(b)

图 3.13　DFB 和 DBR 激光器的结构

(a) DFB 激光器；(b) DBR 激光器

入射的光波在周期性变化的部分经历了一系列的反射，这些反射光波的每一个对最终从腔体发出的光波的贡献是使之相位叠加。如果变化的周期是腔体中光波波长的整数倍，那么就满足腔体内的驻波条件，这一条件称为布拉格条件。虽然一系列波长满足布拉格条件，但是只有满足变化周期为 1/2 波长的整数倍的那个波长才能对形成最强的反射光波有贡献，而其他的那些波长对形成最强的反射光波没有贡献，也就是说与其他波长相比，只有该波长得到优先放大。通过合理设计器件，这种效应可以用来抑制其他纵模，只有与波长等于变化周期的二倍相对应的单个纵模才能最终形成激光振荡，这样的激光器有时称为单模激光器。在制作器件时，通过改变其变化周期就可以得到不同的工作波长。

实际上，任何采用周期性波导来获得单纵模的激光器都称为分布反馈（Distributed Feed Back，DFB）激光器，然而 DFB 激光器仅指周期性出现在腔体的有源增益区部分，如图 3.13(a)所示。如果激光器周期性出现在有源增益区的外面，如图 3.13(b)所示，则称为 DBR(Distributed Brag Reflection)激光器。DBR 激光器的优点是它的增益区和它的波长选择是分开的，因此可以对它们分别进行控制。例如，通过改变波长选择区的折射率，可以将激光器调谐到不同的工作波长而不改变其他的工作参数。

DFB 激光器的制作工艺比 F-P 腔激光器的制作工艺简单，虽然价格较贵，但高速光纤通信系统几乎全部采用 DFB 激光器，F-P 腔激光器只用在短距离的数字光纤通信系统中。

反射光进入 DFB 激光器能引起波长和功率的变化，因而常采用一个封装在 DFB 激光器前面的光隔离器来阻止反射光。实际上，DFB 激光器还在其后面封装有一个 TEC 制冷器和光电二极管。为了激光器能工作在恒定温度和阻止波长随温度漂移，TEC 是必需的。光电二极管通过探测其后端面泄漏出来的光(它与激光器前端输出的光功率成正比)来监测激光器的功率。

DFB 激光器的封装是 DFB 激光器昂贵的主要原因。对于 WDM 系统，在单个封装中封装有多个不同波长 DFB 激光器是很重要的。这种器件可以用作多波长激光器，也可以用作调谐激光器(根据所需的波长，阵列中只有一个激光器在工作)。这些激光器也可以以阵列的形式生长在单个基片上。8 个波长阵列的激光器在实验室已制作成功，但大批量生产还有困难，主要原因是：作为一个整体，其阵列的生长(半导体的工艺)是很低的，只要有一个不能满足要求，则整个阵列被放弃。

另一种抑制其他纵模的方法是再采用一个腔，常称为外腔，它紧接着提供增益的主腔，如图 3.14 所示。和主腔有谐振波长一样，外腔也存在谐振波长。同样是在外腔中使用反射端面就可以达到此目的。使用外腔的最终结果是，只有那些既是主腔的谐振波长又是外腔的谐振波长的波长才能形成振荡。通过合理设计两种腔就可以使主腔增益带宽内的一个波长满足该条件，因而激光振荡可以被限制为一个单纵模。

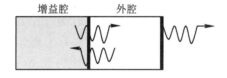

图 3.14　外腔半导体激光器

可以使用衍射光栅构成外腔(如图 3.15 所示)来代替图 3.14 所示的另一 F-P 型外腔,这样的激光器称为光栅外腔激光器。这种情况下,面对光栅增益腔的端面应镀防反射膜,从衍射光栅反射回增益腔的波长由光栅刻痕间距和其相对于增益腔的倾斜角决定。

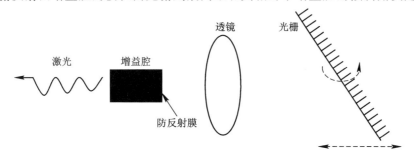

图 3.15 光栅外腔半导体激光器

3.8 调 谐 LD

到目前为止,我们所讨论的 LD 的工作波长都是固定的(尽管它们随着温度和老化也会改变),但在许多应用中需要发光波长是可调谐的,因此我们很自然地要考虑调谐激光器。另一个重要原因是,波分复用(WDM)系统中由于需要工作于不同波长的激光器,如果采用固定波长的激光器,则需要许多个激光器,这显然是不方便的。下面简要分析一下改变调谐激光器的工作波长的原理。

3.8.1 外腔调谐 LD

外腔激光器只需改变光栅或其他波长选择反射镜的中心波长就可以调谐。考虑如图 3.15 所示的光栅外腔激光器,由于光栅选择性反射回增益腔的波长是由光栅的刻痕间距和相对于增益腔端面的倾斜角决定的,因此改变光栅到增益腔的距离及倾斜角,就可以改变激光的波长。这种方法是采用机械调谐的,因而速度较慢,但调谐的范围较大。对于半导体激光器,调谐范围大约有 100 nm。这种调谐光源可用于测试仪表,但对于通信所要求的小型光源是不适合的。

3.8.2 双电极 LD

半导体激光器的快速调谐方法是基于半导体的折射率随注入电流改变这一事实的。由于这一原因,半导体激光器的波长随注入正向电流而改变,当然输出光功率也随注入电流改变,而实际上我们希望半导体激光器的波长随注入正向电流改变但同时输出光功率不随注入电流改变。在 DBR 激光器中,通过增加注入电流引起的折射率的改变导致了光栅刻痕的改变,因而波长发生了改变。若注入两个电流 I_B 和 I_g,I_B 注入增益区,I_g 注入布拉格区域,将会对功率和波长分别实现控制。这种激光器称为双电极 DBR 激光器,它是用于光纤通信的很有发展前途的半导体调谐光源,调谐宽度为 8 nm。能够发射 20 个波长的这种激光器已研制成功。

3.9 其他类型的 LD

3.9.1 垂直腔面发光激光器(VCSELs)

这里介绍另一种获得单纵模激光的方法。如 3.3 节中的图 3.7 所示,多模激光器的纵模间隔为 $c/(2nL)$,L 为腔长,n 为它的折射率。如果腔长特别短,则纵模间隔就很大,就可以使增益谱内只有一个波长,从而获得单纵模。如果有源区(或层)是在半导体基片上掺杂,则有源区可以做得很薄,如图 3.16 所示。这是由在半导体基片的上下两个端面的反射镜构成的垂直腔,激光也是从它的一个表面(常常为上端面)输出的。因此,该激光器称为垂直腔面发光激光器(Vertical Cavity Surface Emitting Lasers,VCSELs)。相应地,前面讨论的激光器称为边发光激光器。

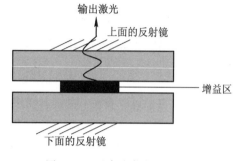

输出激光
上面的反射镜
增益区
下面的反射镜

图 3.16 垂直腔激光器的结构

增益区有非常短的腔长,镜面有高的反射率,对于单纵模工作是必要的。如果采用金属化的镀膜表面来获得如此高的镜面反射率是相当困难的。具有折射率高低交替变化的多层电介质虽然具有波长选择性,但却具有很高的反射率。随着激光器的使用,这种反射镜的表面会受到腐蚀。

VCSELs 最大的问题是,由于电流注入引起大的欧姆电阻导致了器件工作时会产生大量热量,因而需要有效的热制冷。许多被用来制作镜面的电介质材料具有低的热导率,这种电介镜的使用使得 VCSELs 在室温下工作是很困难的,因为器件产生的能量很不容易散发。因此,VCSELs 自 1979 年研制成功后,一直不能在室温下工作。人们花费大量的精力来寻找新的材料和利用新的技术,现已能够制作工作温度为 85°、波长为 1.5 μm 的 VCSELs 激光器。

3.9.2 锁模激光器

锁模激光器常用作产生超短(脉冲宽度很窄)光脉冲。设一个 F-P 腔激光器的振荡模式是 N 个相邻的纵模,这意味着如果纵模的波长分别为 $\lambda_0,\lambda_1,\cdots,\lambda_{N-1}$,则腔长 L 应满足 $L=(k+1)\lambda_i/2$,$i=0,1,2,\cdots,N-1$,k 为任意整数。这一条件等价于相应的模的频率分别为 $f_0,f_1,\cdots,f_{N-1}$,且满足 $f_i=f_0+i\Delta f$,$i=0,1,2,\cdots,N-1$。对应于频率 f_i 的振荡为 $a_i\cos(2\pi f_it+\varphi_i)$,$a_i$ 为模的振幅,φ_i 为模的相位(严格来说这是与纵模相关的电场的时间分布),则总的激光输出为

$$\sum_{i=0}^{N-1}a_i\cos(2\pi f_it+\varphi_i)$$

当 $N=10$ 时,对于不同的 φ_i,该表达式有图 3.17 所示的波形。图 3.17(a)对应 φ_i 取任意的值,图 3.17(b)对应 φ_i 是彼此相等的。这两种情况的 a_i 是相同的。为了图示方便,没有考虑 f_0 的典型值。

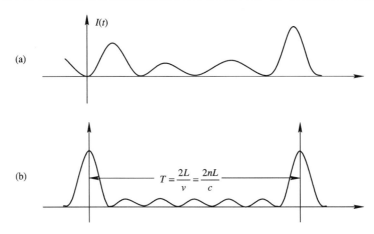

图 3.17 锁模激光器的光强随时间变化的波形

从图 3.17(a)可以看出:在没有锁模时,多模激光器的输出幅度随时间快速变化,相邻纵模的频率间隔为 $c/(2nL)$。设 $n=3$,$L=200\ \mu m$,对半导体激光器而言,其频率间隔的典型值为 250 GHz,因此这种幅度的快速波动(时间量度上为几个皮秒)对于以几十个吉比特每秒的开关(on-off)速率调制的数字光纤通信系统是没有影响的。

从图 3.17(b)可知,当 φ_i 彼此相等时,激光振荡输出为一窄脉冲周期序列,工作于此方式的激光器称为锁模激光器,它是获得窄脉冲的常用方法。

锁模激光器的两个脉冲之间的时间间隔为 $2nL/c$,对半导体激光器而言,其典型值为几个皮秒。对于 1~10 Gb/s 范围内的调制速率,脉冲间隔为 0.1~1 ns。为了获得具有如此短的脉冲间隔的锁模激光,对应的腔长 L 的数量级为 1~10 cm,如此长的腔长对半导体激光器来说是不易实现的,但若采用光纤激光器则很容易实现。因为光纤激光器为了获得足够的增益,腔长可以做得较长。

获得锁模激光的方法是对激光腔内增益进行调制,当然对幅度、频率进行调制均可。利用幅度调制的输出波形如图 3.18 所示。调制后的腔内增益的周期与脉冲之间的间隔相等,为 $2L/v=2nL/c$。选用的调制幅度应使得任何单个模式要想振荡却没有足够的增益。但大量的模如果相位叠加,就有足够的增益在腔内形成激光振荡,如图 3.18 所示。

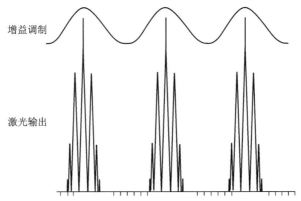

图 3.18 腔内增益幅度调制锁模激光器的波形

对于光纤激光器,可以在外腔中插入一个外调制器实现增益调制。

3.9.3　量子阱(QW)LD

量子阱(Quantum Well，QW)半导体激光器是一种窄带隙有源区夹在宽带隙半导体材料中间或交替重叠生长的半导体激光器，是一种很有发展前途的激光器。

量子阱激光器与一般的异质结激光器结构相似，只是有源区的厚度很薄，仅为几十埃(1 埃＝10^{-10} m)。理论分析表明：当有源区厚度极小时，有源区与两边相邻层的能带将出现不连续现象，即在有源区的异质结上会出现导带和价带的突变，从而使窄带隙的有源区为导带中的电子和价带中的空穴创造了一个势能阱，由此带来了一系列的优越性质，其名称也因此而来。

QW 激光器的主要特点有：

(1) 阈值电流低。由于其结构中"阱"的作用，使电子和空穴被限制在很薄的有源区内，造成有源区内粒子数反转浓度很高，因而大大降低了阈值电流。由于阈值电流的降低，同时还带来了功耗低、温度特性好等优点。

(2) 线宽变窄。量子阱中带间复合的特点，使得线宽增大系数变小，从而减小了光谱中的线宽。

(3) 动态单纵模特性好。

3.9.4　多波长 LD 阵列

在 WDM 系统中，同一光纤链路往往需同时发射多个波长，因而每一个波长需要一个激光器。如果在一个基片上能同时集成多个这样的激光器，则发送机的价格会大大降低。这也是发展阵列激光器(如前面介绍的 DFB 阵列激光器)的原因。而且，阵列激光器可以通过简单地将其中的每一个激光器调到所需的波长而用作调谐激光器。用面发光激光器可以制作二维激光阵列(如图 3.19 所示)，它比用边发光激光器更容易获得高的阵列封装密度，但将这些激光器发出的光耦合到光纤是很困难的。这些阵列激光器也同样存在其他阵列激光器所存在的问题，如只要其中一个不能满足要求，则整个阵列就被放弃。

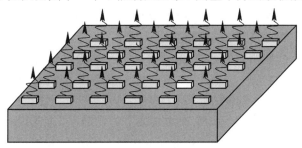

图 3.19　二维垂直腔面发光激光器阵列

3.10　LD 组件

通信中使用的激光器常常是 LD 组件。所谓组件，就是将 LD 与其他光器件如光电二极管、光隔离器、光纤等和电子器件如 TEC 电制冷器等封装在一起的一个光机电有机结合体，它使激光器在宽的温度范围内长时间稳定工作(即光功率恒定、光波长不漂移)。随着该

组件应用的普及,其内部元件也不一定相同。一般常用激光器组件包括以下独立部分:

（1）激光器（如 DFB 激光器、量子阱激光器）。

（2）PIN 光电二极管,用来监测其输出光功率以使光功率稳定。

（3）TEC 制冷器、散热器,用来将激光器的工作温度控制在一定的
范围。

LD 组件封装

（4）激光器与光纤的耦合部分,以便将光很好地耦合到光纤,这一
段光纤常称为尾纤。

（5）光隔离器 ISO,以防止反射光进入激光器影响激光器的性能。

（6）光滤波器,如 F-P 标准具、布拉格滤波器,用来选择合适的光谱,用于 DWDM
系统。

（7）调制器,如电吸收多量子阱（MQW）外调制器,用于高速率的系统。

（8）半导体光放大器（SOA）,用来提升发送光功率。

对于不同的系统应用,激光器组件的内部结构不完全相同,主要的性能指标有光功率
（dB）、光波长、工作的比特率（Gb/s）等,还有如温度范围、电源供电、物理尺寸、光功率的
安全保护等。

3.11 半 导 体 LED

激光器是价格昂贵的器件,对低速率、短距离的系统应用是不能承受的,如计算机的
局域网、电信的接入网等。对于这种应用,发光二极管（LED）提供了好的选择。前面已讨
论了与受激辐射过程同时发生的自发辐射对光放大器性能的影响,它同样对激光器的性能
也有影响,因为对于能级较高的原子/离子/载流子,自发辐射过程与受激辐射过程是同时
发生的。因此,应采用这类 GaAs 半导体材料制作激光器,因为它具有受激辐射过程占主
导地位（自发辐射过程较弱）的特性;而 Si 或 Ge 半导体的性质相反,即以自发辐射过程为
主（受激辐射过程较弱）,不能用作激光器的制作材料,但可用作 LED 的制作材料。

LED 是一正向偏置的 PN 结,注入的少数载流子（P 型半导体的电子或 N 型半导体的
空穴）通过自发辐射过程进行复合,产生激光。当然,非辐射复合也是存在的,它的自发辐
射过程同样会对 LED 的性能产生影响。由于某种自发辐射过程对应于整个增益谱（对应于
导带和价带中所有能级的差）,因而 LED 发射的光谱不像 LD 的那样窄;同样,其功率也
不如 LD 高,一般为−20 dB 量级。

在一些低速率、造价低的应用中有时也需要窄的光谱,虽然 DFB 的光谱窄,但价格昂
贵,因而 LED 光谱分割提供了一种价格低廉的选择。所谓 LED 光谱分割,是指在 LED 的
前端输出放置一个窄的光滤波器,光滤波器选择 LED 光谱的一部分。不同的光谱滤波器选
择互不重叠的 LED 光谱的一部分,这样 LED 就可以被许多用户同时使用,即共享。

3.11.1 LED 的结构

LED 主要有五种结构类型,但在光纤通信中获得广泛应用的只有两种,即面发光二极
管（SLED）和边发光二极管（ELED）。另三种 LED 为平面 LED、圆顶形 LED 和超发光
LED,其中前两种发光强度低,在采用价廉的塑料封装后,可用于可见光及近红外的显示、

报警、计算及其他工业应用中。超发光 LED 在结构上介于 ELED 与 LD 之间，其一端有光损耗，以抑制激光发射，没有光反馈，注入电流在受激发射值以下。其优点是输出功率比 SLED 或 ELED 高（$\lambda=0.87\ \mu m$ 时脉冲功率可达 60 mW，$\lambda=1.3\ \mu m$ 时耦合入单模光纤的功率达 1 mW），输出光束的方向性好，谱线较窄（$1.3\ \mu m$ 时 FWHM 宽 30 nm），调制带宽大（-1.5 dB 时带宽达 350 MHz），因此超发光 LED 也非常适合于光纤通信应用。但与 SLED 及 ELED 相比，其主要缺点是输出特性的非线性较大，且输出功率随温度的变化非常大，使用时必须制冷。

图 3.20 为 SLED 的典型结构。双异质结生长在二极管顶部的 N‑GaAs 衬底上，P‑GaAs 有源层厚度仅为 $1\sim2\ \mu m$，与其两边的 N‑AlGaAs 和 P‑AlGaAs 构成两个异质结，限制了有源层中的载流子及光场分布。有源层中产生的光发射穿过衬底耦合入光纤，由于衬底材料的光吸收很大，用选择腐蚀的办法在正对有源区的部位形成一个凹坑，使光纤能直接靠近有源区。

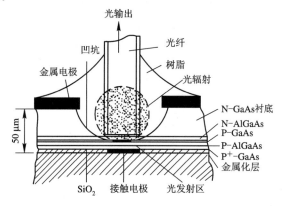

图 3.20　AlGaAs‑DH‑SLED 的结构

在 P‑GaAs 一侧用 SiO_2 掩模技术形成一个圆形的接触电极，从而限定了有源层中有源区的面积，其大小与光纤纤芯面积相当（直径为 $40\sim50\ \mu m$）。流过有源区的电流密度约为 2000 A/cm^2。这种圆形发光面发出的光辐射具有朗伯分布，如图 3.21(a) 所示。它在 θ 方向的辐射强度为

$$I(\theta)=I_0\cos\theta$$

其中，I_0 为沿 $\theta=0$ 方向的辐射强度。由图 3.21(b) 可见，SLED 的输出有很宽的角向分布，半功率点束宽 $\theta_\parallel=\theta_\perp\approx120°$。因此，它与光纤的直接耦合效率很低，仅有约 4%。为了提高耦合效率，可在发光面与光纤之间形成微透镜，从而使入纤功率提高 $2\sim3$ 倍（见第 3.2.3 小节）。

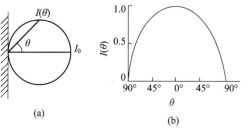

图 3.21　SLED 的光辐射分布

图 3.22 为 ELED 的结构图。采用这种结构是为了降低有源层中的光吸收，并使光束有更好的方向性。光从有源层的端面输出。该结构用 SiO_2 掩模技术在 P 面形成垂直于端面的条形接触电极(40～50 μm 宽)，从而限定了有源区的宽度。有源层为 $N - Al_{0.1}Ga_{0.9}As$，其两边的 $P-$ 及 $N - Al_{0.4}Ga_{0.6}As$ 为载流子约束层。由于有源层很薄(仅 0.05 ～ 0.1 μm)，产生的光场扩展进入约束层中。由于 $Al_{0.4}Ga_{0.6}As$ 的带隙比 $Al_{0.1}Ga_{0.9}As$ 大，吸收损耗低，因此光在传播方向上的自吸收大大降低了。结构中的光导层可减少光束的发散($\theta_{\parallel}=120°$，$\theta_{\perp}=30°$)，有利于将发光功率有效地耦合入光纤中。与输出端相反的一端进行反射镀膜，可进一步增加光输出功率。

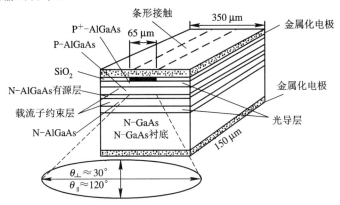

图 3.22　条形 AlGaAs - DH - ELED 的结构

3.11.2　LED 的特性

1. $P - I$ 特性

LED 的输出光功率 P 与电流 I 的关系即 $P - I$ 特性如图 3.23 所示。LED 是非阈值器件，其发光功率随工作电流的增大而增大，并在大电流时逐渐饱和。LED 的工作电流通常为 50～100 mA，这时偏置电压为 1.2～1.8 V，输出功率约为几毫瓦。工作温度提高时，同样工作电流下 LED 的输出功率要下降。例如当温度从 20℃提高到 70℃时，输出功率将下降约一半。但相对 LD 而言，温度对 LED 的影响较小。

2. 频谱特性

如前所述，LED 的工作基于半导体的自发发射。半导体材料的导带和价带都有许多不同的能级(如图 3.24

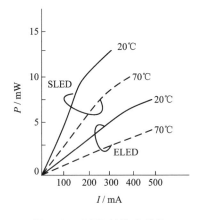

图 3.23　LED 的输出特性

(a)所示)，大多数的载流子复合发生在平均带隙上，但也有一些复合发生在最低及最高能级之间。设平均带隙为 E_g，则偏移量 δE_g 在 $kT \sim 2kT$ 范围内(k 为玻尔兹曼常数，T 为结温)。因此，LED 的发射波长在其中心值附近占据较大的范围。定义光强下降一半的两点间波长变化为输出谱线宽度(半功率点全宽(FWHM))，这就是光源的线宽，如图 3.24(b)所示。在室温下，短波长 LED 的线宽约为 25～40 nm，长波长 LED 的线宽则可达 75～100 nm。

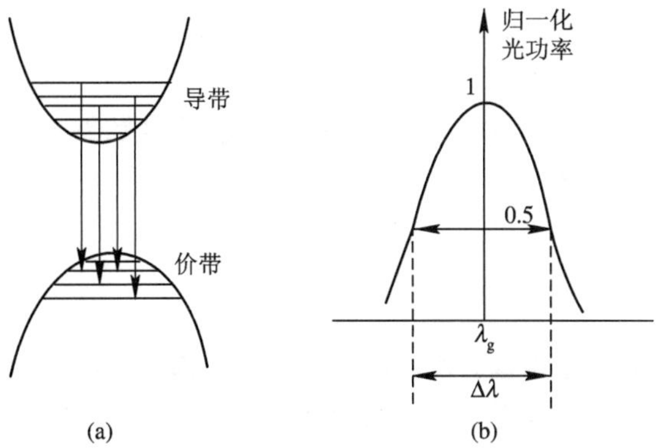

图 3.24　导带和价带能级间的光发射和线宽

(a) 光发射；(b) 线宽

LED 的线宽与许多因素有关。首先，线宽随有源层掺杂浓度的增加而变宽。通常，SLED 为重掺杂，ELED 为轻掺杂，因此 ELED 的线宽稍窄。其次，载流子在高温下有更宽的能量分布，因此，LED 线宽随温度升高而加宽。大电流时，因结温升高而线宽加大，同时峰值波长向长波长移动，移动速度为 0.2～0.3 nm/℃（短波长器件）或 0.3～0.5 nm/℃（长波长器件），因此，光纤色散的影响较严重，限制了传输距离和速率。

3. 调制特性

LED 的光功率输出可直接由信号电流来调制。在数字调制时，它可由电流源直接调制；在模拟调制时，则先要将 LED 直流偏置。

LED 的调制特性主要包括线性和带宽两个参量。

从 LED 的 P-I 特性可知，当注入电流小时，其线性相当好；但当注入电流较大时，由于 PN 结发热而逐渐出现饱和。因此，即使对于线性要求较高的模拟传输来说，LED 工作在线性区时也是非常合适的光源。但若是对线性要求特别高（如广播电视传输），则常常需要进行线性补偿。衡量光源线性指标的参数是总谐波失真（THD），它是指各次谐波总的电功率占总的基波电功率的比率。在高质量电视传输时，要求光源的谐波失真小于 -60～-70 dB 中的一个值，但一般 LED 的 THD 仅能达到 -30～-40 dB，因此需要进行补偿。

调制特性的另一个重要参量是它的调制带宽。在调制频率较低时，交流功率正比于调制电流；但随着调制频率的提高，交流功率会下降。设 LED 受频率 ω 的信号调制，则它的输出功率可以表示为

$$P(\omega) = \frac{P(0)}{\sqrt{1+(\omega\tau)^2}} \tag{3.17}$$

式中，$P(0)$ 为直流（$\omega=0$）时的光输出，τ 为 LED 及驱动电路的时间常数。对于设计优良的驱动电路，τ 主要取决于 LED 有源层中少数载流子的寿命。在上式中，当 $\omega=1/\tau$ 时，$P(\omega)=0.707P(0)$。在接收机中，检测电流正比于光功率，光功率下降到 0.707（-1.5 dB）时，接收电功率下降到 $(0.707)^2=0.5$，即 -3 dB。因此，$1/\tau$ 就是 LED 的 3 dB 调制带宽或 3 dB 电带宽，即

$$\Delta F_{3\,\mathrm{dB}} = \frac{1}{2\pi\tau} \tag{3.18}$$

显然，3 dB 光带宽要大于 3 dB 电带宽。为了提高调制带宽，缩短少数载流子寿命是唯一的

方法。但载流子寿命 τ 取决于辐射复合(产生光子)寿命 τ_r 与无辐射复合(不产生光子,能量转化为热能等其他形式)寿命 τ_{nr}。为了提高调制带宽,应使 τ_r 尽量小,同时应使 $\tau_r \ll \tau_{nr}$。虽然减小有源层厚度 d 可以增大调制带宽,但也会使 LED 的发光效率下降。因此在 LED 的调制带宽和效率之间必须采取折中。由于大多数 LED 是高掺杂的,因此其内量子效率一般在 50% 左右,即 $\eta = 1/2$。LED 的功率带宽积可表示为

$$P\Delta\omega = \frac{hc}{e\lambda}\,\frac{J}{\tau_r} \tag{3.19}$$

对一定的注入电流来说,它是常数。若增加有源层中的掺杂,则 τ_r 减小,从而使 $\Delta\omega$ 增大,但同时功率 P 按同样比例减小,这样,响应速度快的 LED 的输出功率不如响应慢的 LED 的输出功率大,这已被许多实验证实。

3.12　光源与光纤的耦合

怎样把光源发出的光有效地耦合进光纤是光发送机设计的一个重要问题。光源和光纤耦合的好坏可以用耦合效率 η 来衡量,它的定义为

$$\eta = \frac{P_F}{P_S} \tag{3.20}$$

式中,P_F 为耦合入光纤的功率,P_S 为光源发射的功率。η 的大小取决于光源和光纤的类型,LED 和单模光纤的耦合效率较低,LD 和单模光纤的耦合效率更低。图 3.25 给出了面发光二极管、边发光二极管(3.11 节介绍)和半导体激光器与光纤的耦合效率及耦合损耗的比较。光源和一小段(约长 1 m)光纤耦合时,耦合区封装在光发送机里,另一端为自由端,称为尾纤,使用时将尾纤与系统(光缆)对接或用活动连接器将尾纤与系统光纤连接。

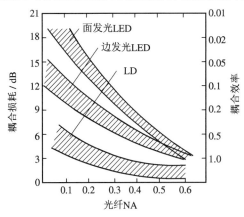

图 3.25　光源与光纤的耦合效率(耦合损耗)的比较

影响光源与光纤耦合效率的主要因素是光源的发散角和光纤的数值孔径(NA)。发散角越大,耦合效率越低;数值孔径越大,耦合效率越高。此外,光源的发光面和光纤端面尺寸、形状以及二者间距都会直接影响耦合效率。针对不同的因素,通常用两种方法来实现光源与光纤的耦合,即直接耦合和透镜耦合。直接耦合就是将光纤端面直接对准光源发光面,当发光面大于纤芯时这种方法是一种有效的方法,其结构简单但耦合效率较低。面发

光二极管与光纤的耦合效率只有 2%～4%。半导体激光器的光束发散角比面发光二极管小得多,与光纤的直接耦合效率约为 10%。

当光源与发光面积小于纤芯面积时,可在光源与光纤之间放置聚焦透镜,使更多的发散光线会聚进入光纤来提高耦合效率。图 3.26 展示了面发光二极管与多模光纤的耦合结构,其中,图(a)中光纤的端面做成球透镜,图(b)中采用截头透镜,图(c)中采用集成微透镜。采用这种透镜组合后,耦合效率可达 6%～15%。

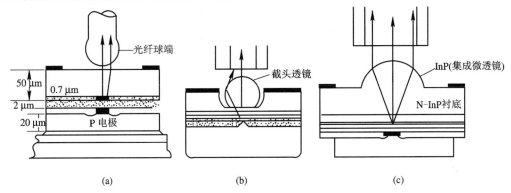

图 3.26　面发光二极管与光纤的透镜耦合

边发光二极管和半导体激光器的发光面尺寸比面发光二极管小得多,光束发散角也小,与同样数值孔径光纤的耦合效率也比面发光二极管高,但它们的发散光束是非对称的,即垂直方向和平行方向的发散角不同,所以可以用圆柱透镜来降低这种非对称性,如图 3.27(a)所示。这种透镜通常是一段玻璃光纤,垂直放置于发光面和光纤之间。图(b)在圆柱透镜后再加进一球透镜,进一步减小光束的发散,这种方法可以使 LD 与光纤之间的耦合效率提高 30%。图(c)则利用大数值孔径的自聚焦透镜(GRIN 棒)代替柱透镜,或在柱透镜后再加 GRIN 棒,其耦合效率可提高到 60%,甚至更高。

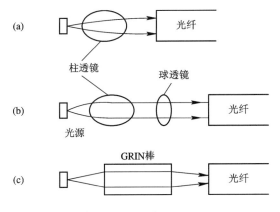

图 3.27　光源与光纤的透镜耦合

单模光纤的纤芯较细,模斑尺寸小,所以半导体激光器与单模光纤的耦合更困难。为了提高耦合效率,可以利用透镜来改变光源的光斑尺寸,使之与光纤的光斑尺寸一致。可以采用高频电弧放电或化学腐蚀方法在光纤端面形成一个半球透镜。这种方法可以使耦合效率达到 50%～60%。另外也可以使用图 3.27(c)所示的外部微透镜进行校准。

3.13 光检测器

光检测器的基本工作原理如图 3.28 所示。光检测器由半导体材料制成,当光照射到其表面时,价带中的电子吸收光子,获得能量后跃迁到导带,同时在价带中留下了空穴。在外加偏置电压的情况下,电子空穴对的运动形成了电流,这个电流常称为光生电流。

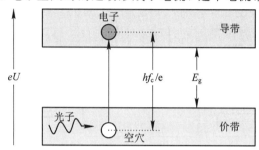

图 3.28 半导体光检测器的基本工作原理

3.13.1 波长响应

根据量子力学原理可知,每个在能级之间跃迁的电子只能吸收一个光子。要产生光电流,入射光子的能量必须至少等于禁带宽度,如图 3.28 所示,这导致了对光频率 f 或波长 λ 的限制。设半导体材料的禁带宽度为 E_g,则

$$hf = \frac{hc}{\lambda} \geqslant eE_g$$

式中,c 为光速,e 为电子电荷。满足该限制条件的最大波长称为截止波长 $\lambda_{截止}$。表 3.1 列出了常用半导体材料的禁带宽度和相应的截止波长。

表 3.1 常用半导体材料的禁带宽度与截止波长

材 料	E_g/eV	$\lambda_{截止}/\mu\text{m}$
Si	1.17	1.06
Ge	0.775	1.6
GaAs	1.424	0.87
InP	1.35	0.92
$\text{In}_{0.55}\text{Ga}_{0.45}\text{As}$	0.75	1.65
$\text{In}_{1-0.45Y}\text{Ga}_{0.45Y}\text{As}_Y\text{P}_{1-Y}$	$0.75\sim1.35$	$1.65\sim0.92$

由表 3.1 可知,最重要的半导体材料 Si 和 GaAs 不能用作 1.3 μm 和 1.55 μm 波长的光检测器,尽管 Ge 在这两个波段都可用作光检测器,但由于其本身的某种缺点也不能用作光检测器。因而新的复合半导体材料铟镓砷(InGaAs)和铟镓砷磷(InGaAsP)被用作 1.3 μm 和 1.55 μm 波长的光检测器,Si 材料用作 0.85 μm 波长的光检测器。

3.13.2　光电转换效率与响应度

被光子吸收，产生了光电流的那部分光信号能量大小由光检测器的量子效率决定。对于高速率、长距离的系统，光能量是很重要的，因而在设计光检测器时应使其量子效率 η 尽可能地接近 1。为了获得如此高的量子效率，常采用具有一定厚度的半导体平板。对于厚度为 $L(\mu m)$ 的半导体平板，其吸收的光功率为

$$P_{吸收} = (1 - e^{-aL})P_{in} \qquad (3.21)$$

式中，P_{in} 为输入的光功率，α 为材料的吸收系数。因此，量子效率为

$$\eta = \frac{P_{吸收}}{P_{in}} = 1 - e^{-aL} \qquad (3.22)$$

α 与波长有关，当波长大于截止波长时，其值为零。对于大于截止波长的光信号来说，半导体是透明的，α 的典型值为 $10^4/cm$，因此，为了获得 $\eta>0.99$ 的量子效率，半导体厚度需要 $10\ \mu m$。光检测器的面积选择得足够大以使所有的入射光被捕获，光检测器有宽的响应带宽，所以在一定波长工作的光检测器就能工作于比其更短的波长。如此设计出的工作于 $1.55\ \mu m$ 的光检测器同样能用作 $1.3\ \mu m$ 的光检测器。

光检测器的量子效率常用另一个参数——响应度 R 来衡量，其定义为光生电流 $I_p(A)$ 与输入光功率 $P_{in}(W)$ 之比，即

$$R = \frac{I_p}{P_{in}} \quad (A/W) \qquad (3.23)$$

因为入射光功率 P_{in} 对应于单位时间（秒）内平均入射的光子数 $P_{in}/(hf)$，而入射光子的量子效率 η 部分被吸收，并在外电路中产生光电流，所以有

$$R = \frac{e\eta}{hf} \quad (A/W) \qquad (3.24)$$

响应度用波长表示为

$$R = \frac{e\eta\lambda}{hc} = \frac{\eta\lambda}{1.24} \quad (A/W) \qquad (3.25)$$

实际上，仅采用半导体平板制作光检测器也不能实现较高的量子效率，这主要是因为价带中产生的电子在运动到外电路之前和空穴产生了复合，所以必须快速地让价带电子离开半导体，这可以采用在电子产生的区域加足够强的电场的方法来实现。当然最好的方法是采用反向偏置的 PN 结来代替均匀的半导体平板，如图 3.29 所示，这样的光检测器称为光电二极管。

PN 结的耗尽层（或区）产生了内建电场，无论是耗尽层还是内建电场，在反向偏置电压（P 区接负电压，N 区接正电压）的作用下得到了加强。这种情况下，在（或靠近）耗尽区吸收光子产生的电子在和 P 区的空穴复合之前很快运动到 N 区（这一过程称为漂移运动），同时在外电路产生电流；同样，在（或靠近）耗尽区吸收光子产生的空穴在和 N 区的电子复合之前很快运动到 P 区，远离耗尽区产生的电子空穴对，也是进行漂移运动。同时也存在没有在外电路中产生电流的复合，这导致了光检测器的量子效率的减小。更重要的是，由于扩散运动与漂移运动相比是一个慢过程，因而由扩散运动产生的光电流不能快速响应输入光强的变化，减少了光电二极管的响应速度。

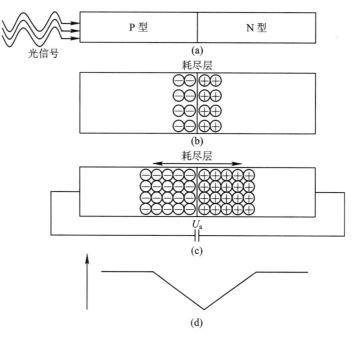

图 3.29 采用反向偏置的 PN 结制作光检测器

(a) PN 结;(b) 没有偏置电压时的耗尽层;

(c) 反向偏置 U_a 时的耗尽层;(d) 反向偏置时的内建电场

3.13.3 响应速度

响应速度是光电二极管的一个重要参数,它除与上面提到的漂移运动和扩散运动速度有关外,还与负载电路 RC 参数有关。R 为其负载电阻,一般较小,可以忽略。C 为其结电容,是限制其响应速度的主要因素。

3.13.4 噪声

光检测器的噪声主要包括热噪声、暗电流噪声和漏电流噪声、散弹噪声等。

1. 热噪声

热噪声来源于电阻内部自由电子或电荷载流子的不规则热运动。光检测器具有内阻,所以也有热噪声,其热噪声的均方电流值为

$$\langle i_T^2 \rangle = \frac{4k_B TB}{R} \tag{3.26}$$

其中,k_B 为玻尔兹曼常数,R 为检测器的等效电阻,T 为绝对温度,B 为接收机带宽。从上式可以看出,降低器件的绝对温度可以减小热噪声,降低探测带宽也可以减小热噪声。因为热噪声是一种白噪声,所以在光检测器前面可以用光滤波器去除信号带宽以外的热噪声。

2. 暗电流噪声和漏电流噪声

暗电流是没有光入射时流过光检测器的电流,它是由 PN 结的热激发产生的电子—空穴对形成的。对于 APD(雪崩光电二极管),这种载流子同样会得到高场区的加速而倍增。

暗电流的均方值为

$$\langle i_{\mathrm{d}}^2 \rangle = 2eI_{\mathrm{d}}B \tag{3.27}$$

其中，e 为电子电量，I_{d} 为未经倍增的一次暗电流，可以表示为

$$I_{\mathrm{d}} = (I_{\mathrm{dn}} + I_{\mathrm{dp}})(1 - \mathrm{e}^{-\frac{eU}{kT}}) \tag{3.28}$$

其中，U 是二极管的偏压；I_{dn} 和 I_{dp} 是电子和空穴的扩散运动对暗电流的贡献，可以分别表示为

$$I_{\mathrm{dn}} = en_{\mathrm{i}}^2 \left(\frac{D_{\mathrm{n}}}{\tau_{\mathrm{n}}}\right)^{\frac{1}{2}} \frac{A_{\mathrm{P}}}{N_{\mathrm{P}}}, \quad I_{\mathrm{dp}} = en_{\mathrm{i}}^2 \left(\frac{D_{\mathrm{p}}}{\tau_{\mathrm{p}}}\right)^{\frac{1}{2}} \frac{A_{\mathrm{N}}}{N_{\mathrm{N}}} \tag{3.29}$$

其中，D_{n} 和 D_{p} 分别是电子和空穴的扩散系数；τ_{n} 和 τ_{p} 分别为热激发少数载流子的寿命；N_{P} 和 N_{N} 分别为 P 区和 N 区的掺杂浓度；A_{P} 和 A_{N} 分别为 P 区和 N 区的结面积；n_{i} 为特定温度下本征载流子密度，正比于 $\exp[-E_{\mathrm{g}}(T)/(2kT)]$。通常的光电二极管随温度的升高其 E_{g} 将减小，所以 n_{i} 将急剧增大。从上面的分析可以看出，暗电流和器件的材料、器件偏压和温度有关。暗电流随器件偏压的增大和温度的升高而增大。

漏电流又称为表面暗电流，它是由器件表面的缺陷、污染、偏压和表面积大小等因素决定的。通过合理的设计可以有效地降低漏电流。漏电流不会被倍增，漏电流的均方值可以表示为

$$\langle i_{\mathrm{L}}^2 \rangle = 2eI_{\mathrm{L}}B \tag{3.30}$$

其中，I_L 为表面暗电流的值。

3. 散弹噪声

光检测器的散弹噪声源于光子的吸收或者光生载流子的产生，具有随机起伏的特性。这种噪声是由光的本质（粒子性）决定的，其他的噪声可以进行限制甚至消除，而这种噪声总是存在的，并成为接收机的极限灵敏度的限制。

散弹噪声电流的均方值可以表示为

$$\langle i_{\mathrm{s}}^2 \rangle = 2eI_{\mathrm{p}}BG^2 \tag{3.31}$$

对于 PIN 光电二极管，$G=1$。所以 APD 的散弹噪声比 PIN 的散弹噪声大 G^2 倍。

3.14　PIN

为了进一步提高光检测器的量子效率和响应速度，在 P 型半导体和 N 型半导体之间加入一种轻微掺杂的本征半导体，这样的光电二极管称为 PIN 光电二极管。I 的含义是指中间这一层是本征半导体。PIN 光电二极管的耗尽层很宽，几乎是整个本征半导体的宽度，而 P 型半导体与 N 型半导体的宽度与之相比是很小的，因而大部分光均在此区域被吸收，从而提高了量子效率和响应速度。

提高量子效率与响应速度的更有效的方法是使半导体在工作波长上对光是透明的，因而工作波长应远远大于半导体的截止波长，在此区域对光不吸收。如图 3.30 所示，P 型和 N 型半导体采用 InP 半导体材料，本征半导体采用 InGaAs 材料，这样的光检测器称为双

异质结或异质结,因为它包含两个完全不同的半导体材料组成的两个 PN 结。由表 3.1 可知,InP 的截止波长为 $0.92~\mu m$,InGaAs 的截止波长为 $1.3\sim1.6~\mu m$,因此采用 InP 半导体材料的 P 型和 N 型半导体在 $1.3\sim1.6~\mu m$ 波长上对光是透明的,光电流的扩散部分完全减少了。

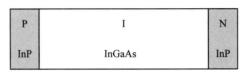

图 3.30   基于异质结的 PIN 光电二极管

3.15   APD

到目前为止,我们讨论的光电二极管都是基于这一事实,即每一个被吸收的光子只能产生一个电子—空穴对。但是如果产生的电子在强电场的作用下获得了足够能量,就会诱发许多的电子从价带扩散到导带,即产生二次电子—空穴对,这些二次电子—空穴对又被加速获得足够的能量,引发更多的电子—空穴对,这一过程称为雪崩放大。因此,把具有这一现象的光电二极管称为雪崩光电二极管(APD)。

3.15.1   APD 的结构

APD 可以对尚未进入后面放大器的输入电路的初级光电流进行内部放大。这样可以显著地增加接收机的灵敏度,因为在还没有遇到接收机电路的热噪声之前就已放大了光电流。为了达到载流子的倍增,光生载流子必须穿过一个具有非常高的电场的高场区。在这个高场区,光生电子或空穴可以获得很高的能量,因此它们高速碰撞价带上的电子使之产生电离,从而激发出新的电子—空穴对。这种载流子倍增的机理称为碰撞电离。新产生的载流子同样由电场加速并获得足够的能量,从而导致更多的碰撞电离产生,这种现象就是所谓的雪崩效应。当偏置电压低于二极管的击穿电压时,产生的载流子总数是有限的;当偏置电压高于击穿电压时,产生的载流子就可以无限多了。

最常用的具有低倍增噪声的结构是拉通(reach-through)型的 APD,如图 3.31 所示。拉通型 APD(RAPD)先是把一种高阻的 P 型材料作为外延层沉积在 P^+(P 型重掺杂)材料上,然后在高阻区进行 P 型扩散或电离掺杂,最后一层是一个 N^+(N 型重掺杂)层。对于硅材料,一般采用硼和磷进行掺杂。这种结构称为 $P^+\pi PN^+$ 拉通型结构。π 层主要是带有少量 P 掺杂的本征材料。"拉通"这一术语来源于光电二极管的工作情况。当加上一个较低的反向偏置电压时,大部分的电压降在 PN^+ 结上。增加电压,耗尽区宽度也将增加,直到加到 PN^+ 结上的峰值电场低于雪崩击穿所需电场的 5%~10%时才停止,此时耗尽区也正好拉通到了整个本征区。在一般的操作过程中,RAPD 工作于完全耗尽的方式。光子从 P^+ 区进入,并在 π 区被吸收,π 区就是收集光生载流子的区域。光子被吸收后释放它的能量,产生的电子—空穴对立即由 π 区的电场分开,然后通过 π 区漂移到 PN^+ 结区,PN^+ 结上的高电场使得电子产生雪崩倍增。

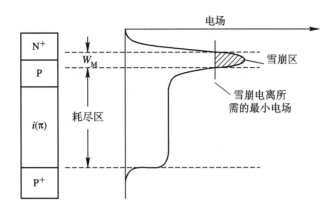

图 3.31　拉通型 APD 的结构以及耗尽区与雪崩区的电场分布

由一个(主要)电子通过雪崩产生的二次电子—空穴对的数目是随机的,其平均数目称为雪崩增益,用 G 来表示:

$$G = \frac{I_M}{I_P} \tag{3.32}$$

其中,I_M 是雪崩增益后的输出电流平均值,I_P 是未经倍增时的初始光电流。G 是一个统计平均值。APD 的 G 值可以很大,甚至是无限的。然而大的 G 值也伴随着光电流的大的起伏,产生大的 APD 噪声,因此在增益和噪声之间应进行折中,选择合适的 G 值以使其性能最佳。

3.15.2　雪崩增益

雪崩增益与偏置电压的关系如图 3.32 所示。

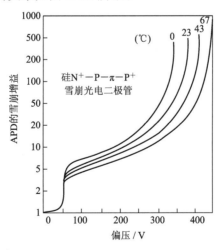

图 3.32　APD 的雪崩增益与偏压及温度的关系

当偏压小于 60 V 时,P 区只有部分耗尽区,APD 基本没有增益;随着偏压的增加,APD 增益急剧上升;进一步把偏压增大到 60 V 以上时,耗尽区扩大到 π 区,并使 P 区及 π 区内的电场增加,使增益连续增大;当偏压增大到一定值时,$G \to \infty$,这时的偏压称为击穿电压。因此,通过改变偏压的大小,可以控制 APD 的增益。当输入光功率大时,偏压低,增益亦低;而当输入光功率小时,偏压高,使增益增大,从而使 APD 的输出保持不变,实现自动增益控制。APD 的增益与偏压的关系为

$$G = \frac{1}{1 - \left(\frac{U - I_M R_i}{U_b}\right)^\alpha} \xrightarrow{G \text{小}} \frac{1}{1 - \left(\frac{U}{U_b}\right)^\alpha} \tag{3.33}$$

式中：U_b 是 APD 的击穿电压；R_i 为 APD 的内阻；α 为与 APD 材料、掺杂特性以及波长有关的常数。当偏压 U 接近 U_b 时，$U_b \gg I_M R_i$，则这时 $G = U_b/(\alpha I_M R_i)$。最大增益为

$$G_{\max} = \sqrt{\frac{U_b}{\alpha R_i I_p}} \tag{3.34}$$

可见，当击穿电压 U_b 大、入射光功率小时，APD 的增益高。

习 题 三

1. 计算一个波长为 $\lambda = 1\ \mu m$ 的光子能量，分别对 1 MHz 和 100 MHz 的无线电波做同样的计算。

2. 太阳向地球辐射光波，设其平均波长 $\lambda = 0.7\ \mu m$，射到地球外面大气层的光强大约为 $I = 0.14\ W/cm^2$。如果恰好在大气层外放一个太阳能电池，试计算每秒钟到达太阳能电池板上每平方米的光子数。

3. 如果激光器在 $\lambda = 0.5\ \mu m$ 上工作，输出 1 W 的连续功率，试计算每秒从激活物质的高能级跃迁到低能级的粒子数。

4. 光与物质间的相互作用过程有哪些？

5. 什么是粒子数反转？什么情况下能实现光放大？

6. 什么是激光器的阈值条件？

7. 由表达式 $E = hc/\lambda$ 说明为什么 LED 的 FWHM 功率谱宽在长波长中会变得更宽些。

8. 试画出 APD（雪崩二极管）的结构示意图，并指出高场区及耗尽区的范围。

9. 一个 GaAs PIN 光电二极管平均每三个入射光子产生一个电子一空穴对。假设所有的电子都被收集，那么

(1) 试计算该器件的量子效率；

(2) 当在 $0.8\ \mu m$ 波段、接收功率是 10^{-7} W 时，计算平均输出光电流；

(3) 计算波长，当这个光电二极管超过此波长时将停止工作，即长波长截止点 λ_c。

10. 什么是雪崩增益效应？

11. 设 PIN 光电二极管的量子效率为 80%，计算在 $1.3\ \mu m$ 和 $1.55\ \mu m$ 波长时的响应度，说明为什么在 $1.55\ \mu m$ 处光电二极管比较灵敏。

第 3 章习题答案

第 4 章 无 源 光 器 件

光纤通信系统的构成，除了包括第 3 章介绍的光源和光检测器等有源光器件之外，还包括一些不需要电源的光器件，统称为无源光器件，如光纤连接器、光纤耦合器、光纤光栅、光滤波器、光开关及 WDM 合波/分波器等。本章从应用的角度对它们的工作原理作一下介绍。

第 4 章课件

4.1 光纤连接器

对于任何一个光纤线路，必须考虑的一个重要问题是光纤之间的低损耗连接方法。这些连接存在于光源与光纤、光纤与光纤以及光纤与光检测器之间。光纤连接需要采用何种技术，取决于光纤是永久连接还是可拆卸的连接。一个永久性的连接通常指的是一个接头，而一个易拆卸的连接则称为连接器。接头一般常见于线路中间两根光缆中的光纤之间的连接，连接器常位于光缆终端处，用于将光源或光检测器与光缆中的光纤连接起来。

每种连接方法都受限于一些特定的条件，它们在接头处都将导致不同程度的光功率损耗。这些损耗取决于一定参数，如两根光纤的几何特性、波导特性、光纤端面的质量以及它们之间的相对位置等。

4.1.1 光纤连接损耗

连接损耗可分为外部损耗和内部损耗。外部损耗又称为机械对准误差或连接错位损耗，顾名思义，它是由光纤之间的连接错位引起的损耗。内部损耗又称为与光纤相关的损耗，主要是由光纤的波导特性和几何特性差异导致的损耗。

连接错位一般有以下几种情况：轴向位移、连接间隔、倾斜错位、截面不平整。这些损耗如图 4.1 所示。

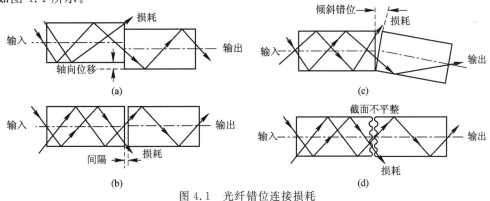

图 4.1 光纤错位连接损耗

（a）轴向位移；（b）连接间隔；（c）倾斜错位；（d）截面不平整

轴向位移即两根光纤在连接处有轴向错位。其耦合损耗在零点几分贝到几个分贝之间。若错位距离小于光纤直径的 5%，则损耗一般可以忽略不计。

连接间隔有时又称端分离。如果两根光纤直接对接，则必须接触在一起，光纤分得越开，光的损耗越大。如果两根光纤通过连接器相连，则不必接触，因为连接器接触产生的相互摩擦会损坏光纤。

倾斜错位有时称为角错位。若角错位小于 2°，则耦合损耗不会超过 0.5 dB。

截面不平整也会带来连接损耗。光纤连接的两个截面必须经过高精度抛光和正面黏合。如果截面与垂直面的夹角小于 3°，则耦合损耗不会超过 0.5 dB。

除错位连接之外，任何相连的光纤的几何特性和波导特性的差异对光纤间的耦合损耗都有大的影响。这些特性包括纤芯的直径、模场直径(MFD)、纤芯区域的椭圆度、光纤的数值孔径、折射率剖面等。由于这些参数与生产厂家相关，因而使用者不能控制特性的变化。理论结果表明，与折射率剖面、纤芯区域的椭圆度相比，纤芯的直径和数值孔径的差异对连接损耗的影响更大。图 4.2(a)、(b)、(c)分别给出了由纤芯直径、数值孔径和模场直径失配所引起的损耗的示意图。

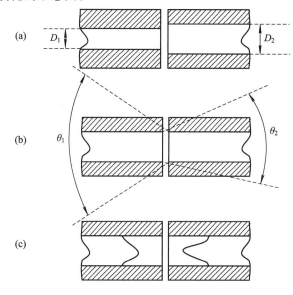

图 4.2　内部连接损耗

(a) $D_2 > D_1$；(b) $NA_1 > NA_2$；(c) $MFD_1 > MFD_2$

4.1.2　光纤连接方法

光纤连接是指两根光纤之间的永久或半永久连接，主要适用于建立一个很长的光链路，或不需要经常连接和断开光纤的情况。为了实施和计算这样的连接，必须考虑的因素有两根光纤的几何差异、光纤在接点处的对准误差和接头的机械强度。这里介绍光纤通信中常用的连接方法。

光纤连接方法包括光纤熔接法、V 型槽机械连接和弹性管连接。第一种方法可产生永久性的连接，而后两种连接方法在需要时可以将已连接的光纤拆开。

光纤熔接是通过加热的方法使已制备好的光纤端面连接在一起，如图 4.3 所示。这种方法首先将光纤端面对齐，并且对接在一起，该过程是在一个槽状光纤固定器里，借助带有微型控制器的显微镜完成的。然后在两根光纤的连接处使用电弧或激光脉冲加热，使光纤待接端面熔化，进而连接在一起。这种技术产生非常小的连接损耗（典型的平均值小于0.06 dB）。但是，在采用这种连接方法时必须注意到，用手接触时产生的光纤表面损伤、加热时引起的表面损伤加深、光纤连接处附近的残余应力等都会在光纤介质熔化时导致化学成分的变化，从而产生不牢固的连接。

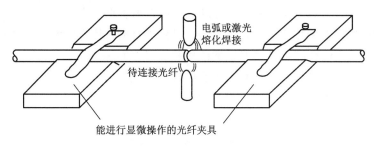

图 4.3　光纤的熔接

在 V 型槽机械连接方法中，首先要将预备好的光纤端面紧靠在一起，如图 4.4 所示。然后将两根光纤使用黏合剂连接在一起或先用盖片将两根光纤固定。V 型通道既可以由槽状石英、塑料、陶瓷构成，也可以由槽状金属基片构成。这种方法的连接损耗在很大程度上取决于光纤的尺寸（外尺寸和纤芯直径）变化和偏心度（纤芯相对于光纤中心的位置）。

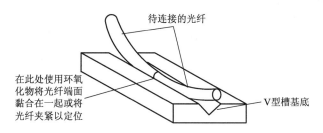

图 4.4　V 型槽机械连接

图 4.5 所示为弹性管连接装置的剖面图。这是一种可以自动进行横向、纵向、角度对准的独特器件。使用它连接多模光纤可以得到和商用熔接机同一大小范围的连接损耗，但它所需要的设备和技巧却要少得多。这种连接器件基本上就是一根用弹性材料做成的管子。管子中心孔的尺寸稍小于待连接的光纤。在孔的两端做成圆锥形以便光纤插入。当插入光纤时，光纤使孔膨胀，于是塑料材料对光纤施加均匀的力。这种对称特征让两根待连接光纤的轴自动准确地对齐。尺寸范围较宽的光纤都能够插入弹性管中。由于每一根光纤

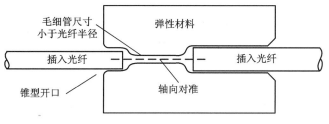

图 4.5　弹性管连接

在插入到弹性管中时,其各自位置与弹性管管轴相关,因此两根待连接的光纤在尺寸上并不一定要相等。

4.1.3 常用的几种连接器

光纤连接器常采用螺丝卡口、卡销固定、推拉式三种结构。这三种结构都包括单通道连接器和既可用于光缆对光缆,也可用于光缆对线路卡的多通道连接器。这些连接器利用的基本耦合机理既可以是对接类型,也可以是扩展光束类型。

对接类型的连接器采用金属、陶瓷或模制塑料的套圈。将光纤涂上环氧树脂后插入套圈内的精密孔中,这些套圈可以很好地适配每根光纤和精密套管。套圈连接器对机械结构的要求包括小孔直径尺寸以及小孔相对于套圈外表面的位置。

图4.6给出了用于单模光纤和多模光纤系统中的两种常用对接类型的对准设计,它们分别采用直套筒和锥形(双锥形)套筒结构。在直套筒连接器中,套圈中的套管和引导环的长度决定了光纤的端面间距。而双锥形的连接器使用了锥形套筒以便接纳和引导锥形套管。类似地,筒中的套管和引导环的长度同样也使光纤的端面保持给定的间距。

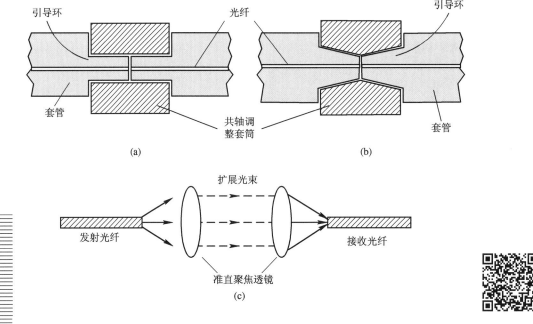

图4.6 常用光纤连接器的对准方案示意图
(a)直套筒;(b)锥形套筒;(c)扩展光束

光纤连接器 FC

扩展光束类型的连接器在光纤的端面之间加进透镜,如图4.6(c)所示。这些透镜既可以准直从传输光纤出射的光,也可以将扩展光束聚焦到接收光纤的纤芯处(光纤到透镜的距离等于透镜的焦距)。这种结构由于准直了光束,因此在连接器的光纤端面间就可以保持一定的距离,这样连接器的精度将较少地受横向对准误差的影响。而且,一些光处理元件,诸如分束器和光开关等,也能很容易地插入光纤端面间的扩展光束中。

连接器的主要特性如下。

1. 插入损耗

连接器的一个最重要的性能参数是插入损耗。正如前面所讨论的，存在各种可能的原因引起光的损耗。为了减小插入损耗，可使用三种方法。第一种方法是使用保护套来最小化连接和拆开光缆时产生的弯曲损耗。第二种方法是将加固件(例如芳香族聚酰胺线)与连接器连接在一起，这样就释放了光纤自身的张力。第三种方法就是用插针体来保护裸光纤。

插入损耗由制造商以如下两个数值提供：平均值和最大值。一般，连接器的平均损耗大约为 0.25 dB，这个数值可以在 0.1～1 dB 之间浮动。最大损耗大约为 0.5 dB，变化范围在 0.3～1.5 dB 之间。

2. 回波损耗(简称回损)

对连接器来说，回波损耗的问题起源于一个简单的矛盾现象：为了最小化插入损耗，需要尽可能地将光纤端面抛光，而抛光的端面对光的反射增强，这样回波损耗就产生了。

反射发生在纤芯之间空气的交界面上，为此安装人员提出了有效的解决方法：将两个连接器通过物理接触(PC)来减小它们之间的空气缝隙。现在多数连接器都是利用这种方法安装的。由于制造完美的平面来实现理想的物理接触是不可能的，因此制造商将插针体的端面做成不同的形状，如圆弧形等。

为了提高物理接触的效果就必须减少接触面积，因为小面积的质量可以更加有效地控制。抛光方法的提高使得制造商可以将 PC 连接器的回波损耗从几年前的 −40 dB 减小到如今的 −55 dB，同时也将平均插入损耗限制在可接受的 0.2 dB 以内。

3. 可重复性(耐用性)

连接器是作为临时连接使用的，应在多次插拔之后仍保持它们的特性。所以可重复性是连接器的一个重要特性。资料表明，连接器在多次插拔之后其插入损耗将增加，通常 5000 次插拔之后增加量应小于 0.2 dB。

4.2　光纤耦合器

在光纤通信和光纤测量中，有时需要把光信号在光路上由一路向两路或多路传送，有时需把 N 路光信号合路再向 M 路或 N 路分配，能完成上述功能的器件就是光耦合器。光耦合器按制作方法分为微镜片耦合器、波导耦合器和光纤耦合器等。其中光纤耦合器由于制作时只需要光纤，不需要其他光学元件，具有与传输光纤容易连接且损耗较低、耦合过程无需离开光纤、不存在任何反射端面引起的回波损耗等优点，因而更适合光纤通信。有时也称光纤耦合器为全光纤元件。下面主要介绍光纤耦合器的原理和性能参数。2×2 的耦合器是最基本的耦合单元，其他的光纤耦合器都可通过它级联而成，所以我们重点讨论 2×2 光纤耦合器。

实验二　基础实验部分

1. 2×2 的耦合器

一个 2×2 的耦合器是一个 4 端口的光器件，其原理如图 4.7 所示。它有两个输入端口 P1 和 P2，两个输出端口 P3 和 P4，光功率通过与输入端口相连接的光纤进入耦合器，在耦合器中进行分路和合路，然后通过与两个输出端口相连的光纤输出。耦合器通过将两根光纤并行放置，然后熔化和拉伸，产生一个耦合区，直至得到所期望的耦合性能。

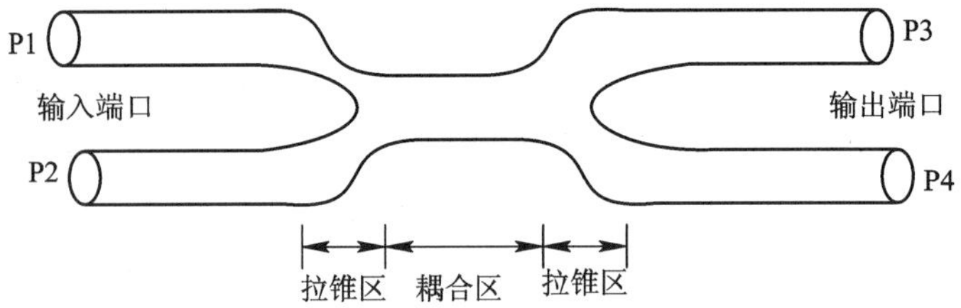

图 4.7 采用熔锥技术制造光纤耦合器的原理图

理想的耦合器是一个无源的且无插损的器件,有固定的分光比,其功率传输函数由耦合波方程求得:

$$T = \begin{bmatrix} \cos^2(CL) & \sin^2(CL) \\ \sin^2(CL) & \cos^2(CL) \end{bmatrix} \tag{4.1}$$

其中,C 为耦合系数,L 为耦合区的长度。由于实际的器件不可能无损耗,因而功率传输矩阵函数为

$$T = \begin{bmatrix} a_{13} & a_{14} \\ a_{23} & a_{24} \end{bmatrix} \tag{4.2}$$

且满足

$$a_{13} + a_{14} < 1, \quad a_{23} + a_{24} < 1$$

其中,a_{13}、a_{14} 和 a_{23}、a_{24} 分别为输入端口 1 和 2 到输出端口 3 和 4 的功率传输因子。

耦合器的特性可用以下几个性能参数来描述。

1) 附加损耗(excess loss)

附加损耗的定义为

$$P_{ex}(dB) = -10 \lg \left(\frac{\sum_j P_j}{P_i} \right) \tag{4.3}$$

其中,P_j 是在端口 j 的输出功率,P_i 是端口 i 的输入功率。如果光功率从端口 1 输入,则附加损耗为

$$P_{ex}(dB) = -10 \lg \left(\frac{P_3 + P_4}{P_1} \right) \tag{4.4}$$

在理想状态下,输出功率之和应该等于输入功率。附加损耗定量给出了实际情况和理想状态的差别,因此附加损耗应尽可能小。对于正在讨论的耦合器,依赖于其类型,附加损耗的典型值在 0.06~0.15 dB 之间变化。

2) 插入损耗(IL)

插入损耗是指输入端口 i 和输出端口 j 之间产生的损耗,为输出与输入端口光功率之比,即

$$IL_{ij}(dB) = -10 \lg \frac{P_j}{P_i} \tag{4.5}$$

如从端口 1 输入,端口 3 输出,则它们之间的插入损耗为

$$IL_{13}(dB) = -10 \lg \frac{P_3}{P_1} \tag{4.6}$$

一个耦合器的插入损耗是相当高的。2×2 耦合器的插入损耗的典型值为 3.4 dB。

3）耦合比（CR）

耦合比形式上定义为某一端口输出的光功率与所有端口的输出光功率之比，即

$$CR(dB) = -10\ lg\ \frac{P_j}{\sum_j P_j} \tag{4.7}$$

这个特性通常用来描述一个耦合器的性能。它可以用绝对值或百分比给出，在后一种情况下：

$$CR(\%) = \frac{P_j}{\sum_j P_j} \times 100 \tag{4.8}$$

2. $N \times N$ 的耦合器

$N \times N$ 的耦合器是由 2×2 的耦合器级连起来的。图 4.8 给出了一个 4×4 的耦合器的例子，它可以用 2×2 的耦合器通过熔融拉锥光纤来制成。从图中可以看出，每个输入端口注入的光功率的 $1/N$ 出现在输出端口，N 必须为 2 的整数倍（即 $N = 2^n$，$n \geqslant 1$）。当需要增加一个输入或输出端口时，灵活性差限制了这项技术的应用。

一个 $N \times N$ 的耦合器所需 2×2 的耦合器的数目为

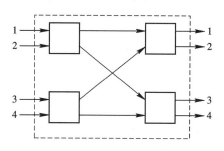

图 4.8　4 个 2×2 的耦合器构成的 4×4 的星型耦合器

$$M = \frac{N}{2} \log_2 N = \frac{N}{2} \frac{lgN}{lg2}$$

4.3　光　开　关

4.3.1　光开关的性能参数

光开关是光交换的关键器件，它在光网络中有许多应用场合。光开关的开关速度或称开关时间是一个重要的性能指标。除了开关时间外，还有下面一些参数用来衡量光开关的性能。

（1）通断消光比。通断消光比是指光开关处于通（开）状态时输出的光功率和处于断（关）状态时的输出光功率之比。通断消光比越大，光开关的性能越好，这对外调制器尤为重要。机械开关的通断消光比大约为 40～50 dB。

（2）插入损耗（简称插损）。插损是指由于光开关的使用而导致的光路上的能量损耗，常以 dB 表示。插损越小越好。当开关处于不同的输入/输出连接状态时，插入损耗有可能不一致，即插入损耗的一致性差，这对于实际的应用来说是不希望的。

（3）串扰。串扰是指某输出端口的功率除有来自希望的输入端口的功率外，还有来自不希望的输入端口的功率，二者的光功率之比称为串扰。

（4）偏振依赖损耗（PDL）。偏振依赖损耗是指由于偏振引起的光功率的损耗。

表 4.1 给出了主要的几种光开关的性能。

表 4.1　主要几种光开关的性能比较

类　　型	规模	插损/dB	串扰	偏振依赖损耗/dB	开关时间
机械光开关	8×8	3	3.5	0.2	10 ms
Si 热光开关	8×8	10	15	低	2 ms
聚合物热光开关	8×8	10	30	低	2 ms
LiNbO₃ 电光开关	4×4	8	35	1	10 ps
SOA 光开关	4×4	0	40	低	1 ns

4.3.2　主要的几种光开关

1. 微电机械光开关(MEMS)

机械光开关是指开关的功能通过机械的方法实现,如通过将镜片移出或置入光路就可实现光信号的通断。这种开关由于采用了机械传动机构和反射镜,因而体积大,开关速度慢。但近来由于微电机械系统即 MEMS 的出现,使得机械开关备受人们的重视。MEMS采用了毫微米技术的工艺,可以像半导体工艺一样在一个基片上制造出很微小的机械,如传动齿轮装置、步进电机、高度抛光的金平板(反射镜)、螺杆等。这样的微机械可以与电的传动机械相连安排在光路上,来控制反射镜使其运动,从而改变光的方向。MEMS 技术已发展到能在同一个芯片上集成按阵列排放的许多反射镜,有望获得低损耗连接、小型化设计及大的互连矩阵。图 4.9(a)给出了一个 MEMS 开关的原理,图(b)给出了相应的实例。

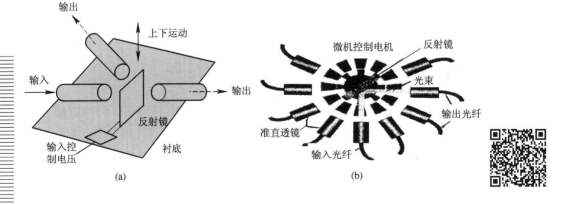

图 4.9　微机械反射镜开关 MMS　　　　　　　　　　　　MEMS
(a) MEMS 开关的原理;(b) 实例

2. 电光开关

2×2 的电光开关也可以利用耦合器实现,但它不是通过改变光纤的长度而是通过改变耦合区材料的折射率来实现的。常用的一种材料是铌酸锂(LiNbO₃)。电光开关的开关速度快,易于集成。其结构如图 4.10 所示。

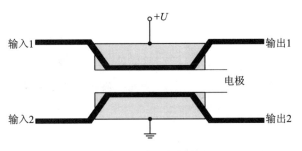

图 4.10　电光开关

3. 热光开关

2×2 的热光开关是一个 MZI(马赫-曾德尔干涉型滤波器)。它通过改变其中一个臂的折射率(受温度的影响)来使两臂上光信号之间的相差发生改变,进而使光信号在输入/输出端之间实现通断。MZI 可以在硅或聚合物基片上集成,但其开关速度和串扰性能不太好。其结构如图 4.11 所示。

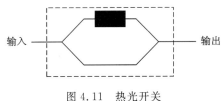

图 4.11　热光开关

4. SOA 光开关

利用半导体光放大器(其原理在第 5 章介绍),通过改变 SOA 的偏置电压就可实现开关功能。当偏置减少时,没有粒子数反转,因而吸收光信号;当偏置增加时,放大输入信号,因而当 SOA 处于吸收和放大态时,通断消光比很大,同时易于集成,开关速度快,但偏振敏感。图 4.12 为 SOA 光开关原理图,图 4.13 给出了一个 SOA 开关阵列。

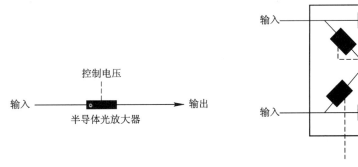

图 4.12　SOA 光开关

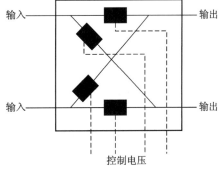

图 4.13　SOA 光开关阵列

4.4　光 纤 光 栅

光纤光栅由一段折射率沿其长度周期性变化的光纤构成。利用掺锗石英光纤受到 240 nm 附近紫外光照射时纤芯折射率会增大这一现象,将光纤沿中心轴线切开,从光纤切面照射呈空间周期性变化的紫外光,纤芯部位就会出现周期性折射率变化,这就形成了光栅(FG),其结构如图 4.14 所示。

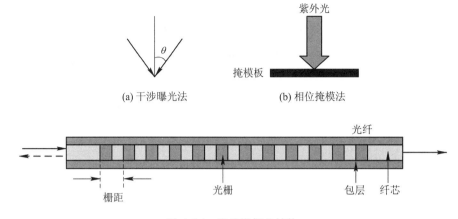

图 4.14　光纤光栅的结构

光纤光栅(FG)以其特有的高波长选择性能、易与光纤耦合、插入损耗低、结构简单、体积小等优点,日益受到人们的关注,其应用范围不断扩展到诸如光纤激光器、WDM 合波/分波器、超高速系统中的色散补偿器、EDFA 增益均衡器等光纤通信及温度、应变传感领域中,而把光栅式全光器件集成于同一根光纤中的应用将有更加令人鼓舞的发展前景。

4.4.1　光纤光栅的结构

目前制作光栅的光源主要有 193 nm/248 nm 中紫外光、334 nm 近紫外光及 10.6 μm CO_2 激光。制作方法主要有干涉曝光法(如双反射镜、三反射镜法)与非干涉法(如相位、振幅掩膜法)。

干涉曝光法是指先形成紫外光周期模式(周期在 1 μm 以下),再从光纤侧面进行照射。干涉曝光法中的干涉条纹是将紫外激光先分成 2 个光路,然后再叠加而成。通过改变两光束的相对角度能产生任意周期具有不同反射波长的光栅,如图 4.14(a)所示。

相位掩模法中的相位掩模板(本身是一种衍射光栅,其石英基片上的凹槽周期与光栅周期成比例)邻近光纤配置,从另一侧照射紫外激光,紫外激光被调制成 ±1 次衍射光,两光叠加于光纤芯部并形成干涉条纹。采用这种方法能产生大量同一特性的光栅,其稳定性好,应用较普遍,如图 4.14(b)所示。

4.4.2　光纤布拉格光栅(FBG)

如果光注入光栅后,与折射率变化周期相对应的特定波长的光能够被逆向反射回去,则称具有这种功能的光栅为短周期(1 μm 以下)Bragg 反射式光栅(FBG)。

布拉格光纤光栅的节距或栅距是线性改变的,称为啁啾 FBG,即 CFBG。在这种光栅中,由于节距线性改变,入射光的各个波长在光栅的不同深度被反射回来,因而补偿了各个波长在传输时间上的变化。CFBG 补偿了脉冲的色散展宽。

4.4.3　长周期光纤光栅(LFG)

如果注入光栅的光向纤芯外辐射出去,并耦合至包层,被光纤涂覆树脂吸收而迅速消耗掉,且不存在反射,则称具有这种功能的光栅为长周期(几十至几百微米)光纤光栅(LFG)。

4.5 光滤波器

光滤波器全称为光学滤波器，与大家熟悉的电滤波的作用是一样的，只是这里滤除的是特定波长的光信号。光滤波器可分为固定的和可调谐的两种。固定滤波器允许一个固定的、预先确定的波长通过，而可调谐的滤波器可动态地选择波长。由于可调谐滤波器需要一些外部电源，严格来说它不是无源器件。这里将具有类似特性的器件放在一起介绍。

4.5.1　F－P 腔型滤波器

法布里-珀罗(F－P)腔型滤波器的主体是 F－P 谐振腔，如图 4.15 所示，它是由一对高度平行的高反射率镜面构成的腔体，当入射光波的波长为腔长的整数倍时，光波可形成稳定振荡，输出光波之间会产生多光束干涉，最后输出等间隔的梳状波形(对应的滤波曲线为梳状)。

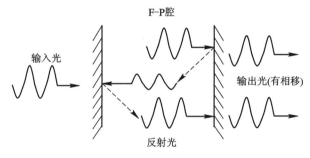

图 4.15　F－P 腔型可调谐滤光器

我们注意到，F－P 固定滤波器的中心波长由公式 $\lambda = \dfrac{2nL}{N}$ 决定，其中 N 为正整数。如改变腔长 L 或腔内的折射率 n，就能调谐滤波波长。

光纤 F－P 腔型可调谐滤波器的腔长由一段光纤和空气隙组成，在腔体光纤的一端镀上高反射膜，另一端镀上抗反射膜，彼此之间留有适当空隙。在电信号的驱动下，PZT(压电陶瓷)可进行伸缩，造成空气间隙的变化，引起腔长的改变，从而实现波长的调谐。其结构如图 4.16 所示。改变光纤的长度同样可以实现调节腔长的目的。

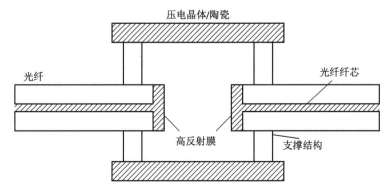

图 4.16　光纤 F－P 腔型可调谐滤波器的结构

F－P 标准具型可调谐滤波器的原理类似于 F－P 腔型可调谐滤波器。所谓标准具，是指由一块两侧面均镀上高反射膜的平面所形成的谐振腔,其输入/输出采用光纤。标准具成一定倾斜角,其作用有两个:其一是避免菲涅尔反射光进入输入光纤;其二是可调节角度以完成波长调谐和选择的功能。这种 F-P 标准具型滤波器存在的一个问题是:当光束穿过具有一定厚度的倾斜平面时,会发生空间位置的平移,因此可能影响输入和输出光纤的耦合效率,增加插入损耗,所以在工艺上要精心设计,仔细调节,以达到最佳配合。这种器件的波长调谐范围最高可达几十纳米。

宽的动态范围、窄的通带和高调谐速度是 F-P 标准具型可调谐滤波器的优点,而相对差的稳定性、低的旁瓣抑制比是它的缺点。

如果能控制腔的折射率,就能调谐滤波器。铁电液晶的折射率能在电信号作用下改变。这种滤波器显示出好的特性(50 nm 的调谐范围,0.2 nm 的带宽,几微秒的调谐时间,1~5 dB 的损耗和 0.3 dB 的 PDL),现已可批量生产。目前,世界上已研制出了多种结构的波长可调谐滤波器,其基本原理都是通过改变腔长、材料折射率或入射角度来达到波长可调谐的目的。

用来描述 F-P 腔传输特性的性能参数有:

(1) 自由谱域(Free Spectrum Range,FSR):也称线间距,即相邻波长(频率)之间的距离。

(2) 带宽(Band Wide,BW):也称谱宽,即谐振峰 50% 处的光谱宽度。

(3) 线宽:单根谱线的宽度。

(4) 精细度(Fineness):自由谱域与线宽的比值。

这些概念的含义如图 4.17 所示。

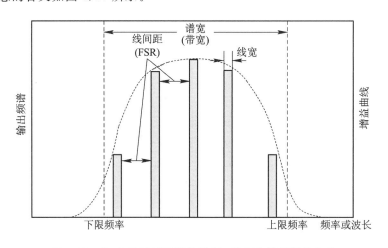

图 4.17 F-P 腔型滤波器的谱宽、线宽和线间距的定义

4.5.2 M-Z 干涉滤波器

图 4.18 给出了马赫-曾德尔干涉型滤波器(MZI)的基本结构。为产生可调谐 MZI,它使用了一个马赫-曾德尔干涉型滤波器的对称结构。调谐通过改变一个臂的折射率得到,即加热此臂或放置一块光电材料,例如铌酸锂($LiNbO_3$)到一个臂中,充当光电相移器。当加电压到这个相移器上时,相移器相位改变,其调谐时间可达几十纳秒。滤波器可用金属印制方法制

造，这是它的主要优点。它经常级联使用，这样虽会增大损耗，但可使它的特性变得非常好。

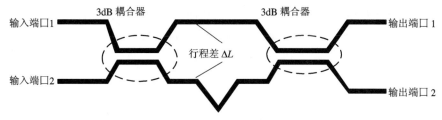

图 4.18　MZI 的结构图

MZI 是一种干涉器件，它利用两个不同长度的干涉路径来区分不同的波长以实现滤波，其结构是利用两个 3 dB 光纤耦合器将两个路径互连起来，是一个 4 端口光器件。

假设只有输入端口 1 有光信号输入，光信号经第一个 3 dB 耦合器后分成两路功率相同、相位相差 $\pi/2$ 的光信号，图中下臂滞后上臂 $\pi/2$；然后光信号沿 MZI 的两个不等长的臂向前传播，由于路径相差 ΔL，因此下臂又滞后 $\beta\Delta L$ 相位；下臂的信号经第二个 3 dB 耦合器从上输出端口 1 输出，又滞后 $\pi/2$ 相位，因而两路信号的总相位差为 $\pi/2+\beta\Delta L+\pi/2$，而从下输出端口 2 输出的光信号与输入光信号之间的相位差为 $\pi/2+\beta\Delta L-\pi/2=\beta\Delta L$。

如果 $\beta\Delta L=k\pi(k$ 为奇数$)$，则两路信号在输出端口 1 干涉增强，在输出端口 2 干涉抵消，因此从输入端口 1 输入，在输出端口 1 输出的光信号是那些波长满足 $\beta\Delta L=k\pi(k$ 为奇数$)$的光信号，从输入端口 1 输入，在输出端口 2 输出的光信号是那些波长满足 $\beta\Delta L=k\pi$ $(k$ 为偶数$)$的光信号，利用 $\beta=\dfrac{2\pi n_{\text{eff}}}{\lambda}(n_{\text{eff}}$ 为波导有效折射率$)$，有

$$\lambda_i = \frac{2n_{\text{eff}}\Delta L}{k_i}$$

与 k_i 为奇数对应的波长 λ_i 从输出端口 1 输出，与 k_i 为偶数对应的波长 λ_i 从输出端口 2 输出。如只有两个波长 λ_1 和 λ_2，λ_1 与 k 为奇数对应，λ_2 与 k 为偶数对应，那么 λ_1 从端口 1 输出，λ_2 从端口 2 输出。MZI 可用作 1×2 解复用器，要构造一个 $1\times n$ 的解复用器，可将多个 MZI 相级联，n 为 2 的幂时，需 $n-1$ 个。

MZI 是一个互易光器件，不仅可用作解复用器，也可用作复用器，还可用作调谐滤波器，调谐可通过改变一个臂的温度来实现。当温度改变时，臂的折射率发生改变，反过来影响了臂的相移，导致不同的波长耦合输出。其调谐时间在毫秒(ms)量级。

MZI 虽不适合用作大规模的复用/解复用器，但它是理解 AWG(阵列波导光栅)的基础，AWG 是实现波分复用/解复用的一种好的技术。

4.5.3　阵列波导光栅(AWG)

阵列波导光栅(AWG)是 MZI(马赫-曾德尔干涉仪)的推广。MZI 可看作一个器件，它将一路输入光信号分成两路输出，然后让它们分别经历不同的相移后，又将它们合为一路信号输出。AWG 是以光集成技术为基础的平面波导型器件，它将同一输入信号分成若干路信号，分别经历不同的相移后又将它们合在一起输出，具有一切平面波导技术的潜在优点，诸如适于批量生产、重复性好、尺寸小，可以在光掩模过程中实现复杂的光路、与光纤的对准容易等，因而代表了一种先进的 WDM 技术。AWG 的典型制造过程是在硅晶片上沉积一层薄薄的二氧化硅玻璃，并利用光刻技术形成所需的图案，腐蚀成形。目前平面波

导型 WDM 器件已有各种实现方案。一种典型的器件是平面波导选路器,它由两个星形耦合器经 M 个非耦合波导构成,耦合波导不等长从而形成光栅,如图 4.19 所示。

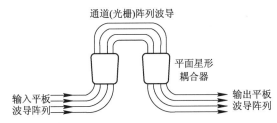

图 4.19   平面波导选路器

平面波导选路器两端的星形耦合器由平面设置的两个共焦阵列径向波导构成,这种波导型 WDM 器件十分紧凑,通路损耗差小,隔离度已可达 25 dB,通路数大(至少已实现 32 路),易于批量生产,但带内顶部不够平坦,对温度和极化较敏感,其周期性滤波特性会引起一些串扰。总的来看,这类平面波导器件具有很好的发展前途。

由图 4.19 可知 AWG 的结构,它将 N 个输入波导、N 个输出波导、两个聚焦平面波导(星形耦合器)和通道阵列波导集成在单一衬底上,使得输入/输出波导的位置和阵列波导的位置满足罗兰圆规则。为了降低阵列波导与平面波导的耦合损耗,阵列波导的输入/输出端口设计为楔形,如图 4.20 所示。另外,阵列波导的数量要足够多,以充分接收平面波导区的衍射光功率,这样阵列波导和两个平面波导区就构成了 1:1 的光学成像系统。传输过程中,波前形变很小。阵列波导是由一系列不等长度的通道波导构成的,相邻两波导的长度差为常数 ΔL,这种结构产生的波长相关相移使阵列波导呈现衍射光栅的特性,其光栅方程为

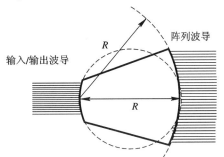

图 4.20   平面波导的罗兰盘结构
(R 为罗兰圆半径)

$$n_s d \ \sin\theta_i + n_c \Delta L + n_s d \ \sin\theta_0 = m\lambda \tag{4.9}$$

其中:n_s、n_c 分别是平面波导和通道阵列波导的有效折射率;θ_i 和 θ_j 分别是输入、输出平面波导中的衍射角;d 是阵列波导的间距;m 是光栅衍射级;λ 是光波长;i、j 分别是输入、输出波导的序号。定义中心波长为 λ_0,它满足:

$$n_c \ \Delta L = m\lambda_0 \tag{4.10}$$

相应的输入、输出波导序号 $(i, j) = (0, 0)$,即由中心波导输入到中心波导输出。由方程 (4.9)可以得到阵列波导的角色散为

$$
\begin{cases}
\dfrac{\mathrm{d}\theta}{\mathrm{d}f} = -\dfrac{m\lambda^2 n_g}{n_s dc n_c} \\[2mm]
n_g = n_c - \lambda \dfrac{\mathrm{d}n_c}{\mathrm{d}\lambda}
\end{cases}
\tag{4.11}
$$

其中,c 是光速,n_g 是通道阵列波导的群折射率。频率间隔是色散角对应的频率范围:

$$\Delta f = \frac{\Delta x}{L_f}\left(\frac{\mathrm{d}\theta}{\mathrm{d}f}\right)^{-1} = \frac{\Delta x}{L_f}\left(\frac{m\lambda^2 n_g}{n_s dc n_c}\right)^{-1} \tag{4.12}$$

其中，L_f 是平面波导的焦距，即图中的罗兰盘圆半径；Δx 是输入/输出波导在平面波导端面处的间隔。波长范围表示为

$$\Delta \lambda = \frac{\Delta x}{L_f} \frac{\lambda_0 d}{\Delta L} \frac{n_s}{n_g} \qquad (4.13)$$

4.5.4　声光可调谐滤波器(AOTF)

AOTF 是一个通用器件，可以同时选择几个波长，是目前已知的唯一可调谐的滤波器，可以用作 WDM 合波器、波长路由器等。

1. AOTF 的结构

AOTF 是基于声(波)与光相互作用原理制成的光器件，图 4.21 给出了它的一种结构。它由一个波导、偏振器和声音换能器构成。波导由双折射材料制成，只允许最低次模 TE 和 TM 模在其中传播。偏振器放置在波导的输出端，只让 TM 模的光波通过。声音换能器将电能转换成声波在波导中传输，如果输入光波的波长为 $\lambda_1, \lambda_2, \cdots, \lambda_N$，由于声波在波导中传播引起的介质折射率的周期性变化，其作用相当于形成了光栅，当光波的波长满足布拉格(Bragg)条件时，TE 模的能量会转移到 TM 模，因而能通过偏振器输出，其余的被拒绝。

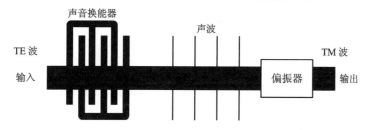

图 4.21　声光可调谐滤波器(AOTF)的一种结构

布拉格条件为

$$\frac{n_{TM}}{\lambda} = \frac{n_{TE}}{\lambda} \pm \frac{1}{\Lambda} \qquad (4.14)$$

其中，n_{TE}、n_{TM} 分别为 TE、TM 模的折射率，Λ 为光栅周期。对于 $LiNbO_3$ 晶体，n_{TE}、n_{TM} 模折射率的差 $\Delta n = 0.07$，因而布拉格方程为

$$\lambda = \Lambda(\Delta n) \qquad (4.15)$$

因 $\Delta n = 0.07$，选择中心波长 $\lambda = 1.55 \ \mu m$，则由布拉格方程知，$\Lambda = 22 \ \mu m$。声波在 $LiNbO_3$ 中的速度约为 $3.75 \ km/s$，则相应的电驱动 RF 频率为 $170 \ MHz$。由于 RF 的频率是很容易调谐的，因而 AOTF 对波长的选择也是很容易实现的。

上面讨论的 AOTF 是假设所有输入的光能集中在 TE 模，因而是与偏振有关的器件。实际上，AOTF 可以是与偏振无关的器件，即其输入的光能量不一定非由 TE 模来携带。图 4.22 给出了一个与偏振无关的 AOTF 的原理框图。输入的光能量(由 TE 模和 TM 模携带)经输入偏振器分解为 TE 模和 TM 模，然后各自通过波导与声波相互作用，最后经输出偏振器合成输出。

2. AOTF 的原理

AOTF 的工作原理如下：两个构成马赫-曾德尔结构的钛(Ti)波导被镂蚀在 $LiNbO_3$ 双折射半导体中。进入的光被输入偏振器分成 TE 波和 TM 波。作为例子，TE 波沿图

4.22 的上臂移动，而 TM 波沿下臂传播。一个声音换能器产生表面声波(SAW)。这个
SAW 在 LiNbO$_3$ 中引起变形，从而产生 LiNbO$_3$ 折射率周期性波动，这些波动作为动态布
拉格光栅工作。由于光栅相互作用，满足谐振(相位匹配)条件波长的 TE 模光能被转到在
上臂的 TM 模，TM 模光能被转到在下臂的 TE 模。输出偏振器组合 TE 模和 TM 模。波
长不满足谐振条件的信道将不被改变地通过这个结构。

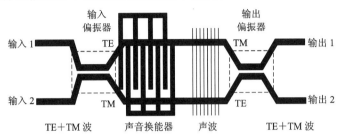

图 4.22 与偏振无关的 AOTF 的原理框图

3. AOTF 的通带

布拉格条件决定了被选择的波长，滤波的通带宽度是由声光相互作用的长度决定的，
相互作用的长度越长，滤波器的通带越窄，这可由 AOTF 的功率转换函数与波长的关系得
到证明。功率转换函数 $T(\lambda)$ 由下式给出：

$$T(\lambda) = \frac{\sin^2\left[(\pi/2)\sqrt{1+2(\Delta\lambda/\Delta)^2}\right]}{1+(2\Delta\lambda/\Delta)^2} \tag{4.16}$$

这里，$\Delta\lambda=\lambda-\lambda_0$，$\lambda_0$ 为满足布拉格条件的波长，$\Delta=\lambda_1^2/L\Delta n$ 是衡量滤波器通带大小的物理
量，其曲线如图 4.23 所示。

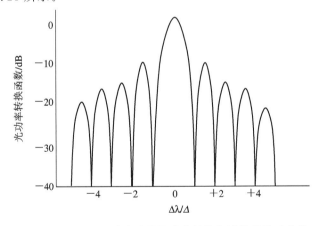

图 4.23 声光可调谐滤波器的功率转换与波长的关系曲线

L 为声光相互作用长度，可以证明，$T(\lambda)$ 的半峰值全宽(FWHM)即滤波器的通带
$B \approx 0.8\Delta$，虽然 L 越长带宽越窄，但另一方面，L 越长，调谐速度越慢，因为它由声波在
AOTF 中的传播时间决定，相互作用长度越长，时间越长。

4.5.5 光纤光栅滤波器

光栅是传统的分光器件，有两种类型的光栅，即反射型和衍射型光栅。光栅的调谐能
力由公式 $d\sin\theta=-m\lambda$ 决定。最实际的调谐方法是改变它的角度 θ。有宽的调谐范围是这

类可调谐滤波器的主要优点之一，它的所有其他特性也是令人满意的。

在光纤纤芯上制作光栅的成功使得光栅用来制作调谐滤波器更具吸引力。光纤布拉格光栅(FBG)已获得了广泛的应用。它的调谐能力由公式 $2\Lambda n_{\text{eff}} = \lambda_B$ 决定。由此公式可以看到，通过改变光栅周期(Λ)能调谐滤波器到不同波长(λ_B)。通过施加拉力或加热光栅可改变 Λ。低损耗、易耦合、窄通带和高分辨率是 FBG 调谐滤波器的优点，而窄的动态范围是它的主要缺点，这个缺点可用级联几个 FBG 来克服。

4.6　WDM 合波/分波器

WDM 合波/分波器是波分复用系统的核心部件，其特性好坏在很大程度上决定了整个系统的性能。前面介绍的光滤波器原则上都可以用来实现合波/分波器。目前，WDM 合波/分波器可以有多种方法来制造，制造的器件各有特点。下面就几种常用方法作一简要介绍。

4.6.1　多层介质膜(MDTFF)型

这种器件依赖于从薄层膜反射的许多光波之间的干涉效应，如图 4.24 所示。如果每层膜的厚度都是 $\lambda/4$，那么当入射角等于零即垂直入射时，波长为 λ 的光在通过每层后得到相移 π。因此，反射波与入射波相位相反，它们将成相消性干涉，也就是相互抵消。换句话说，波长为 λ 的光将不被反射，这意味着这个光通过，所有其他的光将被反射，这就是滤波。如果每层膜的厚度都是 $\lambda/2$，那么反射波将成相长干涉，也就是说它们和入射波同相位并相互叠加。这就使它变成了一个高反射镜。

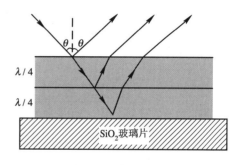

图 4.24　多层介质膜

利用这种特性，在基底 G 上镀多层介质膜。多层结构增强了效果，使滤波特性接近理想状态。这个技术在光学中已应用多年，一个最流行的应用是在相机、眼镜和类似的光学仪器中的防反射涂层(AR)。在光纤通信技术中，这样的滤波器用微镜片技术生产。

典型的多层介质膜滤波器如图 4.25 所示。利用楔状玻璃镀 λ_1、λ_2、λ_3、λ_4 和 λ_5 滤光膜，当 $\lambda_1 \sim \lambda_5$ 的光从同一根光纤输入时，首先 λ_1 通过滤波器输出，其余被反射，继而 λ_2 通过滤波器输出……依此类推，达到解复用的目的。这种结构中，棒透镜主要起构成平行光路的作用。如改变传输方向，则起波长复用的作用。

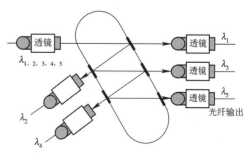

图 4.25　MDTFF 复用器

多层介质膜型波分复用器一般用于多模光纤通信系统，其插入损耗为 $1 \sim 2$ dB，波长隔离度可达 $50 \sim 60$ dB。这种波分复用器是分立元件组合型，装配调试较为困难，但波长间隔可按需要制造。

4.6.2　熔锥型

利用熔锥型耦合器的波长依赖性可以制作 WDM 器件，其耦合长度 L_c 随波长而异。对于一特定的耦合器，不同波长的理想功率耦合比(即抽头比或相对输出功率)呈正弦形，从而形成对不同波长具有不同透射性的滤波特性，据此可以构成 WDM 器件。

实验三　光纤无源器件
特性测试

图 4.26 给出了一个双波长的熔锥耦合器的耦合特性。由图可知，随着拉伸长度的改变，不同的波长耦合比不同，如当耦合长度为 4.5 cm 时，两个波长就可实现分离。

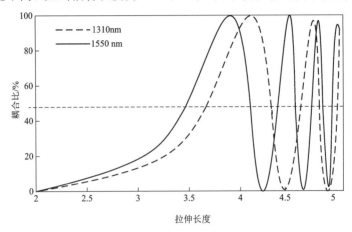

图 4.26　双波长熔锥型耦合器的特性

熔锥型 WDM 器件的优点是插入损耗低(单级最大小于 0.5 dB，典型值为 0.2 dB)，无需波长选择器件，十分简单，适于批量生产，并且有较好的光通路带宽/通路间隔比和温度稳定性。不足之处是尺寸很大，复用波长数少(典型应用是双波长 WDM)，光滤波特性对温度十分敏感，隔离度较差(20 dB 左右)。采用多个熔锥型耦合器级联应用的方法可以改进隔离度(提高到 30～40 dB)，并增加复用波长数(小于 6 个)。

4.6.3　光纤光栅型

光纤光栅滤波器的原理在介绍光滤波器时已作了介绍，这里给出用光栅制作 WDM 合波/分波器的原理示意图。图 4.27 给出了一个采用反射光栅的三个波长的 WDM 合波/分波器的原理示意图。

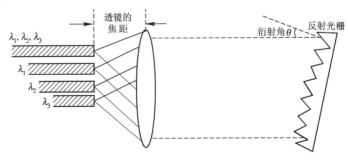

图 4.27　光栅型 WDM 合波/分波器原理图

图 4.28 给出了一个光纤光栅 WDM 合波/分波器的示意图。光环形器的功能在下面描述。

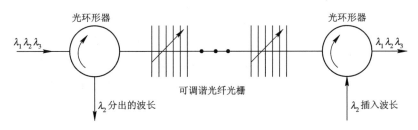

图 4.28　光纤光栅合波分波示意图

4.7　光隔离器与光环形器

　　光隔离器和光环形器的工作原理基本一致，只是光隔离器为双端口器件，即有一个输入端口和一个输出端口，而光环形器为多端口器件，常用的有 3 端口和 4 端口光环形器，即从任一端口输入，从指定的端口输出。它们都是非互易器件，即当输入和输出端口对换时器件的工作特性不一样。这和耦合器一类的无源光器件是不一样的。光隔离器和光环形器的两个主要性能参数为：

　　（1）插入损耗：当光从输入端输入，从输出端输出时光能的损耗。这是由器件插入（使用）引起的损耗，应越小越好。

　　（2）隔离度：当光从输入端输入，从不希望的输出端输出时的插入损耗。该损耗应越大越好。

　　典型的插入损耗为 1 dB，隔离度为 40～50 dB。

　　图 4.29 给出了一个光隔离器的原理框图。具有任意偏振态（SOP）的输入信号，首先通过空间分离偏振器（SWP）分成相互垂直的两个偏振分量：一个水平方向和一个垂直方向。水平分量偏离输入方向，垂直分量直通。然后水平分量和垂直分量均经过法拉第（Faraday）旋转器，偏振方向旋转 45°，再经过一个 $\lambda/2$ 波片，偏振方向再旋转 45°，这样水平分量正好变成了垂直分量，垂直分量变成了水平分量，最后两个分量又在另一个 SWP 上合路输出。

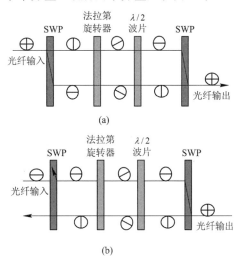

图 4.29　光隔离器的原理框图
（a）正方向；（b）反方向

ISO

反射信号沿原路返回时,由于 $\lambda/2$ 波长和法拉第旋转器的作用相互抵消,因而两个分量通过这两个器件后偏振态保持不变,在输入端的 SWP 上不能合路输出。

图 4.30 为一个 3 端口光环形器。由图可知,从端口 1 输入的光信号只能从端口 2 输出,从端口 2 输入的光信号只能从端口 3 输出,从端口 3 输入的光信号只能从端口 1 输出。

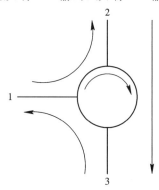

图 4.30 3 端口光环形器

4.8 光锁相环与光纤非线性环镜(NLOM)

光锁相环(OPLL)的功能与电锁相环一样,可实现接收信号与本地振荡信号即基准信号的同频同相,从而实现二者的同步。它由本地激光器、光电二极管平衡器件和滤波器等构成。图 4.31 给出了其原理框图。平衡二极管器件检测本地激光器的频率与接收的光信号的频率,当两个频率完全相同时,二极管平衡电路处于静止状态;否则,这种静止状态将被破坏,使得二极管平衡电路有不平衡电流输出,该电流被放大后送滤波器滤除高频分量,滤波后的低频直流分量去控制本地激光器的输出频率,直至二者的频率完全相同,电路处于平衡状态。图中,增益控制放大器的作用是使本地激光器和接收到的光功率电平相一致。

光纤非线性环镜(NOLM)的结构如图 4.32 所示。光纤环与传输光纤紧密相邻,因而在接触处形成了一个耦合器。当传输光纤有行进的光波时,光波在耦合器中耦合进光纤环并绕环行进一周后又返回耦合器,这样来自传输光纤的光波与绕环后的光波之间将产生相移,相移的大小由环的长度和光波的波长决定,二者之间将产生相长或相消干涉。因此,光纤非线性环镜可以用来选择所需的信号,对于不需要的波长只需引入 $180°$ 相移即可。

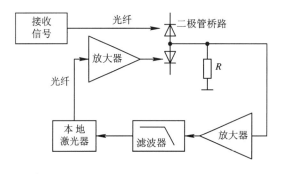

图 4.31 光锁相环(OPLL)的原理框图

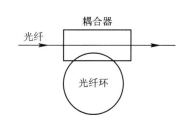

图 4.32 光纤非线性环镜的结构

习 题 四

1. 光纤的连接损耗有哪些？如何降低连接损耗？

2. 试用 2×2 耦合器构成一个 8×8 空分开关阵列，画出连接图和输入、输出端口信号间的流向，计算所需开关数。

3. 讨论图 4.19 所示平面阵列波导光栅的设计思想和方法。

4. 简述光耦合器和 WDM 分波器有什么不同。

5. 光滤波器有哪些种类？光滤波器应用在什么场合？

6. 光开关有哪些性能参数？在光纤通信中有什么作用？

7. 简述 F-P 腔可调谐滤波器的工作原理。

8. 讨论光纤光栅在光通信中的应用。

9. NLOM 是否可作光开关？

第 4 章习题答案

第5章 光放大器

光信号在光纤中传输时,光纤的损耗会导致光功率的衰减。对于长距离的传输,光信号有可能低于光检测器的检测能力,甚至导致系统的性能恶化,如波形失真、误码率增大等。为了达到数百千米甚至几千千米的传输距离,信号的光功率必须每隔一定的距离进行提升。光放大器是恢复被衰减的光信号,从而延长信息源与目的地之间传输距离的关键器件。

第5章课件

光放大器的基本类型主要有两类:一类是半导体型放大器(SOA)和光纤型放大器,如掺铒光纤放大器(EDFA)、掺镨光纤放大器(PDFA)等;另一类是根据光纤中的非线性效应制成的光放大器,如受激拉曼放大器(SRA)和受激布里渊放大器(SBA)。SOA虽然先于EDFA产生,但目前商用化的是EDFA。另外,EDFA还可用于光纤激光器产生激光。虽然作为光放大器,SOA的性能不如EDFA,但它可以用于波长变换器等光器件的制作。非线性效应的光放大器,尤其是SRA近来发展很快,其优越的性能正越来越多地引起人们的重视。本章对这些内容将作详细介绍。

5.1 引　言

在光放大器研制成功之前,主要采用光电混合中继器(或称再生器)放大光信号。其过程是:首先将光纤中送来的光信号转换为电信号,然后对电信号进行放大,最后再将放大了的电信号转换为光信号送到光纤中去,如图5.1所示。根据不同的要求,可将再生器分为三种类型:只有放大和均衡功能的1R再生器,用于模拟信号的传输;2R再生器,即在1R的基础上加上数字信号处理(如整形(Reshaping))的再生器;3R再生器,即在2R的基础上再增加重新定时与判决功能(Retiming)的再生器。它们的功能如图5.2所示。

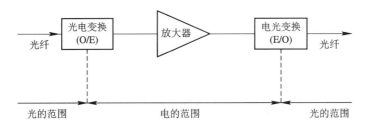

图5.1　传统的中继器原理框图

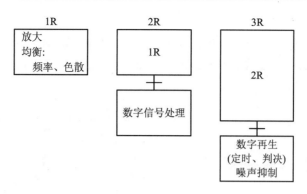

图 5.2　三种再生器的功能

尽管这种方式对于单个波长且数据速率不太高的通信很适用，但对于高速率的多个波长系统显然是相当复杂的，每一波长就需要一个再生器，如有 N 个波长就需要 N 个这样的再生器，造价是相当高的。另一方面，对于很高的数据速率，电放大器的实现难度很大。因此，人们试图对光信号直接放大，如果这种放大的带宽较宽，则可以同时对多个波长进行放大，因而只需一个放大器即可。人们经过很大的努力，终于研制成功了全光放大器，它可同时对多个波长进行放大。光放大器从功能上来看属于 1R 再生器。

5.2　掺铒光纤放大器(EDFA)

光纤放大器是提升衰减的光信号，延长光纤传输距离的关键器件。

光纤放大器的主要特性参数如下：

（1）增益：输出光功率与输入光功率的比值(以 dB 为单位)。

（2）增益效率：增益对输入光功率的函数。

（3）增益带宽：放大器放大信号的有效频率范围。

（4）增益饱和：一般情况下输入信号应该足够大，以便能引起放大器的饱和增益。饱和时的增益随信号功率的增加而减小。

（5）增益波动：增益带宽内的增益变化范围(以 dB 为单位)。

（6）噪声。与放大光信号有关的噪声包括两个方面：光场噪声和强度/光电流噪声。光场噪声指由光谱分析仪(OSA)测量出的光噪声谱，如光放大器中输出的 ASE(放大的自发辐射)噪声是这种噪声的主要部分。强度/光电流噪声是指与光束相联系的功率或光电流的波动，这种噪声的谱宽典型值可达几十吉赫兹。常见的强度噪声类型有：① 散粒噪声；② 信号与自发辐射差拍噪声(简称 SI－SP 噪声)；③ 自发辐射与自发辐射差拍噪声(简称 SP－SP 噪声)等。

5.2.1　EDFA 的放大原理

铒(Er)是一种稀土元素。在制造光纤过程中，设法向其掺入一定量的三价铒离子，便形成了掺铒光纤(EDF)。除了所掺的铒以外，这种光纤的构造与通信中单模光纤的构造一样，如图 5.3 所示。铒离子位于 EDF 的纤芯中央地带，将铒离子放在这里有利于纤芯最大

限度地吸收泵浦和信号能量,从而产生好的放大效果。环绕在纤芯外的折射率较低的玻璃包层则完善了波导结构并提供了抗机械强度的特性,涂覆层的加入则将光纤总直径增大到 $250~\mu m$。由于它的折射率较玻璃包层而言有所增加,因而它可将任何不希望在其玻璃包层中传播的光转移掉。

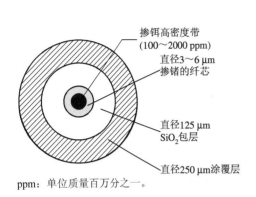

ppm:单位质量百万分之一。

图 5.3 掺铒光纤芯层的几何模型   图 5.4 铒的能级图

铒的能级图如图 5.4 所示。其发光原理可用三能级系统来解释,基态为 $4I_{15/2}$,激发态为 $4I_{13/2}$ 和 $4I_{11/2}$。在泵浦光的激励下,$4I_{11/2}$ 能级上的粒子数不断增加,又由于其上的粒子不稳定,很快跃迁到亚稳态 $4I_{13/2}$ 能级,从而实现了粒子数反转。当具有 1550 nm 波长的光信号通过这段掺铒光纤时,亚稳态的粒子以受激辐射的形式跃迁到基态,并产生出和入射光信号中的光子一模一样的光子,从而大大增加了信号光中的光子数量,即实现了信号光在掺铒光纤中不断被放大的功能,掺铒光纤放大器也由此得名。

在铒离子受激辐射的过程中,有少部分粒子以自发辐射形式自己跃迁到基态,产生带宽极宽且杂乱无章的光子,并在传播中不断地得到放大,从而形成了自发辐射放大(Amplified Spontaneous Emission,ASE)噪声,并消耗了部分泵浦功率,因此,需增设光滤波器来降低 ASE 噪声对系统的影响。目前,由于 980 nm 和 1480 nm 的泵浦效率高于其他波长的泵浦效率,因此它们得到了广泛的应用,并已完全商用化。

5.2.2 EDFA 的组成结构

图 5.5 显示了 EDFA 的基本组成,包括泵浦激光、波分复用(WDM)合波器、光隔离器和掺铒光纤(EDF)。

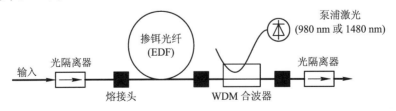

图 5.5 EDFA 的基本组成

这些基本组件可以组成许多不同拓扑结构的放大器。为了获得增益,光能必须注入掺铒光纤中,我们把这种能量称为泵浦,它以 980 nm 或 1480 nm 的波长传送光能。泵浦的功率典型范围是 $10 \sim 400~mW$。WDM 合波/分波器能有效地将信号光和泵浦光耦合进/出掺铒光纤。光隔离器将系统所产生的任何反射回放大器的光减小到一个可接受的水平。如果没有光隔离器，光反射将降低放大器的增益并附加噪声，如图 5.5 所示。

EDFA 常用的结构有三种，即同向泵浦、反向泵浦和双向泵浦。

（1）同向泵浦是一种信号光与泵浦光从同一方向注入掺铒光纤的结构，也称为前向泵浦。

（2）反向泵浦是一种信号光与泵浦光从两个不同方向注入掺铒光纤的结构，也称为后向泵浦。

（3）双向泵浦是同向泵浦与反向泵浦结合的结构。

三种结构的原理框图分别示于图 5.6(a)、(b)、(c)。

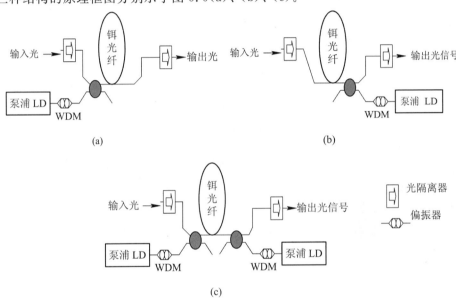

图 5.6　EDFA 三种结构的原理框图

（a）同向泵浦；（b）反向泵浦；（c）双向泵浦

EDFA 有如下优点：

（1）转移效率高，从泵浦源吸收的光功率转移到被放大的光信号上的功率效率大于 50%。

（2）放大的谱宽与目前 WDM 系统的光谱范围一致，适合于 WDM 光纤通信。

（3）具有较高的饱和输出光功率，为 1 mW(10～25 dBm)。

（4）动态范围大。

（5）噪声指数小(4～8 dB)。

（6）与光纤的耦合损耗小(<1 dB)。

（7）增益稳定性好。因为增益与偏振无关，所以具有良好的稳定性。

（8）增益时间常数较大。

当然，EDFA 也存在 ASE 噪声、串扰、增益饱和等问题。

5.2.3　EDFA 的增益与带宽

增益特性代表了放大器的放大能力，定义为输出功率与输入功率之比。EDFA 的增益通常为 15～40 dB。增益大小与多种因素如光纤中的掺铒浓度、泵浦光功率、光纤长度、泵浦光的波长等因素有关联。当铒的浓度超过一定值时，增益反而降低，其原因是存在增益饱和效应，过量铒会产生聚合，引起反转浓度减少，因此要控制好铒的掺入量。泵浦功率小时输出光功率增加得很快，随着泵浦功率的增加，放大器增益出现饱和，即泵浦功率增加很多，而增益基本保持不变，此时放大器的增益效率将随着泵浦功率的增加而下降。开始时增益随掺铒光纤长度的增加而上升，但当光纤超过了一定长度后，增益反而逐渐下降，因此存在着一个可获得最佳增益的最佳长度，但应注意，这一长度只能是最大增益长度，而不是掺铒光纤的最佳长度，因为还涉及其他特性(如噪声特性等)。另外，增益还与泵浦条件(包括泵浦功率和泵浦波长)有关。目前采用的主要泵浦波长是 980 nm 和 1480 nm。

5.2.4　EDFA 的噪声类型

1. 放大的自发辐射(ASE)

光放大器的激活介质所产生的噪声主要是由放大的自发辐射(ASE)引起的。这个现象的物理过程是：绝大多数受激载流子因受激辐射而被迫落到较低的能带上，但它们中一部分是因自发辐射落到较低的能带上的，当它们衰变时，这些载流子自发地辐射光子；自发辐射的光子虽然落在与信号光相同的频率范围内，但它们在相位和方向上是随机的；与信号同方向的自发辐射光子被激活介质放大，这些由自发辐射产生并经放大了的光子组成放大的自发辐射(ASE)，因为它们在相位上是随机的，它们对于信号光没有贡献，所以便成为信号带宽内的噪声。

没有外部激发所产生的自发辐射依赖于较高和较低能级上相对的粒子数，这很容易理解。自发辐射因子即粒子数反转因子(n_{sp})可以定义为

$$n_{sp} = \frac{N_2}{N_2 - N_1}$$

其中，N_2 和 N_1 分别是高、低能级上的粒子数。当高能级粒子数大大多于低能级粒子数时，则意味着 $N_2/(N_2 - N_1)$ 近似为 1，自发辐射因子达到其最小值。在这种情况下，我们将会有一个理想的放大器，但这种情况从来不会得到，实际 n_{sp} 的范围典型值是1.4～4.0。自发辐射因子越大，光放大器所产生的放大的自发辐射的功率也越大。这里要记住的是，光放大器的自发辐射产生在与信号放大相同的波带(频带)里。这就是自发辐射会增加被放大信号噪声的主要原因。

放大的自发辐射的平均总功率 P_{ASE} 满足下式：

$$P_{ASE} = 2n_{sp}Ghf\Delta B \tag{5.1}$$

其中，hf 是光子的能量，G 是放大器增益，ΔB 是放大器的光带宽。这个公式清楚地表达了这样一种思想：用 n_{sp} 定量表示的自发辐射越大，放大的自发辐射(ASE)也越大。

2. 光电流噪声

光电流噪声主要有三种：信号光的散粒噪声；ASE 光谱与信号光之间的差拍噪声(指的是光信号和 ASE 经光检测器输出的光生电流表达式中的交叉项)；ASE 光谱间的差拍噪声(指的是 ASE 经光检测器输出的光生电流表达式中的二次项)。以上三种噪声中，后两种影响最大，尤其是第三种噪声是决定 EDFA 性能的重要因素。

EDFA 噪声特性可用噪声系数来度量，其定义为 EDFA 的输入信噪比与输出信噪比的

比值，它与同向传播的 ASE 频谱密度和放大器增益密切相关。理论分析表明，在 EDFA 的开始部分，信号光功率增加得越快，即粒子数反转程度越高，则 EDFA 输出端 ASE 就越小，相应的噪声系数也越小。目前市场上销售的 EDFA 一般可达 30 dB 以上的增益，噪声系数一般为 4～5 dB。EDFA 的输出功率一般为 10～17 dBm，在 1550 nm 的波长处，窗口增益带宽为 20～40 dB，所以 EDFA 广泛应用于多信道传输系统。

5.3　受激拉曼光纤放大器(SRA)

5.3.1　SRA 的放大原理

拉曼效应是高功率光信号在光纤介质中传输时发生的非线性相互作用，它是由介质的分子激励(声子)诱发的非弹性光子散射。光与声子相互作用导致斯托克斯(Stokes)线的频移(与信号光频不同)，适当地选择光纤介质和泵浦频率，可以将 Stokes 线调谐到被放大信号的频率上。

受激拉曼散射(SRS)过程可以看成是物质分子对光子的散射过程，或者说光(光子)与物质(分子)的相互谐振作用过程。SRS 的基本过程是激光束进入介质以后，光子被介质吸收，使介质分子由基能级 E_1 激发到高能级 E_3，$E_3 = E_1 + \hbar\omega_p$。这里，$\hbar = h/2\pi$($h$ 是普朗克常量)，ω_p 是入射光角频率。但高能级是一个不稳定状态，它将很快跃迁到一个较低的亚稳态能级 E_2 并发射一个散射光子，其角频率为 ω_s，且 $\omega_s < \omega_p$，然后弛豫回到基态，并产生一个能量为 $\hbar\Omega$ 的光学声子。光学声子的角频率 Ω 由分子的谐振频率决定。这个非弹性散射过程前后总的能量是守恒的，即

$$\hbar\omega_p = \hbar\omega_s + \hbar\Omega \tag{5.2}$$

散射光称为斯托克斯(Stokes)光，其角频率为 ω_s。这个过程如图 5.7(b)所示，这是一个基本的斯托克斯散射过程。

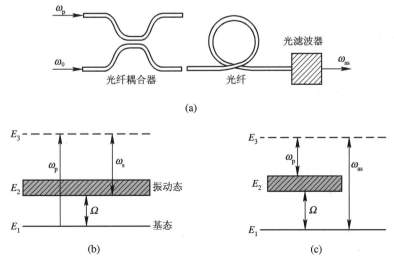

(a)

图 5.7　SRA 的原理性结构示意

(a) SRA 的原理性结构；(b) 斯托克斯过程；(c) 反斯托克斯过程

实际上还可能存在另一个散射过程。如果少数分子在吸收光子能量以前已处在激发态 E_2，则它吸收光子能量以后将被激发到一个更高的能级 E_3 上，这个分子从 E_3 跃迁直接回到基能级 E_1，将发射一个所谓反斯托克斯(Anti-Stokes)光子(如图 5.7(c)所示)，则反斯克托斯光的角频率 ω_{as} 为

$$\omega_{as} = \omega_p + \Omega \tag{5.3}$$

图 5.7(a)给出了 SRA 的原理性结构示意。频率分别为 ω_p 和 ω_0 的泵浦光和信号光通过 WDM 合波器输入至光纤，当这两束光在光纤中一起传输时，泵浦光的能量通过 SRS 效应转移给信号光，使信号光得到放大。泵浦光和信号光亦可分别在光纤的两端输入，在反向传输过程中同样能实现弱信号的放大。

乍看 SRA 的工作原理与其他光放大器没有多大差别，都是靠转移泵浦能量实现放大的，但实际上二者是有很大不同的。SOA 用电泵浦，需要粒子数反转；SRA 是靠非谐振、非线性散射实现放大功能的，不需要能级间粒子数反转。SRA 放大过程中，一个入射泵浦光子通过非弹性散射转移其部分能量，产生另一个低能级和低频光子，称为斯托克斯频移光，而剩余的能量被介质以分子振动(光学声子)的形式吸收，完成振动态之间的跃迁。

斯托克斯频移 $\Omega = \omega_p - \omega_s$，它在 SRS 过程中起着重要作用。$\Omega$ 由分子振动能级确定，其值决定了产生 SRS 的频率范围。对非晶态石英光纤，其分子振动能级融合在一起，形成了一条能带，因此可在较宽的频差($\omega_p - \omega_s$)范围(40 THz)内通过 SRS 效应实现信号的光放大。

SRA 最显著的优点是：它能够提供整个波段的光放大。通过适当改变泵浦激光器的光波波长就可以得到在任意波段进行光放大的宽带放大器，甚至可在 1279~1670 nm 整个波段内提供放大。目前，SRA 已在以下三个波段取得了成功：

(1) 1300 nm 波段。

(2) 1400 nm 波段。

(3) 1550 nm 波段。

拉曼光纤放大器的主要问题在于所需泵浦的种类，其次是如何使放大器本身作为一个谐振腔来获得高数量级的拉曼效应。目前，拉曼光纤放大器的小信号增益为 30 dB，饱和输出功率为 +25 dBm，特别适合作光功率放大级。

5.3.2　SRA 的性能与应用

光纤拉曼放大器有两种类型的应用，一种称为集中式 SRA，另一种称为分布式 SRA。

(1) 集中式 SRA：主要用于高增益、高功率放大，其长度约为 1~2 km，泵浦功率为 1~2 W，可提供 30 dB 的增益和接近泵浦功率大小的输出功率，放大光信号的波长由泵浦采用的波长决定。通常用 1.06 μm 或 1.32 μm 的 Nd:YAG 激光器作为泵浦源，放大 1.12 μm 和 1.40 μm 的光信号。如果采用高阶斯托克斯光作为泵浦，由 1.06 μm 激光器产生的三阶斯托克斯光可泵浦放大 1.3 μm 的信号。

(2) 分布式 SRA：主要用于光纤传输系统中传输光纤损耗的分布式补偿放大，实现光纤通信系统光信号的透明传输，即增益与损耗相等，输出功率与输入功率相等。分布式 SRA 主要在 1.3 μm 和 1.5 μm 光纤通信系统中用于多路信号和高速超短光脉冲信号损耗

的补偿放大，亦可作为光接收机的前置放大器。当用于损耗补偿放大时，光纤既是增益介质，又是传输介质，光纤既存在损耗，又产生增益，增益补偿损耗，实现净增益为零的无损透明传输。鉴于这种应用特点，在 1.5 μm 光纤通信系统中，均采用泵浦功率比较低的 1.48 μm 半导体激光器作为泵浦光源，其泵浦功率典型值为几毫瓦至十几毫瓦，通常传输距离可达几十至一百千米。为了实现长距离通信，每经几十千米后需再注入泵浦功率，构成分布式级联光纤拉曼放大。采用这种方案，贝尔实验室用 SRA 补偿光孤子脉冲的传输损耗，实验结果是：采用环路试验系统，每隔 41.7 km 重复注入泵浦功率，使 55 ps 的光孤子脉冲稳定传输了 6000 km。

5.4 受激布里渊光纤放大器(SBA)

5.4.1 SBA 的放大原理

SBA 也是基于光纤中的非线性相互作用的非弹性散射，即利用强激光与光纤中的弹性声波场相互作用产生的后向散射光来实现对光信号的放大。图 5.8 显示了这个效应。对于工作于 1.55 μm 的二氧化硅光纤，布里渊频偏约为 11 GHz，且取决于光纤中的声速。反射光线宽取决于声波的损耗，它可在几十至几百兆赫的范围内变动。

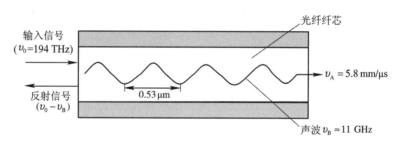

图 5.8 布里渊散射效应

SBA 的主要特点是高增益、低噪声、窄带宽，因而可以形成分布式放大，用作光滤波器。SBA 可以应用于：

（1）高增益、低噪声的光前置放大器，可提高接收机的灵敏度。

（2）多通道的相干光通信（第 6 章介绍），能有选择性地放大光载波，抑制调制产生的边频，这样放大后的光载波可以用作本振光，实现零差检测。

（3）多通道光选择器，如 SCM（副载波调制）、WDM 光纤通信系统。

5.4.2 SBA 的性能与应用

SBA 是一种高增益、低功率输出、窄带宽放大器。高增益、低功率输出特性使其可用作接收机的前置放大器，提高接收机的灵敏度。但是室温下高的声学声子数，使 SBA 的噪声指数过大（>15 dB），因此这种应用受到限制。

SBA 的窄带宽放大特性，使其能放大信号的比特率比较低，一般小于 100 Mb/s。所

以，在一般光波通信系统中，SBA 的应用价值并不大。但 SBA 的窄带放大特性可作为一种选频放大器，在相干和多信道光波通信系统中有一定用处。例如在相干通信系统中，可用 SBA 有选择性地放大光载波而不放大调制边带，利用放大后的光载波作为本振光，实现零差检测。若采用这种方案，对一个 80 Mb/s 的比特流进行放大，则载波得到的放大量比调制边带高 30 dB。在多信道通信系统中，可在接收端注入一泵浦光，与多信道光信号的传播方向相反，通过调节泵浦频率就可选择不同信道的信号进行放大。但是由于 SBA 的窄带特性，一般每信道的比特率亦限制在 100 Mb/s 以内。在实际的多信道通信系统中，受激布里渊散射光隔离（SBS）过程通常要限制信道间隔和通道数，同时限制信号功率和通信距离，因此通常应设法降低这种影响。

5.5 其他光纤放大器

1. 掺镨光纤放大器（PDFA）

EDFA 光纤放大器只能对 1550 nm 波段的光信号进行放大，为了能对 1310 nm 波段的光信号进行放大，人们在光纤中掺入镨。掺镨光纤放大器 PDFA 具有高的增益（约 30 dB）和高的饱和功率（20 dBm），适用于 EDFA 不能放大的光波波段，对现有的光纤线路的升级和扩容有重要的意义。PDFA 需采用氟化物光纤（常规通信光纤主要是玻璃光纤），泵浦光源也不是常用的 980 nm 和 1480 nm 的泵浦光源，而是采用 1017 nm 的泵浦激光。FDFA 离实用还有一段距离。

PDFA 是在非石英光纤如氟化物光纤中掺入镨来对光信号进行放大的，它与 EDFA 相比具有如下特点：

(1) 工作在 1.3 μm 波长（1280～1340 nm）。

(2) 高的增益（约 30 dB）。

(3) 高的饱和输出（约 20 dBm）。

(4) 高的输出功率（达 300 mW）。

(5) 泵浦光源波长为 1017 nm。

2. 掺铝（AL）EDFA

为了使 EDFA 本身具有平坦的增益，人们已尝试了多种改善 EDFA 特性的方法。在纤芯中掺铒的同时掺入铝，是当前应用最普遍的方法，这样可改变玻璃的组成成分，迫使铒的放大能级分布改变，加宽可放大的频率。通过对 EDFA 掺铝可以扩大 1550 nm 波长区。如果进一步提高铝的掺杂浓度，不管是对小信号功率还是对大信号功率都能提高波长在 1540 nm 时的增益，因而可减小增益差以达到平坦增益的目的。

3. 掺钇（Y）EDFA

在 EDFA 中掺钇作为铒的激活剂，以工作在 792 nm 附近的高功率激光器作为激励源，可以制成钇光纤放大器。

4. 氟化物 EDFA

氟化物掺铒光纤放大器（F - EDFA）是以氟化物为主要材料、掺铒光纤为主体构成的光纤放大器。F - EDFA 的特点是：

(1) 有宽的增益平坦度(约 30 nm),在多波长光传输系统中的应用具有相当大的潜力。这主要是因为在 1530～1560 nm 波段的 ASE(放大的自发辐射)噪声功率波动低于石英功率波动,可保证平坦增益。

(2) 氟化物光纤有吸水性,不能与石英光纤熔接,需采用机械连接方法。

(3) 氟化物光纤放大器只能用 1480 nm 泵浦,使得噪声系数至少比 980 nm 泵浦的石英掺铒光纤放大器高 1 dB。

(4) 可靠性有待研究。

5. 宽带碲化物 EDFA

碲化物光纤折射率高,能提供的受激发射截面比氟化物和石英大。在 1600 nm 波长时,EDFA 在碲化物中的受激发射面是氟化物和石英中的两倍。碲化物材料辐射寿命短,不到氟化物光纤和石英光纤的 1/2,它反射的受激发射截面也小。所以,应用掺碲化物光纤制作放大器可实现宽带放大。用这种光纤制作 EDFA,其特点为:

(1) 宽的增益平坦度(30 nm)。如对 1500 nm 波长区的宽带信号放大,最高带宽已达到 80 nm,是 EDFA 最佳数据的两倍。在 1530～1610 nm 的波长区,得到了 20 dB 以上的增益,增益平坦度达 1.5 dB。

(2) 放大波段向长波长移动。硅和氟 EDFA 大约在超过 1627 nm 波长时不能放大光信号,而碲化物 EDFA 可以工作到 1634 nm,这是碲化物 EDFA 的固有优点。

5.6 半导体光放大器(SOA)

人们在研究开发光纤通信的初期就已着手研制 SOA 了,但受噪声、偏振相关性、连接损耗、非线性失真等因素的影响,其性能达不到实用化要求。应用量子阱材料的 SOA 具有结构简单、可批量生产、成本低、寿命长、功耗小等优点,并且便于与其他部件一块集成,可望制作出 1310 nm 和 1540 nm 波段的宽带放大器,以覆盖 EDFA、PDFA 的应用窗口。SOA 在波长变换器中的应用现已引起广泛重视,并将逐步得到应用。

5.6.1 SOA 的放大原理

半导体光放大器的工作原理是利用受激辐射来实现对入射光功率的放大,产生受激辐射所需的粒子数反转机制与半导体激光器中使用的完全相同,即采用正向偏置的 PN 结,对其进行电流注入,实现粒子数反转分布。SOA 与半导体激光器的结构相似,但它没有反馈机制,而反馈机制对产生相干的激光是很必要的。因此 SOA 只能放大光信号,但不能产生相干的光输出。

SOA 的基本工作原理如图 5.9 所示,其中激活介质(有源区)吸收了外部泵浦提供的能量,电子获得了能量跃迁到较高的能级,产生粒子数反转。输入光信号会通过受激辐射过程激活这些电子,使其跃迁到较低的能级,从而产生一个放大的光信号。

SOA 有两种主要结构,即法布里-珀罗放大器(FPA)和非谐振的行波放大器(TWA)。

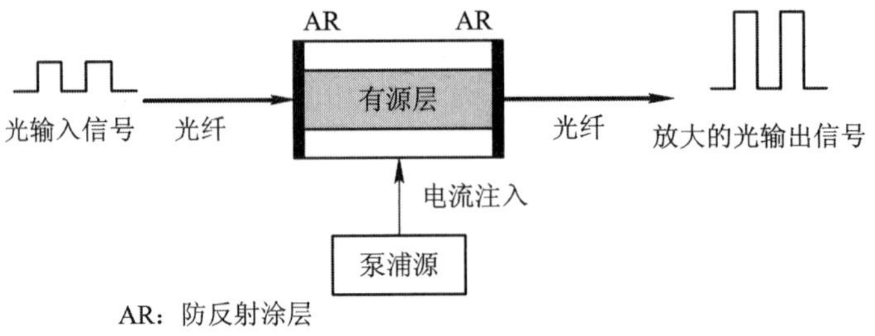

图 5.9 SOA 的基本工作原理

在 FPA 中，形成 PN 结有源区的晶体的两个解理面作为法布里-珀罗腔的部分反射镜，其自然反射率达到 32%。为了提高反射率，可在两个端面上镀多层介电薄膜。当光信号进入腔内后，它在两个端面来回反射并得到放大，直至以较高的功率发射出去。FPA 的制作容易，但要求注入电流和温度的稳定性较高，光信号的输出对放大器的温度和入射光的频率变化敏感。

TWA 的结构与 FPA 的基本相同，但两个端面上镀的是增透膜，习惯上称为防反射膜或涂层(AR)。镀防反射涂层的目的是减少 SOA 与光纤之间的耦合损耗，因此有源区不会发生内反射，但只要注入的电流在阈值以上，在腔内仍可获得增益，入射光信号只需通过一次 TWA 就会得到放大。TWA 的功率输出高，对偏振的灵敏度低，光带宽宽，因而它比 FPA 使用得更广。

SOA 最大的优点是它使用 InGaAsP 来制造，因此体积小、紧凑，可以与其他半导体和元件集成在一起。SOA 的主要特性是：

(1) 与偏振有关，因此需要保偏光纤。

(2) 具有可靠的高增益(20 dB)。

(3) 输出饱和功率范围是 5～10 dBm。

(4) 具有大的带宽。

(5) 工作在 0.85 μm、1.30 μm 和 1.55 μm 波长范围。

(6) 是小型化的半导体器件，易于和其他器件集成。

(7) 几个 SOA 可以集成为一个阵列。

但是，由于非线性现象(四波混频)，SOA 的噪声指数高，串扰电平高。

5.6.2 SOA 的性能与应用

SOA 的应用主要集中在以下几个方面。

1. 光放大器

因为在世界范围内已铺设了大量的常规单模光纤，还有很多系统工作在 1.30 μm 波段，并需要周期性的在线放大器，而工作波长为 1.30 μm 的 EDFA 目前尚未达到实用化的水平，所以仍然需要 SOA。

2. 光电集成器件

半导体放大器可与光纤放大器相抗衡的优点是体积小、成本低以及可集成性高，即可以集成在含有很多其他光电子器件(例如激光器和检测器)的基片上。

3. 光开关

除能提供增益外,半导体放大器在光交换系统中还可以作为高速开关元件使用。因为半导体在有泵浦时可以产生放大,而在没有泵浦时产生吸收。其运转很简单,当提供电流泵浦时信号通过,而需要信号阻断时将泵浦源断开。通过的信号因半导体中载流子数反转而得到放大,而受阻的信号则因半导体没有达到载流子反转数而被吸收。值得注意的是,只有半导体放大器才能够完成高速交换,而光纤放大器由于载流子寿命太长而难以做到这一点。

4. 全光波长变换器(AOWC)

SOA 的一个主要应用是利用 SOA 中发生的交叉增益调制、交叉相位调制和四波混频效应来实现波长转换。其具体介绍参见 5.9 节相应的内容。

5.7　光放大器的应用

光放大器在不同的光纤通信系统中均有应用。图 5.10 给出了四种基本的应用。

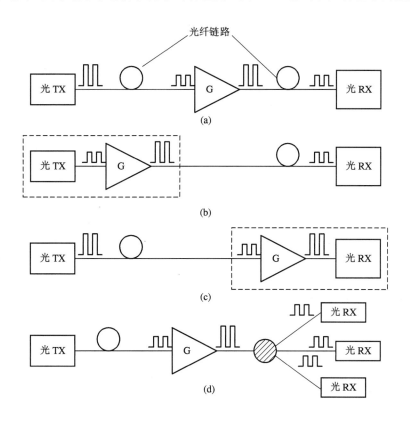

图 5.10　光放大的四种应用情形

(a) 在线放大器;(b) 后置放大器;(c) 前置放大器;(d) 功率补偿放大器

(1) 在线放大器:如图 5.10(a)所示,即用在线放大器代替光电光混合中继器。当光纤色散和放大器自发辐射噪声累积尚未使系统性能恶化到不能工作时,这种代替是完全可行的,特别是对多信道光波系统更有诱惑力,可以节约大量的设备投资。

(2) 后置放大器:如图 5.10(b)所示,即将光放大器接在光发送机后,以提高光发送机的发送功率,增加传输距离。这种放大器又称为功率放大器。

(3) 前置放大器:如图 5.10(c)所示,即将光放大器接在光接收机前,以提高接收功率和信噪比,增加通信距离。

(4) 功率补偿放大器:如图 5.10(d)所示,即将光放大器用于补偿局域网中的分配损耗,以增大网络节点数,还可以将光放大器用于光子交换系统等多种场合。这种放大器亦称为功率放大器。

在光波系统中,不同的应用对光放大器有不同的要求。从四种放大器的性能看,掺铒光纤放大器(EDFA)最适合光波通信系统。

5.8 光纤激光器

利用掺杂光纤(如稀土元素的铒、镨等)或光纤中的受激拉曼散射(SRA)、受激布里渊散射(SBA)可制成各种光纤激光器来产生激光。光纤激光器具有如下优点:

(1) 进行光放大无需光电转换。光纤激光器的实质是一个波长转换器,它将泵浦光的波长转换为所需波长的光信号,因而不改变原有信号的格式,可适应模拟与数字传输及混合传输。

(2) 是容易实现低泵浦功率下连续波(CW)输出的激光器。

(3) 其本身的圆柱几何尺寸与光纤易耦合,输出光功率很容易耦合到光纤中去。

(4) 与光纤光栅结合可制成窄线宽、可调谐的激光器。

(5) 由于其输出波长由掺杂决定,因而可选用价格低廉的泵浦激光器,只需其波长与稀土元素吸收谱相对应即可。

(6) 可以输出超窄光脉冲,如数十、数百飞秒(fs)宽度的脉冲,这种脉冲可用作孤子通信的光源。

5.8.1 掺铒光纤激光器

可用于制造光纤激光器的稀土元素有 Er^{3+}、Nd^{3+} 等,其中 Er^{3+} 的放大带在 1550 nm 窗口,Nd^{3+} 的放大带在 8500 nm 和 1300 nm 窗口,它们构成的激光器的结构基本相同。下面主要以掺铒光纤激光器为例介绍。掺铒光纤激光器的基本结构包括由一对平面反射镜构成的谐振腔和掺铒光纤(EDF)。EDF 提供光放大,谐振腔有选择性地为输出波长的激光提供反馈增益来克服腔内的光损耗。实际的激光器的构成要复杂一些,平面反射镜构成的腔用得也不如环形腔多。图 5.11 给出一个实际掺铒光纤激光器的结构。图中,光隔离器和滤波器保证光的单向传输,两束泵浦激光通过 WDM 耦合器对掺铒光纤泵浦。

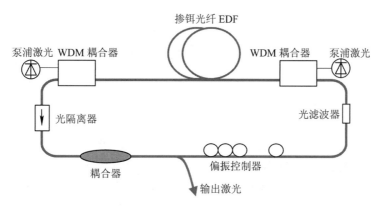

图 5.11　掺铒光纤激光器的结构

5.8.2　光纤光栅激光器

光纤光栅激光器是光纤通信系统中一种很有前途的光源，它的优点主要有：

（1）半导体激光器的波长较难符合 ITU – T 建议的 WDM 波长标准，且成本很高，而稀土掺杂光纤光栅激光器利用光纤光栅能非常准确地确定波长，且成本低；

（2）用作增益的稀土掺杂光纤制作工艺比较成熟；

（3）有可能采用灵巧紧凑且效率高的泵浦源；

（4）光纤光栅激光器具有波导式光纤结构，可以在光纤芯层产生较高的功率密度；

（5）可以通过掺杂不同的稀土离子，获得宽带的激光输出，且波长选择可调谐；

（6）高频调制下的频率啁啾效应小，可抗电磁干扰，温度膨胀系数较半导体激光器小。

利用紫外光（UV）光写入技术可制作多种光纤光栅，可使用不同的泵浦源，实现多种特性的激光器，如单波长激光器、多波长激光器。图 5.12 给出了它们的结构。

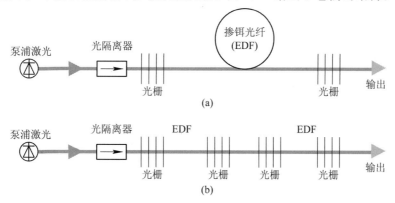

图 5.12　单/多波长光纤光栅激光器的基本组成

（a）单波长；（b）多波长

5.8.3　光纤受激拉曼和受激布里渊激光器

光纤受激拉曼和受激布里渊激光器利用了光纤中的线性效应，其最大的优点是比稀土元素掺杂光纤激光器具有更高的饱和功率和没有泵浦源的限制。目前这种技术还不成熟，有许多问题需要解决。

5.9 光波长变换器

光波长变换技术是指把输入波长上载运的信息转移到新的输出波长上的技术。相应的器件或装置称为光波长变换器。

常规的光波长变换技术是指光—电—光的转换形式,如图5.13所示。这种变换形式会带来性能畸变、低效、结构不紧凑、兼容性差等不适应高速大容量光纤通信系统和网络要求的问题。而全光波长变换技术能直接把输入波长的信息转移到输出波长上,不必经过光电转换,这就有利于避免电速度的"瓶颈"效应。

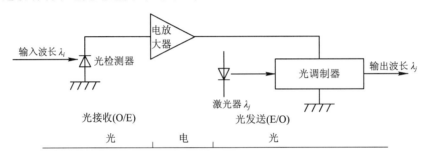

图 5.13 常规的波长变换器

目前,人们已经研制了各种各样的全光波长变换技术,如基于半导体光放大器(SOA)的全光波长变换(AOWC)技术、基于半导体激光器的 AOWC 技术和基于其他波导介质(如光纤、铌酸锂波导)的 AOWC 技术。其中,基于 SOA 的 AOWC 技术是最为成功的光波长变换技术,它主要利用了 SOA 中的交叉增益调制(XGM)技术、交叉相位调制(XPM)技术和四波混频(FWM)技术。

5.9.1 半导体光放大器(SOA)中的交叉增益调制(XGM)技术

SOA 中 XGM 技术的基本结构和原理分别示于图 5.14(a)和图 5.14(b)。

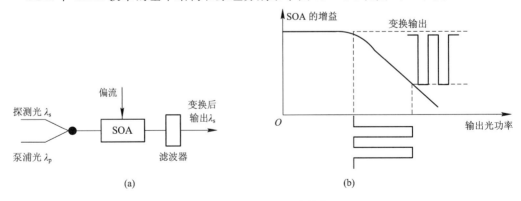

图 5.14 SOA - XGM 的基本结构和原理

(a) 基本结构;(b) 原理

探测光(λ_s,也叫探测波(光))和泵浦光(λ_p)经耦合器注入 SOA,SOA 对入射光功率存在增益饱和特性：当信号光强度增加时，SOA 的增益变小；当信号光强度减弱时，SOA 的增益变大。因此当有调制信息（"1"或"0"）的泵浦光注入 SOA 时，泵浦信号将调制 SOA 的载流子密度，从而调制增益（"无"或"有"）。同时，如果输入波长为 λ_s 的连续光作为探测光，其强度变化也受增益变化影响而按泵浦光的调制规律变化，用带通滤波器取出变换后的 λ_s 光后，即可实现从 λ_p 到 λ_s 的 AOWC。

SOA – XGM 方式的主要特点在于有宽的连续波长变换范围（约 50 nm）和高的变换效率，且结构简单。其主要缺点是，对于上变换，消光比变坏，信号是倒相输出的。

5.9.2 半导体光放大器中的交叉相位调制（XPM）技术

当泵浦光入射到 SOA 中时，载流子的变化将引起 SOA 两方面的变化：一是 SOA 增益的变化；二是 SOA 折射率的变化。根据 SOA 中增益变化的原理，人们制成了基于 SOA 中 XGM 型的全光波长变换器。根据泵浦光造成的 SOA 中折射率变化的原理，人们制成了基于 SOA 中交叉相位调制（XPM）的全光波长变换器。如图 5.15 所示，SOA1 和 SOA2 被放置在 MZI 干涉仪的两个臂上，造成两臂的相位差不相同。波长为 λ_s 的探测光和波长为 λ_p 泵浦光从不同的方向耦合到干涉仪的两波导臂上，泵浦光"0"或"1"的变化，将引起折射率的变化；探测光通过两臂后相位差也发生变化。适当调整既可以使相位差为"0"，也可以为"π"，前者输出信号为"1"，后者输出信号为"0"，从而实现对耦合进 SOA1 的探测光的相位调制。如果泵浦光功率使探测波相位在"0"和"π"之间变化，也就实现了信号从 λ_p 到 λ_s 的变换。

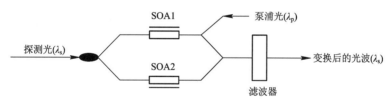

图 5.15　MZI 型 SOA – XPM 型 AOWC

XPM 方式在光路结构上可分为干涉型和非干涉型。典型的干涉型结构有马赫–曾德尔（Mach – Zehnder）型（MZI），如图 5.15 所示。图 5.16 给出了一种非干涉型器件。

图 5.16　非干涉型 SOA – XPM 型 AOWC

与 XGM 方式相比，XPM 方式的变换效率高，消光比性能改善。若 XPM 采用整体集成的结构，则可实现 40 Gb/s、30 nm 范围无劣化全光波长变换。

5.9.3 半导体光放大器中的四波混频（FWM）技术

SOA 不仅具有线性放大功能，而且还具有若干重要的非线性效应，FWM 过程就是其中之一。图 5.17 中，当波长为 λ_s 的探测光信号和波长为 λ_p 的连续泵浦光入射到 SOA 时，光场的三阶非线性相互作用导致入射波在 SOA 中混频而产生光谱边带，新生波的波长

$\lambda_j = \lambda_p + \Delta\lambda = 2\lambda_p - \lambda_s$，其中的 $\Delta\lambda$ 称为泵浦光和探测光信号的失谐波长间隔。新生波具有与已调输入探测光信号相同的频谱，保持了原信号的调制信息。

图 5.17 SOA - FWM 型 AOWC

这种变换方式的特点在于对调制方式和数据速率透明，有几个太赫兹的响应带宽，可超快速工作，内在啁啾小，可实现多波长同时转换，在 SOA 增益带宽内可对输入、输出波长连续调谐，信道波长切换方便。存在的问题表现在变换效率和偏振依赖性方面，但也有不少方法可以对其进行改善。用这种方式已实现具有 40 Gb/s、24.6 nm 和 10 Gb/s、30 nm 的高变换效率(大于 0 dB)，高 SNR(16 dB)，上下变换范围达 30 nm 等良好性能的全光波长变换。

习 题 五

1. 光放大器包括哪些种类？简述它们的原理和特点。EDFA 有哪些优点？

2. EDFA 的泵浦方式有哪些？各有什么优缺点？

3. 一个 EDFA 功率放大器，波长为 1542 nm 的输入信号功率为 2 dBm，得到的输出功率为 $P_{out} = 27$ dBm，求放大器的增益。

4. 简述 SBA 与 SRA 间的区别。为什么在 SBA 中信号与泵浦光必定反向传输？

5. 一个长 250 μm 的半导体激光器用作 F - P 放大器，有源区折射率为 4，则放大器通带带宽是多少？

6. EDFA 在光纤通信系统中的应用形式有哪些？

7. EDFA 的主要性能指标有哪些？说明其含义。

8. 分别叙述光放大器在四种应用场合时各自的要求是什么。

9. 叙述 SOA - XGM 波长变换的原理。

第 5 章习题答案

第 6 章　光发送机与光接收机

光源是实现信息在光纤中传输的必要条件。要实现信息传输，必须实现信息信号对光信号的调制（即光调制）；调制后的光信号经过光纤传送到光检测器，经处理后恢复出原有的信息，这个过程称为解调。光信号的调制是由光发送机完成的，解调是由光接收机完成的。光发送机和光接收机是光纤通信系统的重要组成部分。

第 6 章课件

光纤通信中，光信号的幅度、频率、相位和光强都可以被调制。对于数字调制而言，前面三种调制方式与电信号调制的 ASK、FSK、PSK 相对应，光强调制（IM）是光纤通信特有的，也是目前最主要的调制方式。IM 用电信号的"1"和"0"来控制光源的开（对应光源接通发光）和关（光源关闭不发光），实现光信号输出的"有"和"无"，因而常称为开关键控（On-Off-Key，OOK）方式。OOK 也可以采用外调制器。直接调制方便，价格低廉；外调制技术复杂，价格高，但性能优越。

对于 IM，可以采用非相干的直接强度检测（DD），这是目前唯一经济实用的解调方法。当然，无线电技术领域常用的外差方式（包括零差和外差）也是适用的，但是光纤通信中采用的术语为相干检测，它需要在本地使用一个激光源作为本地振荡。相干检测对系统的性能确有很大的改善，但技术复杂。

数字信号在对光信号进行调制前应编码，这样才能更好地在光纤信道中传输。常用的编码方案有 RZ/NRZ、扰码、以 5B/6B 为代表的分组码等。

由于系统的性能主要取决于调制方式和接收机，因而本章也对接收机的噪声、误码性能等进行分析。

6.1　调制信号的格式

为了使信息在信道中传输和便于接收后的处理，往往需要先对数字信号进行编码，再对光信号进行调制。光信号除可调制光载波信号的幅度、频率、相位外，还可调制光强。由于光强不同于电信号的电压或电流有正值与负值，它只有正值（即光强或光功率没有负值），因此称它为单极性信号，而电压信号称为双极性信号。

6.1.1　单极性与双极性

单极性信号是二电平信号，它在零与正电平之间摆动。单极性信号可以看成是用电或光信号表示的开关信号。在光纤通信中，单极性信号与双极性信号的最大区别是，传送线路上产生的直流（DC）分量不为零，最大值会达到正电平的一半。双极性信号由于在正电平与负电平之间交替变化,因此在传输线路上产生的 DC 分量为零。单极性与双极性信号的编码如图 6.1 所示。

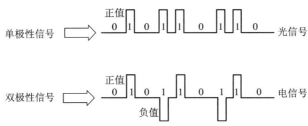

图 6.1 单极性与双极性信号的编码

6.1.2 归零(RZ)与不归零(NRZ)

光纤通信中常用的调制方案为 OOK。这种调制方案中编码"1"表示对应的比特周期内有一光脉冲或光源 LD 或 LED 处于开("ON")状态,编码"0"表示对应的比特周期内无光脉冲或光源 LD 或 LED 处于关("OFF")状态。光脉冲的宽度为比特周期的持续时间。对于一个 1 Gb/s 的数据速率,光脉冲时间宽度为 1 ns。编码既可以采用直接将光源调谐在开或关两种状态的方法来完成,也可以用数字比特通过外调制器的方法来完成,下面将具体介绍。

OOK 调制可以采用许多信号格式,最常用的为 NRZ、RZ 和短脉冲三种格式。NRZ 称为不归零码,编码"1"对应有光脉冲且持续时间为整个比特周期,"0"对应无光脉冲出现。如果是连续两个"1"比特,则光脉冲持续两个比特周期。RZ 码称为归零码,"1"比特对应有光脉冲且持续时间为整个比特周期的一半,"0"对应无光脉冲出现。短脉冲是由 RZ 变化而来的,其"1"比特对应有光脉冲且持续时间为整个比特周期的很小一部分,"0"对应无光脉冲出现。它们的信号格式如图 6.2 所示。

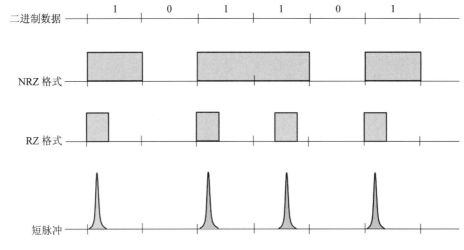

图 6.2 OOK 数据调制格式

NRZ 码与其他格式相比,其主要优点是占据的频带宽度窄,只是 RZ 码的一半,缺点是当出现长连"1"或"0"时,光脉冲没有"有"和"无"的交替变化,这对于接收时对比特时钟的提取是不利的。RZ 码克服了这个问题，解决了长连"1"的问题，但长连"0"的问题仍然存在。

以上所有格式都存在直流分量波动即不平衡问题。如果假设待发送的所有数字比特的平均发送光功率为零，则 OOK 调制方案被认为是有 DC 平衡的。OOK 调制方案获得 DC 平衡是很重要的，因为这使得接收时设计判决阈值变得容易，有利于数字处理的恢复。

为了保证光信号有足够的交替变化和提供 DC 平衡，系统中常采用扰码和分组码方案。

6.1.3　扰码

扰码是一个比特流与另一个比特流的一到一的映射，即将一个待发送的数据比特流在发送之前一对一地映射为另一个比特流。在发送端，扰码器将输入的比特流与经过仔细挑选的另一个比特流进行异或（EXOR）运算，另一个比特流序列的选取原则是使输出比特的长连"1"或"0"出现的概率尽可能地小。在接收端通过解扰器，从输出的码流中恢复出原比特流。扰码最大的优点是不占用额外的带宽，缺点是并不能保证 DC 平衡，也不能保证序列中不出现长连"1"或"0"。但扰码中出现长连"1"或"0"和不平衡的概率是很小的，只要认真选取映射关系就能保证这一点。扰码的另一个缺点是，由于是一对一的映射，因而有可能输入序列导致了一个不理想的输出序列，这是应该避免的。

6.1.4　分组码（4B5B、8B10B）

另一个解决 DC 不平衡的方法是采用分组码，有许多不同类型的分组码。二进制的线性分组码的一种形式为：将 k 个比特变换成 n 个比特，然后再发送出去，接收端将 n 比特再映射成原来

实验四　光纤路码实验

的 k 个比特（假设不存在误码）。分组码经过设计可使 DC 平衡，能提供足够多的信号交替变化。这种分组码的典型例子是(8, 10)、(4, 5)等（其另一种表示为 8B10B，4B5B），它们广泛应用于光纤局域网如千兆以太网、FDDI 等。分组码提高了速率，因而占用了额外的带宽，对于 4B5B，则 $k=4$，$n=5$，意味着原来的 1 Gb/s 比特率在编码之后增加到 1.25 Gb/s，就是说要多付出 25% 的带宽开销。

6.2　直接强度调制(IM)光发送机

直接强度调制(IM)是光纤通信中最简单、最经济、最容易实现的调制方式，适用于半导体激光器(LD)和发光二极管(LED)，这是因为它们的输出功率与注入电流成正比(LD 阈值以上)，只需通过改变注入电流就可实现光强度调制。光功率的变化能够响应注入电流信号的高速变化。

6.2.1　模拟调制与数字调制

所谓模拟信号的直接调制，就是让 LED 或 LD 的注入电流跟随语音或图像等模拟量变化，从而使 LED 或 LD 的输出光功率跟随模拟信号变化，如图 6.3 所示。

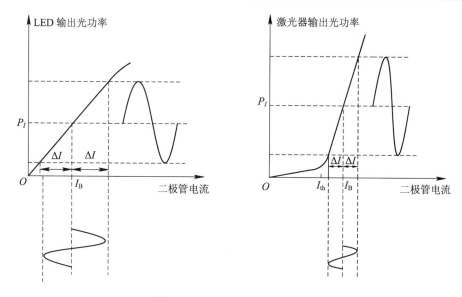

图 6.3　LED 和 LD 的模拟调制

数字信号的光强度调制原理如图 6.4 所示。

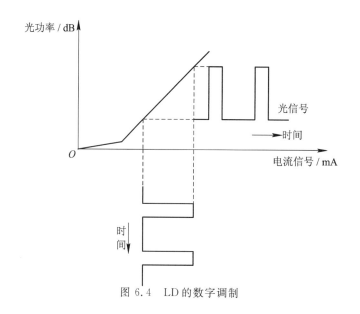

图 6.4　LD 的数字调制

实验五　调制度 m 测试

6.2.2　光源的驱动电路

由以上内容可知,光源在合适的注入电流下发光而且当注入电流发生变化时,光源输出的光功率会随之变化,显然可以很方便地通过直接调制电流信号实现调制光信号,这也是直接调制名称的由来。这部分功能是由光发送机中的驱动电路完成的。通常所说的驱动电路,是指能提供激光器稳定工作的恒定电流和实现光调制的调制电路,同时也包括一些控制电路或辅助电路,如自动温度控制(ATC)和自动功率控制(ΛPC)等,用于实现对激光器工作温度和输出光功率的监测与控制。关于 APC 和 ATC 电路前面已介绍,这里重点介绍调制电路。

　　根据光源种类(LED 和 LD)和调制方式(模拟和数字)的不同,驱动电路也各不相同,下面分别介绍。

　　LED 模拟驱动电路如图 6.5 所示。LED 除线性好之外的另一个优点是,在其工作电流保持不变的情况下,其输出光功率随温度的升高下降的幅度不大。这一点变化通常在系统设计中会考虑到,是能够容忍的,因而 LED 驱动电路中通常没有 APC 和 ATC 电路,但长波长 LED 有时容易受到温度变化的影响,所以需要增加控制电路。LED 模拟发送机类似于线性电压－电流转换器,可使用负反馈使驱动电流更线性,如在反馈环路中增加非线性匹配网络,用驱动电流传递函数补偿光源传递函数的非线性,其电路形式如图 6.5(b)所示。对于 20 MHz 以上的高速光发送机,设计一个高速线性电流源要更困难一些,因此,常常使用 50 Ω 的射频驱动放大器与 LED 的阻抗匹配,其电路结构如图 6.5(c)所示。

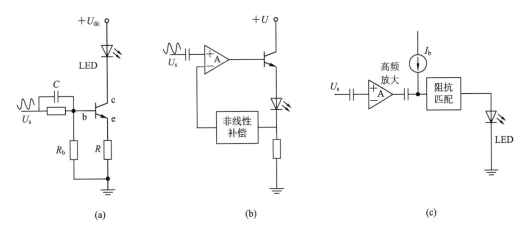

图 6.5　LED 模拟驱动电路

(a) 基本模拟信号驱动电路;(b) 线性模拟信号驱动电路;(c) 高速模拟信号驱动电路

　　目前,在数字光纤通信系统中广泛使用的 LED 驱动电路为射极耦合电流开关电路,这也是一种串联型驱动电路。这种驱动电路与以后将要分析的 LD 驱动电路在形式上基本上是相同的,其典型的电路结构如图 6.6 所示。当其输入端 S_i 为“0”时,V_1 截止,U_{bb} 为参考电平,V_2 导通,电流流经 LED 而发光;S_i 为“1”时,V_1 导通,V_2 截止,LED 因无电流流过而不发光。这种电路一般能够满足 LED 驱动电流的要求,同时这种电路中的晶体管工作在非饱和与非深截止状态,避免了电荷存储时间的影响,工作速率较高,而且电源负载稳定,电路结构也不复杂,容易调整,便于与 LD 驱动电路兼容,应用灵活,生产维护方便。

　　鉴于 LED 的驱动电路比较简单,同时 LED 器件的成本低、寿命长,因此 LED 在数字光纤通信系统中得到适当的应用。然而由于 LED 器件的输出光功率比较小,光束发散角大,入纤功率小,限制了数字光纤通信的中继距离。又由于 LED 的谱线宽度大以及其可调速率与输出功率的矛盾,LED 只能应用在低速短距离和小容量的数字光纤通信系统中。在长距离、大容量的数字系统中都采用 LD。

　　由于射极耦合电流开关电路的开关转换时间短,响应速度快,结构简单,调整控制容易,因此在数字光纤通信系统中基本上都采用这种电路来作为 LD 驱动电路的基本结构形式,如图 6.7 所示,图中 I_b 为 LD 提供直流偏置电流。

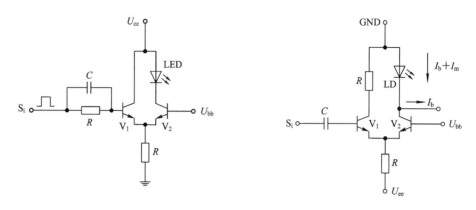

图 6.6　LED 射极耦合驱动电路　　　　图 6.7　LD 射极耦合驱动电路

在这种电路原理的基础上,根据数字光纤通信系统速率和 LD 器件特性不同的具体要求,实用化的 LD 驱动电路在某些具体问题的处理上会有所不同。图 6.8(a)为单端输入形式的实用化 LD 驱动电路,数据脉冲信号 S_i 从 V_1 的基极输入,V_3 为 V_2 提供恒定的直流参考电压 U_{bb},这种电路工作于类共基极方式,提高了电路的工作速率,其光脉冲响应时间 (t_r, t_f) 可达 1 ns,并可提供 45 mA 的最大驱动电流。在中等速率及其以下的数字光纤通信系统中,其 LD 驱动电路几乎都采用如图 6.8(b)所示的电路形式。这种驱动电路为双端信号反相输入,其输入数据信号经相应速率的集成元件整形以后,一般能达到驱动信号的波形要求,因此调整起来比较容易。同时由于 V_1 与 V_2 的基极所加的信号大小相等、相位相反,因此可以进一步提高电路的开关速度。这种驱动电路的温度稳定性、抗电源干扰的性能都比较好,因为这些因素引起的变化等于驱动电路的共模输入。射极耦合电阻 R_e 的强负反馈作用,保证了 LD 调制电流 I_m 的稳定性,而对正常的差动输入信号不会有影响。在传输速率较高的数字光纤通信系统中,为了进一步提高 LD 驱动电路的稳定性,将图 6.8(b)所示电路中的 R_e 改为恒流源电路,这种电路原理如图 6.8(c)所示,这样就更好地加强了对共模输入信号的负反馈作用,提高了这种 LD 驱动电路的共模抑制比,使 LD 调制电流 I_m 的稳定可靠工作有了更有效的保证。

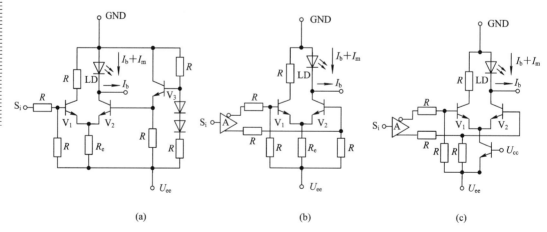

图 6.8　实用化的 LD 数字驱动电路

6.3　外调制器

随着传输速率的不断提高，直接强度调制带来了输出光脉冲的相位抖动即啁啾效应，使光纤的色散增加，限制了容量的提高。采用外调制器可以减小啁啾。外调制器一般置于半导体激光器的输出端，对光源发出的连续光波进行调制，控制光信号的有无。采用外调制器不但可以实现 OOK 方案，也可以实现 ASK、FSK、PSK 等调制方案。

目前常用的外调制器有电折射调制器、电吸收多量子阱（MQW）调制器、M-Z 型调制器等，下面对它们的原理作进一步的介绍。

6.3.1　电折射调制器

电折射调制器利用了晶体材料的电光效应，常用的晶体材料有铌酸锂晶体（LiNbO₃）、钽酸锂晶体（LiTaO₃）和砷化镓（GaAs）。

电光效应是指由外加电压引起晶体的非线性效应，具体讲是指晶体的折射率发生了变化。当晶体的折射率与外加电场幅度成正比时，称为线性电光效应，即普克尔效应；当晶体的折射率与外加电场幅度平方成正比变化时，称为克尔效应。电光调制主要采用普克尔效应。

最基本的电折射调制器是电光相位调制器，它是构成其他类型调制器如电光幅度、电光强度、电光频率、电光偏振等的基础。电光相位调制器的基本原理框图如图 6.9 所示。

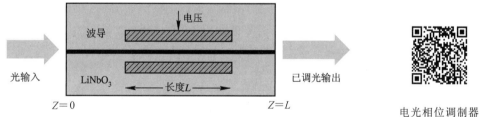

图 6.9　电光相位调制器的基本原理框图

当一个 $A\sin(\omega t + \varphi_0)$ 的光波入射到电光调制器（$Z=0$），经过长度为 L 的外电场作用区后，输出光场（$Z=L$）即已调光波为 $A\sin(\omega t + \varphi_0 + \Delta\varphi)$，相位变化因子 $\Delta\varphi$ 受外电压的控制从而实现相位调制。

两个电光相位调制器组合后便可以构成一个电光强度调制器。这是因为两个调相光波在相互叠加输出时发生了干涉，当两个光波的相位同相时光强最大，当两个光波的相位反相时光强最小，从而实现了外加电压控制光强的开和关的目标。典型的光强度调制器是 M-Z 型调制器。

6.3.2　M-Z 型调制器

M-Z 型调制器是由一个 Y 型分路器、两个相位调制器和一个 Y 型合路器组成的，其结构如图 6.10 所示。相位调制器就是上述的电折射调制器。输入光信号被 Y 型分路器分成完全相同的两部分，两个部分之一受到相位调制，然后两部分再由 Y 型合路器耦合起来。按照信号之间的相位差,两路信号在 Y 型合路器的输出产生相消和相长干涉,就得到了"通"和"断"的信号。

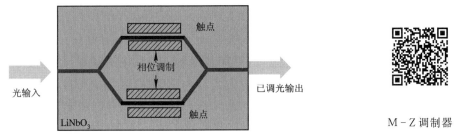

图 6.10　M-Z 型调制器

M-Z 调制器

6.3.3　声光布拉格调制器

声波(主要指超声波)在介质中传播时会引起介质的折射率发生疏密变化,因此受超声波作用的晶体相当于形成了一个布拉格光栅,光栅的条纹间隔等于声波的波长。当光波通过此晶体介质时,光波将被介质中的光栅衍射,衍射光的强度、频率、相位、方向等随声波场而变化,这种效应称为声光效应。

声光布拉格调制器由声光介质、电声换能器、吸声(反射)装置等组成。电压调制信号经过电声换能器转化为超声波,然后加到电光晶体上。电声换能器利用某些晶体(如石英、$LiNbO_3$ 等)的压电效应,在外加电场的作用下产生机械振动形成声波。超声波使介质的折射率沿传播方向交替变化,当一束平行光束通过它时,由于声光效应产生的光栅使出射光束成为一个周期性变化的光波。声光布拉格调制器的原理框图如图 6.11 所示。当声波频率较高且光波以一定的角度入射时,只出现零级和 ±1 级衍射光。如果入射声波很强,则可以使入射光能几乎全部转移到零级或 +1 级或 −1 级的某一级衍射光上。

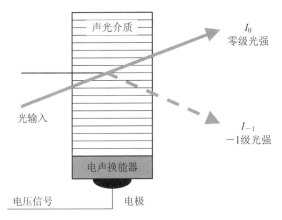

图 6.11　声光布拉格调制器的原理框图

6.3.4　电吸收 MQW 调制器

电吸收 MQW 调制器是很有发展前途的调制器,它不仅具有低的驱动电压和低的啁啾特性,而且还可以与分布式反馈(DFB)激光器单片集成。

多量子阱(MQW)调制器实际上类似于半导体激光器的结构，它对光具有吸收作用，如图 6.12 所示。通常情况下，电吸收 MQW 调制器对发送波长是透明的，一旦加上反向偏压，吸收波长在向长波长移动的过程中会产生光吸收。利用这种效应，在调制区加上零伏到负压之间的调制信号，就能对 DFB 激光器产生的光输出进行强度调制。

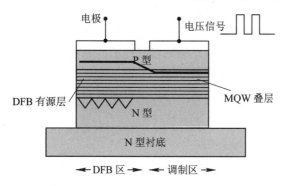

图 6.12　电吸收 MQW 型调制器

6.3.5　ASK/PSK/FSK 方式

振幅键控(ASK)是用电的比特流(调制信号)直接调制光载波信号强度的技术。对其值为"1"的比特，光载波具有最大的振幅；对其值为"0"的比特，光载波具有最小的振幅。对于单极性信号，ASK 也称为 OOK。ASK 采用的编码有 RZ 和 NRZ 两种类型。

ASK 方式能够用于相干和非相干 IM/DD 系统。在直接调制半导体激光器时，信号的相位也会偏移，好在 IM/DD 检测时相位信息不起作用，因而相位偏移不重要，但是 ASK 对相干检测是有影响的。由于相干检测需要固定相位，因而需要使用外调制方式，如电吸收 MQW 和 M－Z 调制器。

采用相移键控(PSK)调制光束时，所有比特的频率和幅度不变，因而输出表现为连续的光波。对于二进制 PSK，相位是 $0°$ 和 $180°$。

PSK 是使用电折射调制器的外调制来实现的，当有外加电压时，相位差用下式表示：

$$\Delta\varphi = \frac{2\pi}{\lambda}\delta_{\mathrm{m}}L_{\mathrm{m}} \tag{6.1}$$

式中，δ_{m} 正比于所加电压，L_{m} 是施加电压让折射率改变的长度。

频移键控(FSK)调制的是光载波的频率，光载波的频率改变为 Δf，$f+\Delta f$ 对应逻辑"1"，$f-\Delta f$ 对应逻辑"0"。FSK 是相干的两个状态(开与关)的数字调频(FM)技术。典型的频率变化为 1 GHz。FSK 信号的总带宽大约为 $2\Delta f+2B$，这里 B 是比特率，Δf 是频率偏移。当偏移大即 $\Delta f\gg B$ 时，带宽近似为 $2\Delta f$，称为宽带 FSK；当偏移小即 $\Delta f\ll B$ 时，带宽近似为 $2B$，称为窄带 FSK。

频率调制指数 β_{FM}(定义为 $\Delta f/B$)$\gg 1$ 时为宽带调频，$\beta_{\mathrm{FM}}\ll 1$ 时为窄带调频。

实现调频的器件是电吸收 MQW 调制器或 DFB 半导体激光器。当注入电流改变时，它们输出光波的频率发生偏移。小的注入电流(1 mA)就会使光波的频率改变约 1 GHz。DFB 激光器是高调制效率、高调制速率很好的相干 FSK 光源。

6.4 光 接 收 机

IM/DD(强度调制/直接检测)系统的解调方案框图如图 6.13 所示,它属于非相干解调。光检测器接收光信号并将其转换成与光功率成正比的光生电流信号。光放大器放置在光检测器前将微弱的光信号放大到光检测器可检测的光功率范围。前置放大器将微弱的电流信号放大到所需的电平,如果是数字信号,还要送后续的判决电路完成数字信号的再生,其具体的电路形式由上面讨论的不同的编码和调制方案决定。必要时可在光放大器前加光滤波器,用来选择所需的光波长信号。

图 6.13 数字光接收机(DD 解调)框图

6.4.1 理想的数字光接收机

从原理上讲,解调过程是相当简单的,接收机根据比特周期内有光还是无光来判定是"1"比特还是"0"比特,如果有光出现,则对应"1"比特发送,如果无光出现,则对应"0"比特发送,这就是所谓的直接检测(DD)。问题是,即使在不考虑其他任何噪声的情况下也不可能实现无误码传输,因为光子到达光检测器时具有随机特性。光功率为 P 的光信号到达光检测器时,可以看成是平均速率为 P/hf 的光子流,h 为普朗克常数,f 为光波频率,hf 为单个光子的能量。该光子流是一个满足泊松分布的随机过程。

对于这种简单的接收机,发送"0"比特时是不会误码的,只有发送"1"比特时才会误码,因为发送"1"比特期间没有光子被检测到就判定为"0"比特发送,有光子被检测到就判定为"1"比特。设比特速率为 B,则比特周期 $1/B$ 内接收 n 个光子的概率为

$$P(n) = \mathrm{e}^{-\frac{P}{hfB}} \frac{\left(\dfrac{P}{hfB}\right)^n}{n!} \qquad (6.2)$$

因此,没有接收到任何光子的概率为 $\mathrm{e}^{-(P/hfB)}$,设"0"和"1"是等概率的,则理想光接收机的误码率为

$$\mathrm{BER} = \frac{1}{2}\mathrm{e}^{-\frac{P}{hfB}} = \frac{1}{2}\mathrm{e}^{-M} \qquad (6.3)$$

参数 $M = P/(hfB)$ 为"1"比特期间接收的平均光子数,这就是理想光接收机的误码率,也称为量子极限条件下的误码率。为了达到 10^{-12} 的误码率,每个比特的平均光子数 $M = 27$。

实际上,大多数接收机都不是理想的,因而性能远不如理想光接收机,它们必须考虑各种各样的噪声。

6.4.2 实际的数字光接收机

在实际的直接检测接收机中,光信号在光检测器上被转变为光生电流的同时,还附加

有额外的噪声信号，主要有三种。第一种就是热噪声信号，它是在特定温度下由电子的随机运动产生的，它总是存在的。第二种是散弹（粒）噪声，是由光子产生光生电流过程的随机特性产生的，即使输入光功率恒定时它也存在。散粒噪声不同于热噪声，它不是叠加在光电流上的，而是作为独立的一部分，仅仅是对产生光电流过程随机性的一种方便的描述。第三种是在光滤波和光检测器之间使用的光放大器产生的放大的自发辐射噪声（ASE）。这里仅讨论前两种噪声。

在温度 T 时，电阻 R 上的热噪声电流可以看成是一个均值为零、自相关函数为 $(4k_{\mathrm{B}}T/R)\delta(\tau)$ 的高斯随机过程。这里，k_{B} 为玻尔兹曼常数，其值为 $1.38\times10^{-23}\mathrm{J/K}$；$\delta(\tau)$ 为狄拉克函数，当 $\delta(\tau)=0$ 时，$\tau\neq0$，$\int_{-\infty}^{+\infty}\delta(\tau)\,\mathrm{d}\tau=1$。因此热噪声是一个白噪声，在噪声带宽或频率范围 B_{e} 内，热噪声电流的方差为

$$\sigma^2_{\text{热噪声}}=\frac{4k_{\mathrm{B}}T}{R}B_{\mathrm{e}} \tag{6.4}$$

该值可以表述为 $I_{\mathrm{t}}^2B_{\mathrm{e}}$，参数 I_{t} 习惯上是指以 $\mathrm{pA}/\sqrt{\mathrm{Hz}}$ 为单位的方差，其典型值为 $1\,\mathrm{pA}/\sqrt{\mathrm{Hz}}$ 数量级。

接收机的电带宽 B_{e} 根据数字信号的速率来选择，变化范围为 $1/(2T)\sim1/T$，T 为比特周期。同样也可以用参数 B_{o} 来表示光接收机接收到的光带宽。光接收机本身的带宽是很大的，但 B_{o} 通常由光发送机与光接收机之间放置的光放大器决定。为了方便，B_{e} 代表基带带宽，B_{o} 代表通带带宽，这样为了不使信号发生畸变，至少有 $B_{\mathrm{o}}=2B_{\mathrm{e}}$。

由前面的分析可知，光子的到达可以用泊松分布精确地描述，光生电流可以看作是一个电子电荷的脉冲流，它是伴随着光子入射到光检测器上时产生的，对于光纤通信常用的信号功率，光生电流可以写成：

$$I=\overline{I}+i_{\mathrm{s}} \tag{6.5}$$

其中，$\overline{I}$ 为恒定的电流，i_{s} 是一个均值为零、自相关函数为 $\sigma^2_{\text{散粒}}\delta(\tau)$ 的随机过程。对于 PIN，可以推导出 $i_{\mathrm{s}}=2e\overline{I}$，电流常量 $\overline{I}=RP$，R 为光检测器的响应度，这里假设暗电流为零。所谓暗电流，是指光检测器在没有光照的情况下产生的光生电流。因而在带宽 B_{e} 内，散粒噪声电流的方差为

$$\sigma^2_{\text{散粒}}=2e\overline{I}B_{\mathrm{e}} \tag{6.6}$$

设光检测器的负载电阻为 R_{L}，则电阻上的总电流为

$$I=\overline{I}+i_{\mathrm{s}}+i_{\mathrm{t}} \tag{6.7}$$

其中，i_{t} 的方差为 $\sigma^2_{\text{热噪声}}=(4k_{\mathrm{B}}T/R)B_{\mathrm{e}}$。如果散粒噪声和热噪声相互独立，接收机带宽为 B_{e}，那么总电流是一个均值为 $\overline{I}$ 的随机过程，其方差为

$$\sigma^2=\sigma^2_{\text{散粒}}+\sigma^2_{\text{热}} \tag{6.8}$$

由于热噪声和散粒噪声都与接收机的带宽 B_{e} 成正比，因而在接收机噪声性能和接收带宽之间需要有一个折中。设计接收机时通常考虑的是在满足传输比特率要求的情况下尽可能地使噪声性能最佳。在实际的直接强度调制和检测（IM-DD）系统中，热噪声的方差比散粒噪声的方差大得多，因而它决定了接收机的性能。

6.4.3 前置放大器噪声

在接收机的光检测器之后，为了将微弱的电流信号进行低噪声放大，通常需要一个前置放大器。前置放大器中采用的元器件(如电阻)同样对热噪声有贡献，这可以通过前置放大器的噪声系数来描述。由于放大器的放大，输入端的热噪声在输出端得到了增强(放大)，前置放大器的噪声因子正是表示这种贡献大小的物理量，常用 F_n 表示。因而考虑前置放大器对热噪声的贡献后，就可知接收机中的热噪声电流的方差为

$$\sigma^2_{热噪声} = \frac{4K_B T}{R_L} F_n B_e \qquad (6.9)$$

通常 F_n 的值为 $3 \sim 5$ dB。

6.4.4 APD 噪声

由前面的章节可知，雪崩增益二极管(APD)的雪崩增益过程对噪声电流也有贡献，这种噪声主要来源于雪崩放大增益 G_m 的随机特性(为了不与下面的放大器增益 G 混淆，这里改用 G_m 表示)，它可以模拟为光检测器输出端散粒噪声的增加。如果 APD 的响应表示为 R_{APD}，则平均光电流为 $\bar{I} = R_{APD} P = G_m RP$，APD 输出的散粒噪声电流的方差为

$$\sigma^2_{散粒噪声} = 2e G_m^2 F_A(G_m) RP B_e \qquad (6.10)$$

其中，$F_A(G_m)$ 称为 APD 的过剩噪声系数，它随着增益 G_m 的增大而增大，由下式给出：

$$F_A(G_m) = k_A G_m + (1 - k_A)\left(2 - \frac{1}{G_m}\right) \approx G_m^{k_A} \qquad (6.11)$$

其中，k_A 为 APD 的电离系数比，其值由制成 APD 的半导体材料的特性决定，取值范围为 $0 \sim 1$。由于过剩噪声系数 F_A 随着电离系数比的增加而增加，因而 k_A 应越小越好。对于 $0.85~\mu m$ 波长的 Si，$k_A \ll 1$；对于工作于 $1.30~\mu m$ 和 $1.55~\mu m$ 波长的 InGaAs，$k_A = 0.7$。实际上对于 PIN，其散粒噪声是 APD 散粒噪声 $F_A(1)$，即 $G_m = 1$ 时的情形。

6.4.5 光放大器噪声

由以上分析可知，直接检测接收机的性能主要受接收机中热噪声的限制，这可以通过在光检测器前放置光放大器来改善。光放大器提供了光输入信号的功率，但不幸的是，在放大光信号的同时，放大的自发辐射作为一种噪声也出现在输出端。对于只有一个偏振模的光放大器的输出端，其自发噪声功率为

$$P_N = n_{sp} hf(G - 1) B_o \qquad (6.12)$$

式中，n_{sp} 为一常数，称为自发辐射因子，G 为放大器的增益，B_o 为光带宽。由于单模光纤中的基模实际上是由两个偏振模组成的，因而总的噪声功率应为 $2P_N$。

n_{sp} 取决于光放大器中粒子数反转的程度，当完全反转时，$n_{sp} = 1$。对于大多数放大器来说，$n_{sp} \approx 2 \sim 5$。为了表达方便，我们引入一个量 P_n，定义为

$$P_n = n_{sp} hf \qquad (6.13)$$

为了理解放大器对光检测器上接收到的信号的影响，考虑图 6.14 的系统，PIN 用作直接检测系统的光检测器，光检测器输出的光生电流与入射光功率成

图 6.14 具有光放大器的光接收机

正比：

$$I = RGP \tag{6.14}$$

式中，G 为放大器的增益，P 为接收到的光功率。

　　光检测器产生的光生电流与入射的光功率成正比，而光功率为光波电场的平方，噪声场与噪声场之间以及噪声场与光信号之间的差动分别产生了所谓的信号与噪声以及噪声与噪声之间（当然这里的噪声是自发辐射噪声）的差动噪声。此外，散粒噪声和热噪声也出现在光检测器的输出端。

　　接收机中热噪声、散粒噪声以及信号与噪声、噪声与噪声的差动噪声电流方差分别为

$$\begin{cases} \sigma^2_{\text{热噪声}} = I_t^2 B_e \\ \sigma^2_{\text{散粒噪声}} = 2eR[GP + P_n(G-1)B_o]B_e \end{cases} \tag{6.15}$$

$$\begin{cases} \sigma^2_{\text{信号—噪声}} = 4R^2 GPP_n(G-1)B_e \\ \sigma^2_{\text{噪声—噪声}} = 2R^2[P_n(G-1)]^2(2B_o - B_e)B_e \end{cases} \tag{6.16}$$

　　这些公式的推导从略。I_t 是接收机的热噪声电流。尽管放大器的增益是较大的，通常大于 10 dB，但散粒噪声、热噪声与信号与噪声之间的差动噪声、噪声与噪声之间的差动噪声相比可以忽略。在要求的比特误码率范围 $10^{-9} \sim 10^{-15}$ 内，噪声可由高斯过程来很好地模拟。自发辐射与自发辐射差动噪声可以通过降低光带宽 B_o 来减小，这可以通过在光检测器前加一个滤波器滤去放大的噪声来实现。在极限情况下，B_o 等于 $2B_e$，因此主要的噪声源是信号与自发辐射差动噪声。

　　放大噪声通常用一个易于测量的参数即噪声因子 F_n 来表示，F_n 是放大器的输入端信噪比（SNR_i）与其输出端信噪比（SNR_o）的比值。如果放大器的输入端只有散粒噪声，则 SNR 可由前面的公式推导出：

$$SNR_i = \frac{(RP)^2}{2RePB_e} \tag{6.17}$$

　　如果假设放大器的输出端只有信号与自发辐射差动噪声，则 SNR 由下式给出：

$$SNR_o \approx \frac{(RGP)^2}{4R^2 PG(G-1)n_{sp}hf_cB_e} \tag{6.18}$$

则放大器的噪声因子为

$$F_n = \frac{SNR_i}{SNR_o} \approx 2n_{sp} \tag{6.19}$$

　　在最理想情况下，即粒子数完全反转时，$n_{sp}=1$，这时噪声因子为 3 dB。而实际的放大器总是有较高的噪声因子，典型值为 $4 \sim 7$ dB，这还是假设放大器与输入/输出光纤之间不存在耦合损耗的情况下的值。如果考虑与输入光纤之间的耦合损耗，那么噪声因子还要大。

6.4.6　误码率

　　前面计算了理想光接收机的误码率，现在来计算实际的光接收机的误码率（比特错误概率），这当然涉及各种不同的噪声影响。接收机通过对光生电流进行取样，判决每个比特周期发送的是"0"还是"1"。由于噪声电流的存在，接收机有可能作出错误的判决，因而导致了误码。为了计算误码率，必须理解接收机根据发送的比特进行判决的过程。

首先，考虑没有光放大器的 PIN 光接收机。对于发送的"1"比特，设接收光功率为 P_1，则接收机的平均光电流为 $\bar{I} = I_1 = RP_1$，光电流的方差为

$$\sigma_1^2 = 2eI_1B_e + \frac{4k_BTB_e}{R_L} \tag{6.20}$$

与此类似，发送"0"比特时光生电流的方差为

$$\sigma_0^2 = 2eI_0B_e + \frac{4k_BTB_e}{R_L} \tag{6.21}$$

式中，P_0、$I_0 (I_0 = RP_0)$ 为相应于"0"比特发送时的接收光功率和光生电流，对于理想的 OOK 方式，$P_0 = I_0 = 0$，但实际的情形总是做不到。

如果 I_1 和 I_0 分别代表在发送"1"和"0"比特周期内接收机对光生电流的取样值，σ_1^2 和 σ_0^2 相应地分别代表噪声方差，噪声信号已假设为高斯信号，由前面的分析可知，实际的方差与接收机的类型有关。因此接收机所面临的比特判决问题为："1"比特的光生电流是一个均值为 I_1、方差为 σ_1 的高斯随机变量的样值("0"比特与此类似)，接收机根据此样值来判定是"0"或"1"。样值电流可能的概率密度函数如图 6.15 所示(图中，I_{th} 为判决电压)。接收机可以利用的判决规则不止一个，其选用原则是使比特误码率最小。最佳的判决规则是在给定光生电流 I 的情况下，判决出的"1"或"0"对应的发射机发出的"1"或"0"的可能性最大。

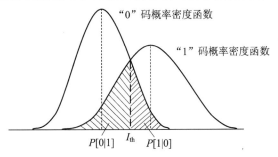

图 6.15 具有光放大器的光接收机的"0" 和"1"的概率分布

这一最佳判决规则可以这样实现：将观察到的光生电流与判决阈值电流相比，如果 $I \geq I_{th}$，判为发送的"1"，否则判为发送的"0"。

对于"1"和"0"等概率的情形(为了分析方便作的假设)，阈值电流近似为

$$I_{th} = \frac{\sigma_0 I_1 + \sigma_1 I_0}{\sigma_0 + \sigma_1} \tag{6.22}$$

这一值非常接近最佳阈值但不严格相等，这一结论的证明从略。

从图 6.15 可以直观地看出，I_{th} 是两个概率密度函数交点对应的 I 值。当发送"1"时，其误码率为 $I < I_{th}$ 对应的概率，表示为 $P[0|1]$。类似地，$P[1|0]$ 是判定为"1"的概率，对应为 $I \geq I_{th}$ 的概率。两个概率在图 6.15 中都表示出来了。

如果用 $Q(x)$ 表示一个零均值单位方差的高斯随机变量超过值 x 时的概率，则有

$$Q(x) = \frac{1}{\sqrt{2\pi}} \int_x^\infty e^{-y^2/2}\, dy \tag{6.23}$$

$P[0|1]$、$P[1|0]$ 用 $Q(x)$ 表示为

$$\left.\begin{array}{c} P[0 \mid 1] = Q\left(\dfrac{I_1 - I_{th}}{\sigma_1}\right) \\[3mm] P[1 \mid 0] = Q\left(\dfrac{I_{th} - I_0}{\sigma_0}\right) \end{array}\right\} \tag{6.24}$$

则误码率 BER 由下式给出：

$$\mathrm{BER} = Q\Big(\frac{I_1 - I_0}{\sigma_0 + \sigma_1}\Big) \tag{6.25}$$

Q 函数可以数值求解，如果假设 $\gamma = Q^{-1}(\mathrm{BER})$，BER 为 10^{-12}，则 $\gamma \approx 7$；如果 BER 为 10^{-9}，则 $\gamma \approx 6$。

对于信号与噪声（如光放大器噪声）有关的系统，光接收机中设置可变的判决阈值是很重要的，许多高速率的系统都有此特点。然而对于简单的光接收机不设置可变的阈值，常设置与平均光生电流相对应的阈值，为 $(I_1 + I_0)/2$，这样的阈值设置导致了高的误码率，由下式给出：

$$\mathrm{BER} = \frac{1}{2}\Big[Q\Big(\frac{I_1 - I_0}{2\sigma_1}\Big) + Q\Big(\frac{I_1 - I_0}{2\sigma_0}\Big) \Big] \tag{6.26}$$

在已知"1"和"0"比特接收的光功率和噪声统计特性的情况下，可以利用 BER 公式计算出误码率，但我们常常是对相反的问题更感兴趣，即为了获得所需的 BER，光功率及噪声应满足什么条件，这引起了对灵敏度的注意。灵敏度 P_{R} 的定义是：为了达到所需的误码率，光接收机所需的最小光功率。通常，BER 为 10^{-10} 或更好。有时灵敏度也用每比特所需的光子数目 M 来表示，M 由下式给出：

$$M = \frac{2P_{\mathrm{R}}}{hfB} \tag{6.27}$$

式中，B 为比特率。

如果假设 $P_0 = 0$，BER 为 10^{-12}，每比特的平均接收光功率为 $(P_0 + P_1)/2$，则灵敏度可以推得为

$$P_{\mathrm{R}} = \frac{(\sigma_0 + \sigma_1)\gamma}{2G_{\mathrm{m}}R} \tag{6.28}$$

其中，G_{m} 为 APD 的增益，对于 PIN 其值为 1。

首先考虑没有光放大器的 APD 或 PIN 光接收机的灵敏度。热噪声电流独立于接收的光功率，然而散粒噪声是灵敏度的函数。假设对于"0"比特没有光功率发出，则

$$\sigma_0^2 = \sigma_{\text{热噪声}}^2, \qquad \sigma_1^2 = \sigma_{\text{热噪声}}^2 + \sigma_{\text{散粒噪声}}^2$$

其中 $\sigma_{\text{散粒噪声}}^2$ 就根据相应"1"比特接收的光功率 $2P_{\mathrm{R}}$ 估算，则

$$\sigma_{\text{散粒噪声}}^2 = 4eG_{\mathrm{m}}^2 F_{\mathrm{A}}(G_{\mathrm{m}}) RP_{\mathrm{R}} B_{\mathrm{e}} \tag{6.29}$$

接收机灵敏度 P_{R} 为

$$P_{\mathrm{R}} = \frac{\gamma}{R}\Big(eB_{\mathrm{e}} F_{\mathrm{A}}(G_{\mathrm{m}})\gamma + \frac{\sigma_{\text{热噪声}}}{G_{\mathrm{m}}} \Big) \tag{6.30}$$

假设比特率为 B b/s，接收机电带宽 $B_{\mathrm{e}} = B/2$ Hz，前端放大器的噪声因子 $F_{\mathrm{n}} = 3$ dB，接收机负载为 $R_{\mathrm{L}} = 100\ \Omega$，温度 $T = 300$ K，则热噪声电流的方差为

$$\sigma_{\text{热噪声}}^2 = \frac{4k_{\mathrm{B}}T}{R_{\mathrm{L}}} F_{\mathrm{n}} B_{\mathrm{e}} = 1.656 \times 10^{-22} B\ \mathrm{A}^2 \tag{6.31}$$

假设接收机工作在 1.55 μm 波长，量子效率 $\eta = 1$，$R = 1.55/1.24 = 1.25$ A/W，$G_{\mathrm{m}} = 1$，利用这些值可以算出 PIN 的灵敏度。对于 BER $= 10^{-12}$，即 $\gamma \approx 7$，PIN 光接收机的灵敏度（receiver sensitivity）与比特率（bit rate）的关系如图 6.16 所示。$k_{\mathrm{A}} = 0.7$，增益

$G_m = 10$ 的 APD 光接收机也在同一图中给出。由图 6.16 可以看出,APD 的灵敏度要比 PIN 高出 8~10 dB。

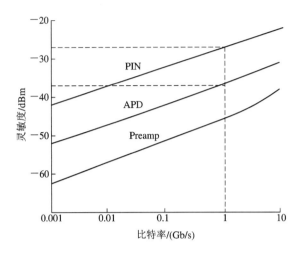

图 6.16　接收机灵敏度与比特率的关系曲线

接下来推导具有光放大器的光接收机的灵敏度。在放大系统中,信号和自发辐射噪声的差动噪声与其他噪声相比占主导地位,除非光带宽较宽,因为这时自发辐射与自发辐射差动噪声是不可忽略的。在此假设条件下,由前面的式(6.14)、式(6.16)、式(6.25)可以推导出 BER 为

$$BER = Q\left[\frac{\sqrt{GP}}{2\sqrt{(G-1)P_n B_e}}\right] \qquad (6.32)$$

下面来分析一下理想的光前置放大的光接收机的灵敏度。接收机的灵敏度既可以用特定的比特率所需的接收光功率度量,也可以用单位比特所需的光子数来度量。与前面相似,假设 $B_e = B/2$,放大器的增益 G 很大,自发辐射因子 $n_{sp} = 1$,则得到

$$BER = Q\left(\sqrt{\frac{M}{2}}\right) \qquad (6.33)$$

为了获得 BER $= 10^{-12}$,Q 函数的 γ 参数应为 7,这样光接收机的灵敏度为每比特 $M = 98$ 个光子。实际上这是由于在放大器和光检测器之间采用了光滤波来限制光带宽,从而降低了自发辐射与自发辐射差动噪声和散粒噪声的结果。对于一个实际的光前置放大的光接收机,其灵敏度为每比特几百个光子数;而对于不采用光放大器的简单的 PIN 光接收机,其灵敏度为每比特几千个光子。

图 6.16 中也画出了采用光放大器的光接收机灵敏度,假设放大器的噪声系数为 6 dB,光带宽 $B_o = 50$ GHz,它受到光滤波器的限制。从图中可以看出,对于 1 Gb/s 的速率,PIN 的灵敏度为 -26 dBm,而 APD 为 -36 dBm。

在光放大器级联系统中,由于到达光接收机的光功率中已有放大的噪声,因而灵敏度并不重要,更重要的是光信噪比(OSNR)。OSNR 定义为 P_{REC}/P_{ASE}。其中,P_{REC} 和 P_{ASE} 是系统中必须测量的量,它们分别为平均接收的信号功率和噪声功率。对于采用光前置放大的光接收机,$P_{ASE} = 2P_n(G-1)B_o$。系统设计者必须将 OSNR 与 BER 联系起来,如果忽略热噪声和散粒噪声,则 Q 函数的 γ 参数与 OSNR 的关系如下:

$$\gamma = \frac{2\sqrt{\dfrac{B_{\mathrm{o}}}{B_{\mathrm{e}}}}\mathrm{OSNR}}{1+\sqrt{1+4\mathrm{OSNR}}} \tag{6.34}$$

对于一个典型的 2.5 Gb/s 系统，其接收机电带宽至少为 $B_{\mathrm{e}} = 2$ GHz，光滤波器带宽 $B_{\mathrm{o}} = 36$ GHz，$\gamma = 7$，则系统需求的 OSNR＝4.37 dB 或 6.4 dB。事实上这是不够的，因为系统必须考虑各种干扰，如色散、非线性等。粗略地估计在设计光放大器级联的系统时，为处理各种噪声干扰，OSNR 至少为 20 dB。

6.5　相　干　接　收

由以上分析可知，直接检测光接收机由于受热噪声限制，不可能获得散粒噪声限的灵敏度，这可以通过在光接收机前面放置一个光放大器来改善，另一个提高灵敏度的方法是下面将要讨论的相干检测接收机。

相干检测的主要思想是将另一个本振光信号，即所谓的本振激光与信号进行混合来提高信号的功率。

在光通信中，相干检测包括采用本振与光信号混频过程的各种方案。一个典型的相干光检测系统的框图如图 6.17 所示。其中，本振 $\mathrm{L_o}$ 是一个优质的激光器，用它来产生本振光。本振光和从光线路来的光信号在光耦合器中混合，然后一起投射到光检测器 PIN 中相干混频，混频后的差频信号经后接信号处理系统处理后进行判决。由于光信号在常规光纤线路中传输时，其相位和偏振面会发生缓慢的变化，因此为了使本振光和光信号的相位和偏振面一致，可利用光锁相环来跟踪相位的变化，通过偏振控制器来调整偏振，如图 6.17所示。

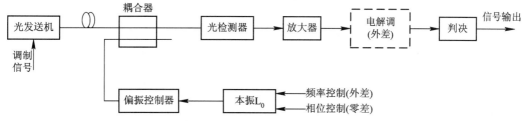

图 6.17　相干光检测系统框图

设经过偏振控制器后的本振光和信号光同偏振，则这时光检测器 PIN 输出的含有信息的光电流为

$$I_{\mathrm{s}} = 2R\sqrt{P_{\mathrm{s}}P_{\mathrm{L}}}\cos[(\omega_{\mathrm{s}}-\omega_{\mathrm{L}})t-(\varphi_{\mathrm{s}}-\varphi_{\mathrm{L}})] \tag{6.35}$$

其中，η 为检测器的响应度，h 为普朗克常数，e 为电子电量，f 为光频，P_{s} 为信号光功率，P_{L} 为本振光功率，ω_{s}、φ_{s} 和 ω_{L}、φ_{L} 分别为信号和本振的角频率和相位。

从式(6.35)可知，光相干检测和无线电相干接收技术一样，也有外差和零差两种，在式(6.35)中，当 $\omega_{\mathrm{s}} = \omega_{\mathrm{L}}$，即无中频时，光相干检测为零差检测；当 $\omega_{\mathrm{s}} \neq \omega_{\mathrm{L}}$，即有中频 $\omega_{\mathrm{IF}} = \omega_{\mathrm{s}} - \omega_{\mathrm{L}}$ 时，光相干检测为外差检测。

另外从式(6.35)可知，接收机检测的输出信号电流 I_{s} 随本振光功率 P_{L} 的增大而增

大，即得到所谓的"本振增益"，所以相干检测系统光接收机的灵敏度较高，比直接检测可提高 $10 \sim 25$ dB。

此外，从式(6.35)还可以发现，检测器的输出电流不仅与被检测信号强度或功率有关，还与光载波的相位或频率有关，这说明不仅可以用光信号的强度传递信息，还有可能通过调制光载波的相位或频率来传递信息。而在直接检测技术中不允许进行频率或相位的调制，所有有关信号的相位和频率的信息都丢失了。

与 IM-DD 光波系统相比，相干检测系统的主要优点是：

(1) 光接收机的灵敏度高，比直接检测高 $10 \sim 25$ dB，可大大延长无中继传输距离(在 1550 nm 波长可延长至 100 km)；

(2) 相干检测选择性高，可用于信道间隔小到 $1 \sim 10$ GHz 的光频多复用技术，实现多信道复用，有效使用光纤带宽。

此外，相干传输也有利于提高系统抗非线性效应的能力。

在如图 6.17 所示的相干光检测系统框图中，光的接收技术主要是指零差或外差接收技术，主要包括本振激光器、光耦合器、光偏振控制以及检测器 PIN 等。光偏振控制技术是相干光检测系统的特有技术。当接收机本振光的偏振与信号光的偏振态一致时，才能获得良好的混频效果。如前所述，信号光经过长距离的光纤传输，其偏振态带有随机性，利用偏振控制器可以消除所谓的偏振噪声。偏振控制器的机理是利用 $\lambda/2$、$\lambda/4$ 光学波片或其他材料的电光、磁光效应或光弹性效应等物理机制，对本振光进行偏振控制。对于本振激光器，在零差接收系统中，由于要求接收本振光和信号光的频率匹配，因此要求其频率稳定性很高才行。另外在零差系统中，系统对相位的敏感度较高，因此要维持 $\varphi_S - \varphi_L$ 不变并不简单，通常需要技术相当复杂的光锁相环来实现。在外差接收系统中，虽然接收灵敏度要低一些，但它可以克服如上所述零差系统的一些难点，只是两个光源的 φ_S 和 φ_L 的波动需通过使用窄带线宽半导体激光器来控制。

对于采用零差或外差方式接收的各种调制样式的信号，其解调技术都有同步和异步解调两种方式，这些零差或外差的同步和异步信号解调方式与无线电技术中同步和异步解调的原理和实现基本一样。对于零差系统，其同步解调又有两种方式，一种是平衡式锁相环(PLL)，另一种是柯斯塔斯环。

具有平衡 PLL 的接收机称为平衡式零差接收机，如图 6.18(a)所示。图 6.18(a)中，接收光信号与本振光通过 $180°$ 移相的定向耦合器后馈入平衡式锁相环中，两个检测器(PD)输出的误差信号经环路滤波器后控制本振频率。为进行相位同步跟踪，光信号的载波不能完全扼制，需保留一定强度的载波作导频，以便本振光可跟踪并与其锁定相位。例如，对 PSK 调制信号，利用 $\pm85\%$ 的不完全差相耦合，就可保留 10% 的信号功率，以获得所需的导频载波分量。影响平衡 PLL 接收机性能的因素有：接收机光信号与本振光的相位误差引起的相位噪声、光检测器的散粒噪声、信号处理支路与锁相支路之间的相互串扰及导频载波提取造成的影响。

具有柯斯塔斯环(Costas)的接收机称为 Costas 环零差接收机，如图 6.18(b)所示。在图 6.18(b)中，输入数字信号与本振光通过 $90°$ 相移的定向耦合器，分别由两个光检测器检出，当支路 I 中的信号与本振光同相时，支路 Q 中有 $90°$ 相差。两支路检波电流经低通滤波器(LPF)后相乘，得到反映本振光与信号光载波间相位差的控制信号，经环路滤波器后控制本振频率。与平衡 PLL 接收机相比，柯斯塔斯环零差接收机不存在信号处理支路与锁相支路间的串扰，对光源的线宽要求也较低。

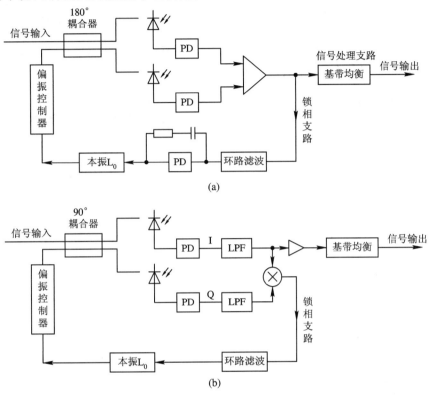

图 6.18 锁相环零差同步接收机框图

（a）平衡式锁相环零差接收机框图；（b）柯斯塔斯环零差接收机框图

零差系统的异步解调主要是利用相位分集接收的原理来实现的，典型的二相相位分集接收机框图如图 6.19 所示。

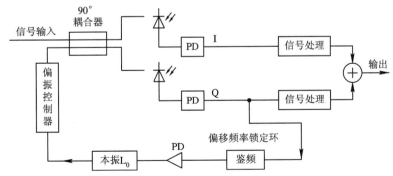

图 6.19 二相相位分集接收机框图

二相接收机中的两个支路接收信号相位差为 $90°$，I 支路为同相信道，Q 支路为正交信道，很像柯斯塔斯环，但没有 OPLL，每个支路中的信号处理可用于恢复 ASK、FSK 或 DPSK 调制信号。在某一相位下，当一个支路中的信号接近零时，另一支路则有信号，而总输出就是调制信号。由于信号光与本振光都要分成两部分，在散粒噪声限制下，对两相接收的灵敏度将比 OPLL 接收机的低 3 dB。所以相位分集接收机的灵敏度只能达到外差接收机的水平，但具有基带解调的优点。

在外差接收机中，同步解调的重点主要是中频载波恢复。图 6.20 所示为外差同步接收机框图，其中，频载波的恢复主要用电锁相环路来实现，主要有平方环和柯斯塔斯环。

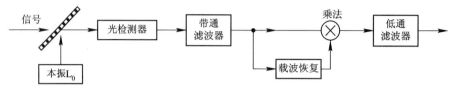

图 6.20　外差同步接收机框图

外差异步解调接收机框图如图 6.21 所示。该接收机不要求恢复中频载波，它用一只后接低通滤波的包络检波器将滤波信号转换到基带，其原理与无线电系统中的包络检波器一样，结构设计简单。这种异步解调对光发送机和本振光源线宽要求不很严格，因此在相干检测系统中，外差异步接收机是一种实用的方案。

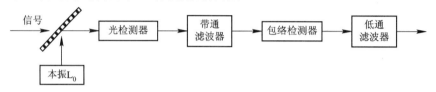

图 6.21　外差异步解调接收机框图

基于这些特点，在 20 世纪 80 年代人们就对相干光检测系统进行了深入的研究。至 1990 年，许多成功的试验已确立了这种通信方案的可行性。进入 20 世纪 90 年代，随着 EDFA 的问世，有人把 EDFA 和相干光检测通信结合起来进行试验，一方面可得到很高的灵敏度，另一方面又可得到很多的频道，这使相干光检测通信向多通道方向发展。

当前世界上相干光检测通信的实验系统甚多，并已经显示出优异的性能，但由于目前有些技术和工艺如本振 LD、光学系统和部件以及安装工艺等尚不成熟，因此难以满足商用的要求。但是我们可以相信，待这些技术成熟后，相干光检测通信的实用前景是非常广阔的。

习 题 六

1. 光接收机中有哪些噪声？

2. RZ 码和 NRZ 码有什么特点？

3. 通信中常用的线路码型有哪些？

4. 光源的外调制都有哪些类型？内调制和外调制各有什么优缺点？

5. 假定接收机工作于 1550 nm，带宽为 3 GHz，前置放大器噪声因子为 4 dB，接收机负载 $R_L=100\ \Omega$，温度 $T=300\ K$，量子效率 $\eta=1$，$R=1.55/1.24=1.25\ A/W$，$G_m=1$，试计算接收机的灵敏度。

6. 在考虑热噪声和散粒噪声的情况下，设 APD 的 $F_A(G_m)=G_m^x$，$x\in(0,1)$，推导

APD 的 G_m 的最佳值 G^{opt}，此时 APD 接收机的 SNR 最大。

7. 证明：对于 OOK 直接光检测接收机，其误码率公式为

$$\text{BER} = Q\left(\frac{I_1 - I_0}{\sigma_0 + \sigma_1}\right)$$

8. 对于 PIN 直接光检测接收机，假设热噪声是主要噪声源，且方差由式(6.31)给出，对于误码率为 10^{-12}，速率为 100 Mb/s 和 1 Gb/s，以每 1 比特的光子数表示的接收灵敏度是多少？设工作波长为 1550 nm，响应度为 1.25 A/W。

9. 推导式(6.32)。

第 6 章习题答案

第7章 光纤通信系统及设计

光纤通信主要用于数字通信系统,但在某些应用领域更适用于模拟通信系统,比如视频信号的短距离传输,微波复用信号传输和雷达信号处理等。这主要是因为建立全数字的传输并非一件容易的事:一方面现有的模拟系统还在继续使用,并在国民经济中发挥着重要作用;另一方面数字传输受到经济和技术等因素的制约。例如,如果将有线电视(CATV)信号都进行编/解码并用数字方式进行传输,那么高速数/模、模/数转换的昂贵价格将使人们难以接受,此时采用模拟传输更加现实。

第7章课件

本章在对数字和模拟光纤通信系统的基本概念及组成进行介绍的基础上,重点分析了IM-DD 数字光纤通信系统的两种设计方法——功率预算法和上升时间预算法以及WDM+EDFA 数字光纤链路的设计。

7.1 模拟光纤传输系统概述

对于一个模拟光纤通信系统,我们考虑的主要参数是信噪比(或载噪比)、带宽和传输系统中的非线性失真。

7.1.1 系统构成

一个模拟链路的基本单元如图 7.1 所示,它包括光发送机、光纤传输信道和光接收机。

图 7.1 模拟链路的基本单元

光发送机可以是 LED 或 LD。采用 LED 设备简单,价格便宜。而用 LD 作光源,比用LED 有较大的入纤功率,可以延长传输距离,但引起系统非线性失真的因素较多。

系统中所使用的光纤应在所传输的通带范围内具有平坦的幅度响应和群时延响应,以减小信号的失真。由于模式色散所造成的带宽限制是难以均衡的,所以最好采用单模光纤。另外还要求光纤的损耗要小,因为系统载噪比是接收光功率的函数。

在光接收机中,可以使用 PIN 或 APD 光电二极管,主要的问题是对量子噪声或散粒噪声、热噪声、APD 的倍增噪声和电路噪声等的分析。

7.1.2 模拟调制技术

对光纤通信系统来说,数字通信系统所采用的数字调制方式具有较强的数字处理能力和抗干扰能力,无噪声积累且适宜长距离干线传输。但这种方式设备复杂,价格昂贵。而模拟设备比较简单便宜,调制方式多样,使用灵活,因此在图像和话音信号的传输中获得了较多的应用。

对于图像信号的传输,一般采用基带电视信号直接调制光脉冲强度,称为基带直接强度调制;另一种调制方式是先用脉冲幅度调制(PAM)、脉冲频率调制(PFM)、脉冲宽度调制(PWM)、脉冲间隔(位置)调制(PPM)等方式把基带信号调制到一个电的副载波上,再用这个副载波去强度调制(IM)光脉冲。几种不同的脉冲调制波形见图7.2。

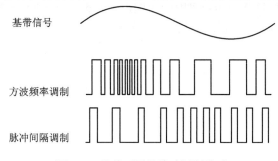

实验六　视频图像光纤传输系统

图 7.2　几种不同的脉冲调制波形

7.1.3　主要的噪声和信噪比

衡量模拟通信系统性能的重要参量是信噪比,即均方信号电流和均方噪声电流之比:

$$\frac{S}{N} = \frac{\langle i_S^2 \rangle}{\langle i_N^2 \rangle} \tag{7.1}$$

对于模拟接收机,影响信噪比的因素主要有接收机的噪声、非线性失真、光路反射等。其中,接收机的噪声包括光检测器的噪声、接收机电路的热噪声、激光器的相对强度噪声等。非线性失真主要由激光器的非线性和光纤色散引起。

由前面的分析可知,检测器光电二极管的噪声为

$$\langle i_N^2 \rangle = 2e(I_P + I_D)G_M^{2+x}B_{eq} \tag{7.2}$$

其中,$I_P = R\overline{P}$ 为初始光电流,R 为响应度,$\overline{P}$ 为平均接收光功率;I_D 为检测器的体暗电流;对于 APD 检测器,G_M 为它的倍增增益,而对于 PIN 检测器,$G_M = 1$;B_{eq} 为接收机的等效噪声带宽。

检测器前置放大器的噪声为

$$\langle i_T^2 \rangle = \sigma_T^2 = \frac{4k_B T}{R_{eq}} B_{eq} F_t \tag{7.3}$$

其中,k_B 为玻尔兹曼常数;T 为绝对温度;R_{eq} 为检测器负载和前置放大器的等效电阻;F_t 为前置放大器的噪声系数,通常为 2~3 dB。

7.2　典型的模拟光纤通信系统

7.2.1　基带光纤传输

基带光纤传输多采用直接强度调制和直接检测,其光源的模拟调制响应如图7.3所示。

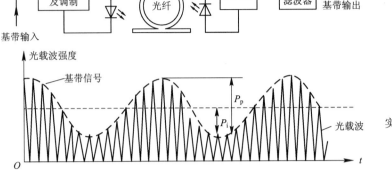

实验七　模拟信号与模拟话音光纤传输系统

图 7.3　基带光纤传输中光源的模拟调制响应

设基带信号 $a(t)$ 为正弦信号,调制作用于光源的线性区,则输出光功率 $P(t)$ 的包络和输入的驱动电流有相同的波形。调制指数 m 定义为输出光功率的峰-峰值 P_p 和平均发送光功率 P_i 的比值:

$$m = \frac{P_p}{P_i} \tag{7.4}$$

假设信号角频率为 ω_m,则发送信号的光功率为

$$P_T(t) = P_i(1 + m\cos\omega_m t) \tag{7.5}$$

检测信号光电流为

$$i(t) = GI_P(1 + m\cos\omega_m t) \tag{7.6}$$

对于一个正弦接收信号,接收机输出端的均方信号电流为

$$\langle i_S^2 \rangle = 0.5(mRG\overline{P})^2 \tag{7.7}$$

信噪比为

$$\frac{S}{N} = \frac{0.5(mRG\overline{P})^2}{2e(I_P + I_D)G_M^{2+x}B_{eq} + 4k_B T B_{eq} F_n/R_{eq}} \tag{7.8}$$

在电视信号传输中,常采用图像信号功率的峰-峰值和噪声信号的均方值来表示其信噪比,则式(7.8)可写为

$$\frac{S_{p-p}}{N_{rms}} = \frac{2(mI_P G)^2}{2e(I_P + I_D)G_M^{2+x}B_{eq} + 4k_B T B_{eq} F_n/R_{eq}} \tag{7.9}$$

基带信号直接调制方式的优点是简单,但接收灵敏度较低,并且光源的非线性对传输质量的影响较大,一般需要补偿。

7.2.2　多信道光纤传输

前面所述的基带直接强度调制仅是单信道传输的情况,对于光纤巨大的带宽资源,可以使用多路信号的复用技术。首先可以把基带信号用 AM、FM、PM 等调制方式调制到频率为 f_1, f_2, ⋯, f_N 的 N 个载波(称为副载波)上,然后再把这 N 个信号频分复用(FDM),调制一个光源,如图 7.4 所示。

在副载波强度调制系统中,信息加在载波上,所以可以用载噪比(C/N)来衡量传输质量的好坏。载噪比定义为载波功率和噪声功率之比。其中,噪声功率包括光源的噪声功率、检测器的噪声功率、系统的噪声功率等。

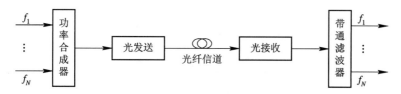

图 7.4　N 个信道的频分复用

与基带直接调制相似，对于调制指数为 m 的正弦接收信号，接收机的载波功率为

$$C = 0.5(mRG\overline{P})^2 \tag{7.10}$$

光检测器及前置放大器噪声在 7.1.3 小节有介绍。

光源噪声是指激光器的相对强度噪声 RIN(dB/Hz)，即由光源输出光的幅度或强度的起伏所产生的光强度噪声，定义为 LD 输出的均方功率波动 $\langle (\Delta P)^2 \rangle$ 与平均光功率平方 $\overline{P}^2$ 之比，即

$$\text{RIN} = \frac{\langle (\Delta P)^2 \rangle}{\overline{P}^2} \tag{7.11}$$

则均方噪声电流可以表示为

$$\langle i_{\text{RIN}}^2 \rangle = \sigma_{\text{RIN}}^2 = \text{RIN}(R\overline{P})^2 B_{\text{eq}} \tag{7.12}$$

由以上载波功率和各项噪声功率可得载噪比为

$$\frac{C}{N} = \frac{0.5(mRG\overline{P})^2}{\text{RIN}(R\overline{P})^2 B_{\text{eq}} + 2e(I_{\text{P}} + I_{\text{D}})G_{\text{M}}^{2+x}B_{\text{eq}} + 4kTF_{\text{t}}B_{\text{eq}}/R_{\text{eq}}} \tag{7.13}$$

当接收光功率较低时，系统的噪声主要是检测器前置放大器的噪声，此时的载噪比极限为

$$\frac{C}{N} = \frac{0.5(mRG\overline{P})^2}{4kTF_{\text{t}}B_{\text{eq}}/R_{\text{eq}}} \tag{7.14}$$

此时的载噪比与接收光功率的平方成正比，所以 $\overline{P}$ 每变化 1 dB，C/N 的值将变化 2 dB。

对于设计良好的光电二极管，体暗电流噪声和表面暗电流噪声很小，对于中等光接收功率，此时系统的噪声主要是光检测器的量子噪声，此时的载噪比为

$$\frac{C}{N} = \frac{m^2 R\overline{P}}{4eG_{\text{M}}^x B_{\text{eq}}} \tag{7.15}$$

此时，$\overline{P}$ 每变化 1 dB，C/N 也将变化 1 dB。

当激光器的 RIN 很高时，RIN 成为系统的主要噪声，此时的载噪比为

$$\frac{C}{N} = \frac{(mG)^2}{2(\text{RIN})B_{\text{eq}}} \tag{7.16}$$

此时的载噪比与 $\overline{P}$ 无关，只有提高调制指数 m，才能提高系统性能。

图 7.5 给出了一个具体的计算例子，其中的参数为：

LD：$m=0.25$，RIN$=-143$ dB/Hz，$P_{\text{S}}=0$ dBm；

PIN：$R=0.6$ A/W，$B=10$ MHz，$I_{\text{D}}=10$ nA，$R_{\text{eq}}=750$ Ω，$F_{\text{t}}=3$ dB。

由图中可以看到，在接收光功率很高时，光源的噪声是主要噪声；而当接收光功率为中等大小时，主要噪声是量子噪声，且呈线性变化；当接收光功率很低时，热噪声是主要的噪声。

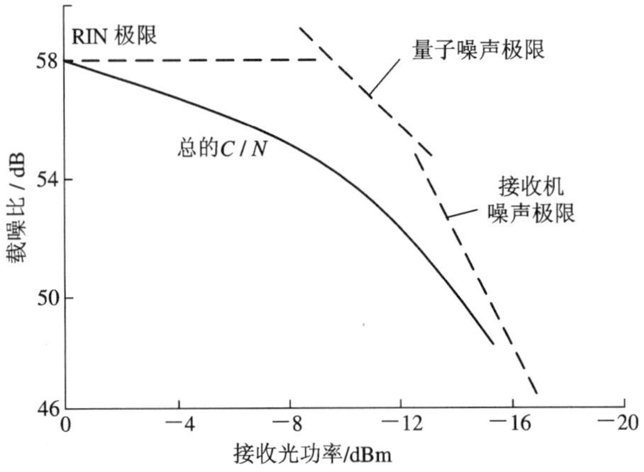

图 7.5　接收光功率与载噪比特性

多信道传输的实现技术包括残留边带调幅(VSB‐AM)、调频(FM)等。其中，AM 方式是最简单经济的方法，并且和有线电视 CATV 用户相兼容，但是 AM 信号易受到噪声和非线性失真的影响。虽然 FM 信号需要占用较大的带宽，但 FM 方式可以提供较高的信噪比，并且几乎不受光源的非线性影响。

对于我国 PAL‐D 制式的 VSB 信号，信噪比与载噪比之间有如下的关系表达式：

$$\frac{S}{N} = \frac{C}{N} - 6.4 \text{ dB} \tag{7.17}$$

即信噪比和载噪比只相差一个常数，所以信噪比的提高依赖于载噪比的提高。在 CATV 干线传输中，所要求的加权信噪比为 46～50 dB。

AM 方式对非线性失真比较敏感。当有多个频率通过激光器这样的非线性器件时，会产生新的频率分量，这些不希望得到的新的频率分量称为交调产物，它们会引起严重的信号干扰，其中由于高阶项所产生的影响非常小，所以一般只考虑二阶和三阶产物。频率为 $f_i \pm f_j$ 的拍频分量为二阶交调产物，频率为 $f_i + f_j - f_k$ 的分量为三阶差拍交调产物，频率为 $2f_i - f_j$ 的分量为双频三阶交调产物。

通常使用合成二阶(CSO)和合成三重差拍(CTB)来描述 AM 对 CATV 线路的非线性失真影响。它们的定义分别为

$$\text{CSO} = \frac{\text{峰值载波功率}}{\text{合成二阶交调差拍的峰值功率}}$$

$$\text{CTB} = \frac{\text{峰值载波功率}}{\text{合成三阶交调差拍的峰值功率}}$$

在 CATV 线路中，CSO 的影响在通带边缘最为明显，而 CTB 的影响在通带中间最为明显。

对于有 N 个信道的 FDM 调制系统，假设每个信道取相同的调制指数 m_c，则光调制指数 m 为

$$m = m_c N^{0.5}$$

当 m 取值小于 0.24 时，CSO 和 CTB 可大于 60 dB。当 N 较大时，m_c 仅为 0.04～0.05。而 AM 系统要求的载噪比很高($>$40 dB)，所以对系统各方面要求较高，功率富余度相当小。

　　AM 方式的每个信道的载噪比至少为 40 dB 的要求对激光器和接收机的线性度提出了极为苛刻的要求，而 FM 方式可以通过使用较高的带宽来获得信噪比的改善。FM 所需带宽为 30 MHz，而 AM 所需带宽为 4 MHz(我国 PAL 制式为 6 MHz)。

　　在 FM 输出端的信噪比的值比检测器输入端的载噪比要大得多，其信噪比的改善可以表示为

$$\left(\frac{S}{N}\right)_{\text{OUT}} = \left(\frac{C}{N}\right)_m + 10\ \lg\left[\frac{3}{2}\ \frac{B}{f_{\text{v}}}\left(\frac{\Delta f_{\text{pp}}}{f_{\text{v}}}\right)^2\right] + w \tag{7.18}$$

其中，B 为所需带宽；Δf_{pp} 为调制器的峰—峰频偏；f_{v} 为最高视频信号频率；w 为加权系数，用于考虑视频带宽中眼图对白噪声的非均匀响应。对于 $f_{\text{v}} = 4$ MHz 的视频信号，w 为 14.3 dB。如果要求的信噪比为 56 dB，此时只需 20 dB 的载噪比，可见 FM 方式对载噪比的要求降低了很多，从而对光源的非线性以及接收机的噪声要求也大大降低。

　　图 7.6 是 AM 和 FM 视频信号的 RIN 值与每信道光调制指数之间的关系曲线。

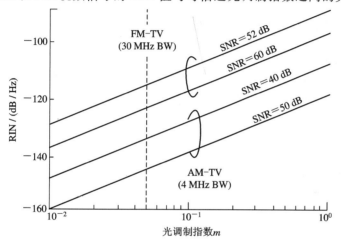

图 7.6　AM 和 FM 视频信号的 RIN 值与每信道光调制指数 m 之间的关系曲线

　　从图中可以看到，当 m 为 0.05 时，要达到演播级的接收质量，需要 $S/N \geqslant 56$ dB。对于 FM 方式，RIN 要小于 -120 dB/Hz，显然我们很容易找到 RIN 标称值为 -130 dB/Hz 的典型封装的半导体激光器；而对于 AM 方式，要求 $C/N \geqslant 40$ dB，则激光器的 RIN 值要低于 -140 dB，显然这个要求是很高的。

　　图 7.7 显示的是 AM 和 FM 视频信号分配系统中功率富余度和光调制指数(OMI)之间的关系曲线。其中：耦合到单模光纤中的光功率是 0 dBm，RIN $= -140$ dB/Hz；PIN 光电二极管有一个 50 Ω 的前端，放大器噪声系数 F_{t} 为 2 dB；每个信道的 AM 带宽为 4 MHz，FM 带宽为 30 MHz。假定每个信道的光调制指数为 0.05，对于一个信噪比为 40 dB 的 AM 系统，功率预算为 10 dB，而对于 FM 系统，S/N 为 52 dB 时，功率富余度达 20 dB。

　　我们知道，调频信号的解调噪声谱呈抛物线形状，即随着基带频率的增高，解调噪声也越来越大。为了均衡整个信号带宽内的解调噪声，提高传输质量，需要在调制器之前对视频信号加入预加重处理(当然在接收端解调之后要进行去加重处理)。另外，用户接收 FM 信号时，需要附加 FM - AM 转换器，以便与用户接口设备兼容。

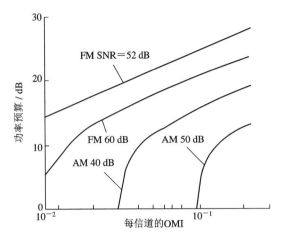

图 7.7　AM 和 FM 系统中功率预算和光调制指数(OMI)的关系曲线

7.2.3　微波副载波(SCM)光纤传输

微波副载波指的是在同一系统中复用的多路模拟信号和数字信号,它们可以借助现有的微波技术实现多路光纤通信。图 7.8 所示是 SCM 系统的构成原理。

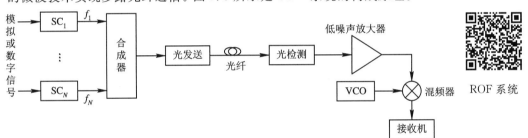

图 7.8　SCM 系统的构成原理

在输入端的 N 个信道中,既可以承载语音、数据、视频、数字音频,也可以承载任何其他形式的模拟和数字信号。由压控振荡器(VCO)产生 N 个不同的载波频率:SC_1,SC_2,…,SC_N,频率范围是 $2\sim 8$ GHz,将这些独立的模拟或数字信号调制到这 N 个副载波上,然后形成一个频分复用信号,驱动半导体光源。副载波调制方式既可以是频率调制(FM)或幅度调制(AM),也可以是数字调制(FSK 和 PSK)。

在接收端,采用宽带的 PIN 光电检测器检测出光信号,并将其转化为微波信号,使用压控振荡器调谐恢复出各路信号。对于长途干线,也可以采用增益带宽积为 $50\sim 80$ GHz 的 InGaAs APD。为了放大微波信号,可以使用商用的宽带低噪声放大器,也可以直接使用 PIN-FET 接收机。

7.2.4　射频光纤传输(ROF)

射频信号光纤传输(Radio Over Fiber,ROF)技术,或称光载无线通信技术,是应高速大容量无线通信需求,新兴发展起来的将光纤通信和无线通信结合起来的传输技术。简单讲,ROF 就是把射频电信号直接强度调制为光信号进行传输,其原理框图如图 7.9 所示。该系统具有传输距离远、抗干扰、容量大、失真度小等优点,在移动通信、卫星通信、遥感遥测等领域应用广泛。

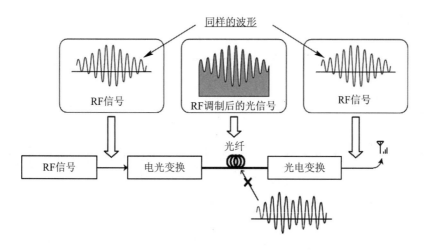

图 7.9　射频光纤传输(ROF)系统框图

图 7.10 给出了一个典型的 ROF 系统的基本结构,主要由中心局(Central Office,
CO)、基站(Base Station,BS)、光纤网络以及用户端四个部分组成。光纤作为基站(BS)与
中心站(CS)之间的传输链路,直接利用光载波来传输射频信号。简单来讲,射频信号直接
调制激光器(LD),光载波携带射频信号在光纤传输。光纤仅起到传输的作用,交换、控制
和信号的再生都集中在中心站,基站仅实现光电转换(O/E),这样就可以把复杂昂贵的设备
集中到中心站点,让多个远端基站共享这些设备,减少基站的功耗和成本。

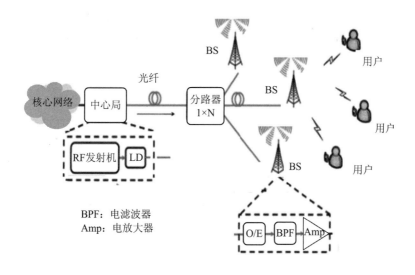

图 7.10　典型的 ROF 系统的基本结构

7.3　PCM 数字光纤通信系统

从 20 世纪 70 年代以来,光纤通信进入实用化阶段,并成为电信传输的主要手段。与
传统的电缆通信相比较,数字光纤通信具有较大的优势,比如传输速率高、传输距离长、
传输质量好、保密性能好等。

7.3.1 系统构成

就目前而言,强度调制-直接检波(IM-DD)光纤通信系统还是最常用的方式。图 7.11 就是一个 IM-DD 系统的基本结构。它包括 PCM 端机、电发送和电接收机、光发送和光接收机、光纤线路、光中继器等。

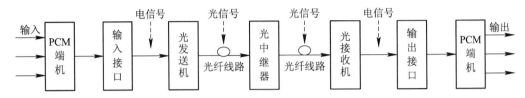

图 7.11 数字光纤通信系统的组成原理图

光中继器

用户输入的电信号是模拟信号,包括语音、图像信号等。这些电信号在 PCM 端机中被转换为数字信号(A/D 转换),完成 PCM 编码,并按时分复用的方式复接。

PCM 编码包括抽样、量化、编码三个步骤,如图 7.12 左半部分所示。具体是指把连续的模拟信号以一定的抽样频率 f 或时间间隔 T 抽出瞬时的幅度值,再把这些幅度值分成有限的等级,四舍五入进行量化。如图中把幅度值分为 8 种,所以每个范围内的幅度值对应一个量化值,这 8 个值可以用 3 位二进制数表示,比如 0 对应 000,1 对应 001,2 对应 010,3 对应 011,4 对应 100,5 对应 101,6 对应 110,7 对应 111。如果把信号电平分为 m 个等级,就可以用 $N=\log_2 m$ 个二进制脉冲来表示。显然这样的量化会带来失真,称为量化失真。量化等级分得越细,失真越小。这样原来的连续模拟信号就变成了离散数字信号 0 和 1。这种信号经过信道传输,在接收端经过解码、滤波后就可以恢复出原来的信号。根据奈奎斯特(Nyquist)抽样定理,只要抽样频率 f 大于传输信号的最高频率 f_s 的两倍,即 $f>2f_s$,在接收端就完全感觉不到信号的失真。

实验八 数字话音 PCM 光纤 传输

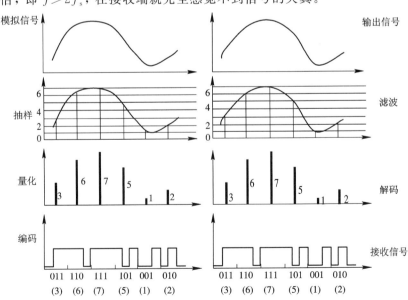

图 7.12 PCM 编码和解码过程

PCM 信号中的一个码元所占用的时间 T 称为码长，单位时间内传输的码元数称为码速率 B，$B=1/T$。语音信号的最高速率为 4 kHz，则抽样频率为 8 kHz，即抽样周期为 125 μs。对于一个 8 位码(8 b/s)，一个 PCM 语音信号的速率为 8×8=64 kb/s。如果采用时分复用的形式，30 个话路为一个基群，则根据准同步数字体系(PDH)，一个基群速率为 2.048 Mb/s。

经过脉冲编码的单极性的二进制码并不适合在线路上传输，因为其中的连"0"和连"1"太多，因此在 PCM 输出之前，还要将它们变成适合线路传输的码型，如 HDB$_3$、CMI 码等。

从 PCM 端机输出的 HDB$_3$ 或 CMI 码仍然不适合光发射端机的要求，所以要通过接口电路把它们变成适合光发送机要求的单极性码(NRZ 码)。输入接口电路还可以保证电、光端机之间的信号幅度、阻抗匹配。单极性码由于具有随信息随机起伏的直流和低频分量，在接收端对判决不利，所以还要进行线路编码以适应光纤线路传输的要求。常用的光纤线路码型有扰码二进制、分组码(mBnB)、插入型码(mB1H/1C)等。经过编码的脉冲按系统设计要求整形、变换以后，以 NRZ 码或 RZ 码去调制光源。

光发送机包括光源的驱动电路、调制电路等。在这里电信号被转换成光信号(E-O 转换)。现在的光通信系统一般采用直接强度调制的方式，即通过改变注入电流的大小直接改变输出光功率的大小的方式来调制光源，另外也可以采用外调制的方式来调制光源。光发送功率是指从光发送机耦合到光纤线路上的光功率，它是光发送机的一个重要参数，其大小决定了容许的光纤线路损耗，从而决定了通信距离。

光接收机包括光检测器、前置放大电路、整形放大电路、定时恢复电路、判决再生电路等。在这里，从光纤线路上检测到的光信号被转换成电信号(O-E 转换)。一般对应于强度调制，采用直接检测方案，即根据电流的振幅大小来判决收到的信号是"1"还是"0"。判决电路的精确度取决于检测器输出电信号的信噪比(S/N)。接收机的一个重要参数是接收灵敏度。其定义为：接收机在满足所要求误码率的情况下所要求的最小接收光功率。

光接收机输出的电信号被送入输出接口电路，该电路的作用与输入接口电路相对应，即进行输入接口电路所进行变换的反变换，并且使光接收机和 PCM 端机之间实现码型、电平和阻抗的匹配。

信号进入输出端的 PCM 端机，把经过编码的信号还原为最初的模拟信号，其恢复过程如图 7.12 右半部分(从下到上)所示。

由于光纤本身具有损耗和色散特性，它会使信号的幅度衰减、波形失真，因此对于长距离的干线传输，每隔 50~70 km 就需要在中间增加光中继器。

传统的光中继采用光—电—光的中继方式，即先将需要进行中继的光信号接收下来，将其转换成电信号，然后对此电信号进行放大、整形、再生，再把再生的电信号调制到光源上，转换成光信号，发送到光纤线路上。从这种方式中可以看到，经过功率放大的再生信号还消除了噪声和波形畸变的积累，从而使得长距离通信成为可能。但是这种方式相当复杂，每一次中继都包括了一次光接收、电放大和光发送，并且中间波形再生时还必须根据预先的调制方式进行解调，这就使得这种设备结构复杂、价格昂贵，并且不适于 WDM 系统。全光中继是未来光中继的主要方式，它直接采用光放大器(比如 EDFA 等)对光纤线路上的光信号进行放大，不需要光—电—光的转换，所以设备结构简单，并且这种方式对光信号的传输是透明的(即对信号形式没有改变)。不过，目前的光中继器还没有整形和再生

的功能，在采用多级放大时，要考虑色散的补偿和自发辐射噪声的累积。

另外，为了使光纤通信系统正常运行，还需要备用系统和辅助系统。

备用系统也是一套完整的通信系统，当主用系统出现故障时，可以人工或自动倒换到备用系统。可以几个主用系统共用一个备用系统，也可以一个主用系统配一个备用系统。

辅助系统主要包括监控管理系统、公务通信系统、自动倒换系统、告警处理系统及电源系统等。

7.3.2 PDH 光纤通信系统

为了提高信道利用率，可以采用多路复用的方式在同一条信道上传输多路信号。复用方式有时分复用、频分复用（波分复用）、码分复用等。目前较常用的方式是时分复用，它是指不同的信号在同一个信道上占用不同的时隙。如图 7.13 所示，1～N 路信号在不同的时隙依次输入，在接收端的不同时隙，信号送入相应支路。为了进行帧同步、误码检测、系统监测等功能，需要在每一帧中附加帧开销(FOH)时隙。

实验九　HDB3 码和 2M 数字光纤通信系统

图 7.13　数字信号的时分复用

PDH(Plesiochronous Digital Hierarchy)是指准同步数字体系。根据国际电报电话咨询委员会(CCITT，现改为国际电联标准化组织 ITU-T)G.702 建议，PDH 的基群速率有两种，即 PCM30/32 路系统和 PCM24 路系统。我国和欧洲各国采用 PCM30/32 路系统，其中每一帧的帧长是 125 μs，共有 32 个时隙(TS0～TS31)，其中 30 个为话路(TS1～TS15 和 TS17～TS31)，时隙 TS0 被用作帧同步信号的传输，而时隙 TS16 用作信令及复帧同步信号的传输。每个时隙包含 8 bit，所以每帧有 $8\times32=256$ bit，码速率为 256 bit$\times(1/125\ \mu$s)$=2.048$ Mb/s。日本和北美国家使用的 PCM24 路系统，基群速率为 1.544 Mb/s。几个基群信号(一次群)又可以复用到二次群，几个二次群又可以复用到三次群……表 7.1 是 PDH 各次群的标准比特率。

表 7.1　PDH 各次群的标准比特率

	我国及欧洲各国	北美国家	日 本
一次群	30 路 2.048 Mb/s	24 路 1.544 Mb/s	24 路 1.544 Mb/s
二次群	30×4=120 路 2.048×4+0.256=8.448 Mb/s	24×4=96 路 1.544×4+0.136=6.312 Mb/s	24×4=96 路 1.544×4+0.136=6.312 Mb/s
三次群	120×4=480 路 8.448×4+0.576=34.368 Mb/s	96×7=672 路 6.312×7+0.552=44.736 Mb/s	96×5=480 路 6.312×5+0.504=32.064 Mb/s
四次群	480×4=1920 路 34.368×4+1.792=139.264 Mb/s	672×2=1344 路 44.736×2+0.528=90 Mb/s	480×3=1440 路 32.064×3+1.536=97.728 Mb/s

PDH 可以很好地适应传统的点对点通信，但这种数字系列主要是为话音设计的，除基群采用同步复接外，高次群均采用异步复接，通过增加额外比特使各支路信号与复接设备同步。虽然各支路的数字信号流标称值相同，但它们的主时钟是彼此独立的。随着信息化社会的到来，这样的结构已远不能适应现代通信网对信号宽带化、多样化的要求。PDH 主要存在以下缺点：

（1）我国和欧洲各国、北美国家、日本各自有不同的 PDH 数字体系，这些体系互不兼容，造成国际互通的困难。

（2）PDH 的高次群是异步复接，每次复接就进行一次码速调整，因而无法直接从高次群中提取支路信息，每次插入/取出一个低次群信号（上下话路）都要逐次群地复用解复用，使得复用结构相当复杂，缺乏灵活性。

（3）没有统一的光接口。PDH 数字体系仅仅规范了电接口的技术标准，各厂家开发的光接口不兼容，光路互通要先转换为电接口，因此限制了联网应用的灵活性，增加了网络的复杂性。

（4）PDH 预留的插入比特较少，使得网络的运行、管理和维护（OAM）较困难，无法适应新一代网络的要求。

（5）PDH 体系建立在点对点传输的基础上，网络结构较为简单，无法提供最佳的路由选择，使得设备利用率较低。

PDH 体系存在的上述种种缺陷导致了一种新的数字体系——同步光网络（Synchronous Optical Network，SONET）的产生。最初提出这个概念的是美国贝尔通信研究所。SONET 于 1986 年成为美国新的数字体系标准。1988 年，CCITT 接受了 SONET 的概念并重新命名为同步数字体系（Synchronous Digital Hierarchy，SDH）。

SDH 后来又经过修改和完善，成为涉及比特率、网络节点接口、复用结构、复用设备、网络管理、线路系统、光接口、信息模型、网络结构等的一系列标准，成为不仅适用于光纤，也适用于微波和卫星传输的通信技术体制。

SDH 的主要特点如下：

（1）SDH 有一套标准的信息等级结构，称为同步传送模块 STM - N，其中第一级为 STM - 1，速率为 155.520 Mb/s。PDH 互不兼容的三套体系可以在 SDH 的 STM - 1 上进行兼容，实现了高速数字传输的世界统一标准。

（2）SDH 的帧结构是矩形块状结构，低速率支路的分布规律性极强，可以利用指针（PTR）指出其位置，一次性地直接从高速信号中取出，而不必逐级分接，这使得上下话路变得极为简单。

（3）SDH 帧结构中拥有丰富的开销比特，使得网络的运行、管理、维护（OAM）能力大大增强。预留的备用字节可以进一步满足智能化网络发展的需要。

（4）SDH 具有统一的网络节点接口，不同厂家的设备，只要应用类别相同，就可以实现光路上的互通。

（5）SDH 采用同步和灵活的复用方式，大大简化了数字交叉连接（DXC）设备和分插复用器（ADM）的实现，增强了网络的自愈功能，并可根据用户的要求进行动态组网，便于网络调度。

（6）SDH 不但实现了 PDH 向 SDH 的过渡，还支持异步转移模式（ATM）和宽带综合业务数字网（ISDN）业务。ATM 的信元可以装入 STM - 1 中，用基于 SDH 的网进行传送。

B-SDN 的 UNI 物理层的速率与 STM-1 和 STM-4 的速率完全一致，因而 SDH 能很好地支持 ISDN。

SDH 虽具有上述种种优点，但也有不足：SDH 的频带利用率比起 PDH 有所下降；SDH 网络采用指针调整技术来完成不同 SDH 网之间的同步，使得设备复杂，同时字节调整所带来的输出抖动也大于 PDH；软件控制并支配了网络中的交叉连接和复用设备，一旦出现软件操作错误或病毒，容易造成网络全面故障。尽管如此，SDH 的良好性能已经得到了公认，成为当今传输网发展的主流。SDH 的更多内容后面还会作进一步的介绍。

7.3.3 误码特性和抖动特性

数字通信系统的主要性能指标是误码特性和抖动特性。

1. 误码特性

所谓误码，是指当发送端发送的是"1"码或"0"码时，在接收端的相应位置收到的却是"0"码或"1"码。在数字信号的传输过程中，如果发生的误码过多，就会造成通信质量的下降。造成误码的原因有噪声、光纤的色散等。误码对通信质量的影响可以用误码特性来衡量。

误码性能参数主要有以下几种：

(1) 长期平均误码率 BER_{av}(Bit Error Rate)：在一段相当长的时间内出现的误码的个数和总的传输码元数的比值，表示为

$$BER_{av} = \frac{误码的个数}{总的传输码元数}$$

对于数字段长度不超过 420 km 的高比特率的光缆通信系统，允许的 $BER_{av} \leq 1 \times 10^{-9}$(连续测试时间不少于 24 小时)。当数字段距离超过 420 km 时，BER_{av} 按长度线性比例确定。

可以看出，长期平均误码率只能反映出测试时间内的平均误码结果，无法反映出误码的随机性和突发性，所以还有下面的指标。

(2) 劣化分(DM)：BER_{av} 劣于 1×10^{-6} 的分钟。

(3) 严重误码秒(SES)：BER_{av} 劣于 1×10^{-3} 的秒。

(4) 误码秒(ES)：有误码的秒。由于现代通信中的数据业务是成块发送的，如果 1 秒中有误码，相应的数据块都要重发。

需要说明的是，DM、SES、ES 要求用平均时间百分数来表述，即 DM、SES、ES 是相对于整个测试时间(几天至一个月)的百分数。具体的误码性能指标如表 7.2 所示。

表 7.2　64 kb/s 误码性能指标

误码性能	定　义	指标要求(百分比)
劣化分(DM)	BER_{av} 劣于 1×10^{-6} 的分钟/总测试时间	<10%
严重误码秒(SES)	BER_{av} 劣于 1×10^{-3} 的秒/总测试时间	<0.2%
误码秒(ES)	有误码的秒/总测试时间	<8%

2. 抖动特性

抖动是指数字传输中数字信号的有效瞬间位置相对于标准位置的偏差，如图 7.14 所示。光纤通信中把 10 Hz 以下的长期相位变化称为漂动，而 10 Hz 以上的称为抖动。

产生抖动的原因可以是随机噪声(如图 7.14(b)所示)，时钟恢复电路的振荡器的元件

老化、调谐不准，接收机码间干扰、电缆老化等。

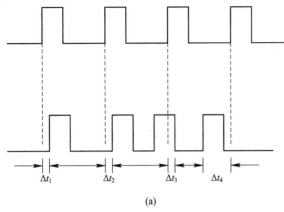
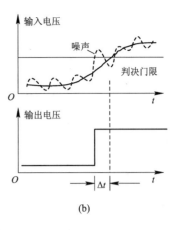

(a)　　　　　　　　　　　　　　(b)

图 7.14　产生抖动的示意图

抖动原则上可以用时间、相位、数字周期来描述，现在多用数字周期来描述，即令一个码元的时隙长度为一个单位时间间隔，用符号 UI(Unit Interval)表示，它在数值上等于传输速率的倒数。所以不同的传输速率，1UI 的时间不同，如表 7.3 所示。

表 7.3　不同码速率的 1UI 时间

码速率/(Mb/s)	2.048	8.448	34.368	139.264	STM-1	STM-4	STM-16
1UI 的时间/ns	488.3	118.4	29.10	7.18	6.43	1.61	0.40

抖动难以完全消除，为了保证系统正常工作，根据 ITU-T 的建议和我国国标的规定，抖动特性包括三项性能指标：输入抖动容限、输出抖动容限和抖动转移特性。

抖动容限一般用峰—峰抖动 J_{p-p} 来描述，它是指某个特定的抖动比特的时间位置相对于该比特无抖动时的时间位置的最大偏离。

1) 输入抖动容限

系统的输入接口容许输入信号最大抖动的范围为输入抖动容限。它衡量的是数字设备接口适应数字信号抖动的能力。根据 ITU-T 的建议和我国国标的规定，PDH 各次群输入接口的输入抖动容限如图 7.15(a) 和表 7.4 所示。SDH 系统光接口的输入抖动容限如图 7.15(b) 和表 7.5 所示(按不同等级接口给出)。

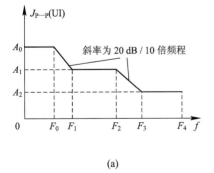
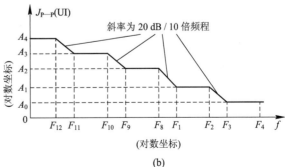

(a)　　　　　　　　　　　　　　(b)

图 7.15　输入抖动容限
(a) PDH；(b) SDH

表 7.4　PDH 各次群输入接口抖动容限

码速 /(Mb/s)	J_{p-p}/UI			频　率					伪随机测试序列
	A_0	A_1	A_2	F_0/Hz	F_1/Hz	F_2/kHz	F_3/kHz	F_4/kHz	
2.048	36.9	1.5	0.2	1.5×10^{-5}	20	2.4	18	100	$2^{15}-1$
8.448	152	1.5	0.2	1.2×10^{-5}	20	0.4	3	400	$2^{15}-1$
34.368	—	1.5	0.15	—	100	1	10	800	$2^{23}-1$
139.264	—	1.5	0.075	—	200	5	10	3500	$2^{23}-1$

表 7.5　STM - N 光接口输入抖动容限和漂移容限

STM 等级		STM - 1 电	STM - 1 光	STM - 4	STM - 16
J_{p-p}/UI	A_0	2800	2800	11 200	44 790
	A_1	311	311	1244	4977
	A_2	39	39	156	622
	A_3	1.5	1.5	1.5	1.5
	A_4	0.075	0.15	0.15	0.15
频率/Hz	F_0	0.012	0.012	0.012	0.012
	F_{12}	0.178	0.178	0.178	0.178
	F_{11}	0.0016	0.0016	0.0016	0.0016
	F_{10}	0.0156	0.0156	0.0156	0.0156
	F_9	0.125	0.125	0.125	0.125
	F_8	19.3	19.3	9.65	12.1
	F_1	500	500	1000	5000
	F_2	3250	6500	2.5×10^4	1×10^5
	F_3	6500	6500	2.5×10^5	1×10^6
	F_4	1.3×10^6	1.3×10^6	5×10^6	2×10^7

2) 输出抖动容限

当输入端口无抖动时输出端口的抖动特性称为输出抖动。它衡量的是系统输出端口的信号抖动。根据 ITU - T 的建议和我国国标的规定，在全程和数字段上用带通滤波器对 PDH 各次群的输出口进行测试，输出抖动不应超过表 7.6 所给的容限值，SDH 各 STM - N 接口的固有抖动不应超过表 7.7 所给出的容限值。

表 7.6　PDH 输出抖动要求

速率 /(Mb/s)	输出口最大抖动容限/UI		测量滤波器带宽，低频截止频率为 F_1 和 F_2，高频截止频率为 F_4		
	A_1（全程/数字段）	A_2（全程/数字段）	F_1/Hz	F_2/kHz	F_4/kHz
2.048	1.5/0.75	0.2/0.2	20	1.8	100
8.448	1.5/0.75	0.2/0.2	20	3	400
34.368	1.5/0.75	0.15/0.15	100	10	800
139.264	1.5/0.75	0.075/0.075	200	10	3500

表 7.7　SDH 各 STM‑N 接口抖动要求

接　口	测量滤波器	峰—峰幅度/UI
STM‑1	500 Hz～1.3 MHz	0.50
	65 kHz～1.3 MHz	0.10
STM‑4	1 kHz～5 MHz	0.50
	250 kHz～5 MHz	0.10
STM‑16	5 kHz～20 MHz	0.50
	1～20 MHz	0.10

3）抖动转移特性

抖动转移是指系统输出信号的抖动与具有对应频率的输入信号的抖动之比。它衡量的是光端机自身对抖动特性的传递关系。对于数字段，抖动转移增益最大不应超过 1 dB。

7.4　IM‑DD 数字光纤通信系统设计

在前面的各个章节中，分别讨论了光纤、光发送、光接收和光器件等内容，并给出了数字光纤通信系统的结构。这节将讨论这样的系统是如何设计的。

7.4.1　总体设计考虑

由前述内容可知，数字光纤通信系统一般采用强度调制、直接检波的方式，即 IM‑DD 方式。任何复杂的通信系统，其基本单元都是点到点的传输链路。它包括三大部分，即光发送机、光接收机和光纤线路。每一部分都涉及许多的光电器件，所以对链路的设计是一个复杂的工作，而每个元器件的选择都要经过若干次的反复。这里仅对原则性的问题作一下介绍。

光纤通信系统的基本要求有以下几点：

（1）预期的传输距离。

（2）信道带宽或码速率。

（3）系统性能(如误码率、信噪比)。

为了达到这些要求，需要对以下一些要素进行考虑：

光纤：需要考虑选用单模还是多模光纤，需要考虑的设计参数有纤芯尺寸、纤芯折射率分布、光纤的带宽或色散特性、衰耗特性。

光源：可以使用 LED 或 LD，光源器件的参数有发射功率、发射波长、发射频谱宽度等。

检测器：可以使用 PIN 组件或 APD 组件，主要的器件参数有工作波长、响应度、接收灵敏度、响应时间等。

1. 假想参考数字链路

设计一个光纤传输链路，要满足 CCITT 有关文献和我国国标的规定，就要假想一个传输模型。一个很长距离的传输系统一般包含若干个数字段，对这个系统的设计就包含这样一些内容：根据通信系统性能指标的要求，确定这个数字链路中由几个数字段组成，每个数字段的长度；每个站应配备的设备；总的系统要求的技术指标，如何在各数字段之间分配。设计的系统要选择合适的路由，中继站应考虑上下话路的需要和信号放大再生的功能。

2. 采用的传输制式

以前的数字传输链路使用的是 PDH 体制，现在 SDH 技术已经成熟并已在线路上大量使用，鉴于 SDH 设备良好的性能和兼容性，长途干线传输或大城市的市话系统都应该采用 SDH。但为了节省成本，农村线路也可以适当采用 PDH。

3. 工作波长的确定

工作波长可根据通信距离和通信容量进行选择。如果是短距离小容量的系统，则可以选择短波长范围，即 800~900 nm。如果是长距离大容量的系统，则选用长波长的传输窗口，即 1310 nm 和 1550 nm，因为这两个波长区具有较低的损耗和色散。另外，还要注意所选用的波长区具有可供选择的相应器件。

4. 光纤的选择

光纤有多模光纤和单模光纤，每种都有阶跃的和渐变折射率的纤芯分布。对于短距离传输和短波长应用，可以用多模光纤。长波长传输一般使用单模光纤。目前可选择的单模光纤有 G.652、G.653、G.654、G.655 等。G.652 对于 1310 nm 波段是最佳选择；G.653只适合于 1550 nm 波段；对于 WDM 系统，G.655 和大有效面积光纤是最适合的。另外，光纤的选择也与光源有关，LED 与单模光纤的耦合率很低，所以 LED 一般用多模光纤，但近年来 1310 nm 的边发光二极管与单模光纤的耦合取得了进展。另外，对于传输距离为数百米的系统，可以用塑料光纤配以 LED。

5. 光检测器的选择

选择检测器需要看系统在满足特定误码率的情况下所需的最小接收光功率，即接收机的灵敏度，此外还要考虑检测器的可靠性、成本和复杂程度。PIN 比起 APD 来结构简单，温度特性更加稳定，成本低廉。正常情况下，PIN 的偏置电压低于 5 V，但是若要检测极其微弱的信号，还需要灵敏度较高的 APD 或 PIN-FET 等。

6. 光源的选择

选择 LED 还是 LD,需要考虑一些系统参数,比如色散、码速率、传输距离和成本等。LED 输出频谱的谱宽比起 LD 来宽得多,这样引起的色散较大,使得 LED 的传输容量(码速距离积)较低,限制在 2500(Mb/s)·km 以下(1310 nm);而 LD 的谱线较窄,传输容量可达 500(Gb/s)·km(1550 nm)。典型情况下,LD 耦合进光纤中的光功率比 LED 高出 10~15 dB,因此会有更大的无中继传输距离。但是 LD 的价格比较昂贵,发送电路复杂,并且需要自动功率和温度控制电路。而 LED 价格便宜,线性好,对温度不敏感,线路简单。设计电路时需要综合考虑这些因素。

7.4.2　设计方法

光纤通信系统的设计既可以使用最坏值设计也可以进行统计设计。使用最坏值设计时,所有考虑在内的参数都以最坏的情况考虑。用这种方法设计出来的指标肯定满足系统要求,系统的可靠性较高,但由于在实际应用中所有参数同时取最坏值的概率非常小,所以这种方法的富余度较大,总成本偏高。统计设计方法是按各参数的统计分布特性取值的,即通过事先确定一个系统的可靠性代价来换取较长的中继距离。这种方法考虑各参数统计分布时较复杂,系统可靠性不如最坏值法,但成本相对较低,中继距离可以有所延长。另外也可以综合考虑这两种方法,部分参数值按最坏值处理,部分参数取统计值,从而得到相对稳定、成本适中、计算简单的系统。

一个光纤链路,如果损耗是限制光中继距离的主要因素,则这个系统就是损耗受限的系统;如果光信号的色散展宽最终成为限制系统中继距离的主要因素,则这个系统就是色散受限的系统。

1. 损耗受限系统的设计方法——功率预算法

一个点到点链路的光功率损耗模型如图 7.16 所示。

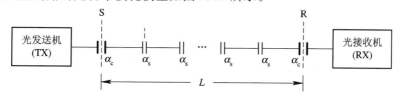

α_s: 光纤活动接头损耗
α_c: 光纤固定接头损耗

图 7.16　点到点链路的光功率损耗模型

L 为从 S 点到 R 点的中继距离。一般在光发送机之后和光接收机之前各有一个固定接头,固定接头损耗为 α_c。每段光纤之间会由活动连接器或固定连接器连接,每个连接器的损耗为 α_s。假设每段光纤的长度为 L_F,每段光纤的损耗为 α_F,则会有 $N=(L/L_F)-1$ 个活动连接器。有时候也可以把连接器损耗 α_s 等效分布到光纤损耗 α_F 里。P_S 为 S 点发射机的出纤功率,P_R 为 R 点进入接收机的功率。考虑到设备的老化、温度的波动等因素,应该留有系统功率富余度 M。由此有下式:

$$P_S - P_R = 2\alpha_c + N\alpha_s + \alpha_F L + M \tag{7.19}$$

则传输距离为

$$L = \frac{P_S - P_R - 2\alpha_c + \alpha_s - M}{\alpha_F + \alpha_s / L_F} \tag{7.20}$$

例如，一个速率为 20 Mb/s，误码率为 10^{-9} 的数字传输链路，可以选择接收机工作在 850 nm 的 Si PIN 光电二极管，接收机的灵敏度为 -42 dBm。如果选择 GaAlAs LED，使其能够把 50 μW(-13 dBm)的平均光功率耦合进多模光纤，则允许的光功率损耗为 29 dB。假设在发送机和接收机处各有一个损耗为 1 dB 的连接器，系统功率富余度为 6 dB，则有

$$29 = 2 \times 1 + \alpha_F L + 6$$

如果光纤损耗(包含接头损耗)α_F 为 3.5 dB/km，则传输距离为 6 km。

功率预算也可以用作图法完成，如图 7.17 所示。

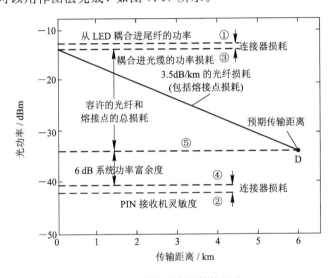

图 7.17　系统功率预算作图法

图中的横轴表示传输距离，纵轴表示光功率。图中，在发送机光功率为 -13 dBm 处和接收机光功率为 -42 dBm 处各画一水平线①和②，其间距离表示线路上所允许的光功率损耗。发送和接收端各有接头损耗 1 dB，所以在此发送机光功率之下和接收机光功率之上各画一条水平线③和④，在其间再作出 6 dB 的系统功率富余度线⑤，则线③和线⑤之间的距离就是容许的光纤和熔接点的总损耗。假设光纤损耗(包括熔接头损耗)为 3.5 dB/km，再作斜率为 3.5 dB/km 的斜线，此斜线起点为耦合入纤的光功率，即 -14 dBm 处，与线⑤相交于 D 点，则 D 表示的距离为线路预期的传输距离，即为 6 km。

在上述计算中认为接收机灵敏度是常数，而在实际系统中，光纤中脉冲展宽会随着传输距离的增长而增长，此时的接收机灵敏度会下降，即图 7.17 中的接收机灵敏度不是一条直线，而是向上弯曲的曲线，这样会使线⑤提早与斜线相交，从而使传输距离下降。此时的接收机灵敏度 P_R 是传输距离 L 的隐函数，所以不能直接求解传输距离，只能用数值解法或图解法求解。

2. 色散受限系统的上升时间预算

随着光纤制造工艺的成熟，光纤的损耗可以达到理论值。在高速光纤通信系统中，光纤的损耗非常低，此时限制传输距离的是光纤的色散。一种简单的分析方法是进行系统上

升时间的分析。系统总的上升时间 t_{sys} 主要受以下几个因素的影响：光发送机上升时间 t_T，接收机上升时间 t_R，光纤模式色散时间 t_{mod}，光纤群速率色散时间 t_{GVD} 等。并且有

$$t_{sys}^2 = t_T^2 + t_{GVD}^2 + t_{mod}^2 + t_R^2 \tag{7.21}$$

通常情况下，数字链路总的系统上升时间不超过 NRZ 码比特周期的 70%，不超过 RZ 码比特周期的 35%。这里的比特周期为数字速率的倒数。

1）光发送机和光接收机上升时间

光发送机和光接收机上升时间通常定义为光信号的 10%～90% 上升时间，即光信号上升到最大值的 10% 至 90% 之间的时间。光发送机的上升时间主要取决于光源及其驱动电路。对于设计人员来说，这个时间一般是已知的。而光接收机的上升时间主要取决于光检测器的响应时间和前置放大器的 3 dB 带宽 B_R，可以表示为

$$t_R = \frac{0.35}{B_R} \tag{7.22}$$

2）光纤群速率色散上升时间

在实际的链路上，光纤都是由几段光纤连接而成的，每段光纤的色散特性并不完全相同，而多模光纤在连接点处还要进行模式再分配，因此确定光纤的 GVD 上升时间比较复杂。

长度为 L 的光纤引起的 GVD 上升时间可以近似表示为

$$t_{GVD} = DL\sigma_\lambda \tag{7.23}$$

其中，σ_λ 是光源的半功率谱宽，D 为色散系数。由于实际链路中每段光纤的色散系数是不同的，因此 D 应取一个平均值。对于色散位移光纤，在 800～900 nm 范围，D 主要由材料色散 D_M 构成，因此有

$$t_{GVD} = t_{mat} = D_M L\sigma_\lambda \tag{7.24}$$

其中，t_{mat} 为材料色散引起的上升时间。

3）光纤模式色散上升时间

实践证明，长度为 L 的链路带宽可以近似表示为

$$B_M = B_1 L^{-q} \tag{7.25}$$

其中：B_1 是单位长度(1 km)的光纤带宽；q 为光纤质量指数，取值范围是 0.5～1，$q=0.5$ 时表示达到稳定的模式平衡状态，$q=1$ 时表示几乎没有模式混合，一般情况下取 $q=0.7$ 比较合理。

假设光脉冲为高斯脉冲，t_{FWHM} 为脉冲的半高全宽，即脉冲功率降为其峰值功率的一半时所需的时间的 2 倍。3 dB 光带宽定义为使用频率 $f_{3\,dB}$ 调制光源时，接收端功率降低为 0 频率调制一半功率时的带宽，即

$$f_{3\,dB} = B_{3\,dB} = \frac{0.44}{t_{FWHM}} \tag{7.26}$$

假设 t_{FWHM} 表示模式色散引起的上升时间 t_{mod}，则

$$t_{mod} = \frac{0.44}{B_M} = \frac{0.44 L^q}{B_1} \tag{7.27}$$

4）举例

这里继续使用功率预算时所用的例子。假设 LED 及其驱动链路的上升时间为 15 ns，LED 的半功率谱宽为 40 nm，光纤的色散系数 D 为 0.07 ns/(km·nm)，则 6 km 光纤的群速色散上升时间为 $t_{GVD}=t_{mat}=D_{mat}L\sigma_\lambda$，计算得到上升时间为 21 ns。假设接收机带宽为 25 MHz，则接收机上升时间为 $t_R=0.35/B_R=14$ ns。如果选择光纤的带宽距离积为 400 MHz·km，光纤质量指数 q 为 0.7，则模式色散上升时间为 $t_{mod}=0.44/B_M=0.44L^q/B_1=3.9$ ns，系统上升时间为

$$t_{sys}=(t_T^2+t_{GVD}^2+t_{mod}^2+t_R^2)^{\frac{1}{2}}=[(15)^2+(21)^2+(3.9)^2+(14)^2]^{\frac{1}{2}}=30 \text{ (ns)}$$

对于 20 Mb/s 的 NRZ 码，要求的上升时间应小于 70%·[1/(20 Mb/s)]＝35 ns。所以本系统的器件选择是合适的。

3. 色散影响的中继距离

对于损耗较低的光纤传输系统，光纤色散使得脉冲展宽得很严重，出现码间干扰，从而限制了传输距离。码间干扰的严重程度可以用相对均方根脉宽表示，即

$$\varepsilon=\frac{\sigma}{T}$$

其中，σ 是均方根脉冲宽度，T 是码元持续时间，为 $10^6/B$，B 为比特率，单位为 Mb/s。而 $\sigma=DL\sigma_\lambda$，D 是光纤色散系数（单位为 ps/(km·nm)），L 是光纤长度（单位为 km），σ_λ 是光源的均方根谱宽（单位为 nm）。因此

$$L=\frac{\varepsilon\times10^6}{BD\sigma_\lambda} \tag{7.28}$$

当光源是多纵模激光器时，式中 ε 取 0.115；当光源是发光二极管时，ε 取 0.306。

对于单纵模激光器系统，色散代价主要是啁啾所致，此时应用工程近似计算公式，假设光脉冲为高斯波形，允许的脉冲展宽不超过发送脉冲宽度的 10%，则

$$L=\frac{71\ 400}{\alpha D\lambda^2 B^2} \tag{7.29}$$

其中：α 是啁啾系数；λ 单位为 nm；B 为比特率，单位为 Tb/s。

4. 设计举例

一般地，对于一个传输链路，对于不同的速率，可以分别计算损耗限制下的中继距离和色散限制下的中继距离，然后取其中较短的为该速率下允许的最大中继传输距离。一般情况下，速率较低时为损耗受限系统，而速率较高时为色散受限系统。

例如，一个信息速率为 565 Mb/s 的单模光缆传输系统采用 5B6B 码型，传输速率为 677 990 kb/s。使用 InGaAs 掩埋结构多纵模激光器，阈值小于 50 mA，标称波长为 1310 nm，脉冲线宽为 2 nm，发送光功率为 -2.5 dBm，使用 PIN-FET 组件，在 BER 达到 10^{-9} 的条件下接收机灵敏度可达 -37 dBm。

假设光连接器损耗为 1 dB，在发送和接收端各有一个，光纤熔接头损耗为 0.1 dB/km，光纤损耗为 0.4 dB，设备功率富余度为 5.5 dB，考虑色散代价 1 dB，光缆富余度 0.1 dB/km，则有

$$-2.5-(-37)=2+(0.4+0.1+0.1)\times L+5.5+1$$

因此，$L=43.3$。

再考虑色散限制，取光纤色散系数 $D=2.5$ ps/(km·nm)，则

$$L=\frac{0.115\times10^6}{677.99\times2\times2.5}=33.9 \text{ km}$$

显然这是一个色散受限系统,最大中继距离应小于 33.9 km。

图 7.18 为短波长(800～900 nm)系统的无中继传输距离受损耗和色散限制的情况。对任意速率都假设误码率为 10^{-9}。对于 LED/PIN 组合,数码速率在 200 Mb/s 以下时可以假设 LED 耦合进光纤的值为恒定的 -13 dBm。使用 $q=0.7$ 的光纤,其损耗为 3.5 dB/km;LED 谱宽 50 nm,材料色散系数为 0.07 ps/(km·nm)。随着速率的提高,接收机灵敏度下降,所以传输距离也会下降,如图 7.18 所示。当速率大于 40 Mb/s 以后,LED/PIN 系统从损耗受限系统变为色散受限系统,此时材料色散成为主要的限制因素。如果使用半导体激光器或雪崩光电二极管,可以获得更长的传输距离。如图中用一个 AlGaAs 激光器(谱宽为 1 nm),在 850 nm 处把 0 dBm 的光功率耦合进尾纤,接收机使用 APD,则获得的传输距离位于图中两条虚线的下面(其中包括 8 dB 的系统功率富余度)。

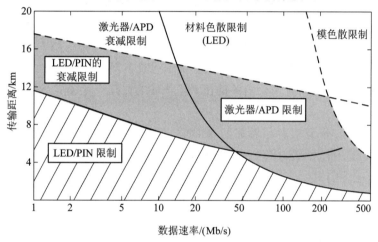

图 7.18　850 nm 光纤的传输距离随码速率变化的情况

图 7.19 为单模光纤工作在 1550 nm 处的光纤链路,此时没有模式色散,取 1550 nm

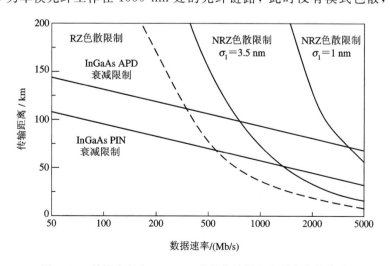

图 7.19　单模光纤在 1550 nm 处的传输距离和码速率的关系

处的色散系数 $D = 2.5$ ps/(km · nm),光纤损耗为 0.3 dB/km。光源为激光器,入纤功率为 0 dB,谱宽选 3.5 nm 和 1 nm 两种作为对比。接收机使用 InGaAs APD,其灵敏度 $P_T = (11.5 \lg B - 71.0)$ dBm;接收机使用 InGaAs - PIN,其灵敏度 $P_T = (11.5 \lg B - 60.5)$ dBm,其中 B 为数码速率,单位为 Mb/s。图中同时还包含了 8 dB 的系统功率富余度。显然对于 RZ 码和 NRZ 码,色散限制是不同的。

7.5 WDM+EDFA 数字光纤链路设计

7.5.1 总体设计考虑

光波分复用(Wavelength Division Multiplexing,WDM)技术是未来高速全光通信中传输容量潜力最大的一种多信道复用方式。它可以在一根光纤中传输多个波长的光信号。其基本原理是在发送端将不同波长的光信号组合起来,耦合到光缆线路中在同一根光纤上传输,在接收端将组合的光波长分开,不同波长的信号送入不同的终端。必须强调的是,ED-FA 是这种多波长系统走向实用化的关键技术,它可以在几个太赫兹的波长范围内同时给多个波长提供增益。

WDM 技术可以分为三种:稀疏的 WDM、密集的 WDM 和致密的 WDM。致密的 WDM 又称为光频分复用(OFDM)。在 20 世纪 80 年代中期,复用信道的波长间隔为几十到几百个纳米,比如 1310 nm 和 1550 nm 波长的简单复用,这种复用被称为 WDM。20 世纪 90 年代后,EDFA 的实用化使得 35~40 nm 的宽带放大成为可能,由此密集的 WDM 即 DWDM 技术发展起来,它在 1550 nm 波长区密集复用多个波长,波长间隔为 0.8 nm (1550 nm 对应 100 GHz 频率间隔)的整数倍,即 0.8 nm、1.6 nm、2.4 nm、3.6 nm 等。而 OFDM 在 20 世纪 80 年代主要指相干光通信,20 世纪 90 年代以后非相干技术也发展起来,其复用信道频率间隔仅为几个吉赫兹或几十个吉赫兹。具体分类参见图 7.20。

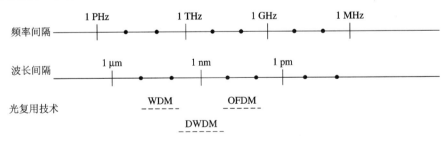

图 7.20 光波分复用技术

1. 波分复用系统的基本构成

WDM 系统的组成结构基本上有以下两种形式。

1) 单纤单向传输

如图 7.21 所示,单纤单向传输指 N 个不同波长的发送机经过复用器 M 耦合到一根光纤中进行传输。在接收端经过解复用器 D 把不同波长分离开,送到不同的光接收机。

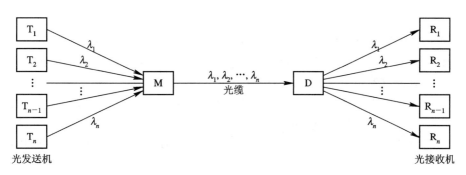

图 7.21　单纤单向传输

2）单纤双向传输

如图 7.22 所示，单纤双向传输指在一根光纤中实现两个方向信号的同时传输。MD 是具有波长选路功能的复用/解复用器。其中 λ_1 和 λ_2 是两个不同方向的光信号。还可以实现 $\lambda_1, \cdots, \lambda_n$ 为一个方向，而 $\lambda_{n+1}, \cdots, \lambda_{2n}$ 为另一个方向的多波长双向传输。

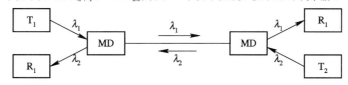

图 7.22　单纤双向传输

2. 波分复用系统的技术特点

（1）提高了光纤的频带利用率。之前的通信系统只能在一根光纤中传输一个光波长的信号，但光纤本身在长波长区具有很宽的低损耗区，而波分复用技术提高了低损耗区的利用率，降低了传输成本。

（2）对不同的信号具有很好的兼容性。利用 WDM 技术，不同性质的信号（音频、视频、数据、文字、图像等）可以调制在不同的波长上，各个波长相互独立，对数据格式、速率的传输是透明的，因此可以同时进行传输。

（3）节约投资。波分复用可以实现单根光纤的双向传输，对于全双工通信可以节约大量的线路资源，并且如果现有线路的富余度允许，可以在现有的线路上方便地实现扩容，而不必对原系统做较大改动。

（4）降低光电器件的超高速要求。使用 WDM 技术，可适当降低对器件高速响应的要求而同时又实现大容量传输。

（5）可以灵活组网。使用 WDM 技术选路，可以在不改变光纤设施的条件下，调整光通信系统的网络结构，在通信网设计中具有灵活性和自由度，便于对系统功能和应用范围的扩展。

3. 波分复用系统的关键技术

WDM 技术对现代光纤通信网络的发展具有重大意义，但 WDM 技术的实现依赖于一些关键技术的实现。这些关键技术主要包括以下几点。

1）波长稳定问题

WDM 系统中要求各种器件的波长具有稳定性、可重复性和精确性。激光器、滤波器和复用器的波长特性会随着工作条件（温度、电流、老化等）的变化而发生漂移，而波长的漂移会给信道之间带来串扰，使系统无法稳定、可靠地工作，甚至使系统停止工作。解决

的方法有以下几种：

（1）绝对稳频法，即以原子跃迁谱线为基准将信道锁定在某个波长上，如图7.23(a)所示。

（2）将滤波器锁定在所选择的信道上。使用反馈回路把滤波器调节到所选信道透过功率最大处，保证滤波器相对于接收信号的波长不漂移，如图7.23(b)所示。

（3）把每个信道锁定在F-P腔的不同谐振峰。将每个激光器锁定在中央F-P腔的不同谐振峰上。将每个谐振峰按所需的WDM信道间隔分开，如图7.23(c)所示。这种方法不能保证每个部件的波长不漂移，但是可以使WDM系统整体漂移，从而保证信道间隔的相对稳定。

（4）也可以把各个独立波长与中心频率进行比较，即每个节点都可以把自己的波长发送到中心控制节点进行比较，然后进行矫正，如图7.23(d)所示。

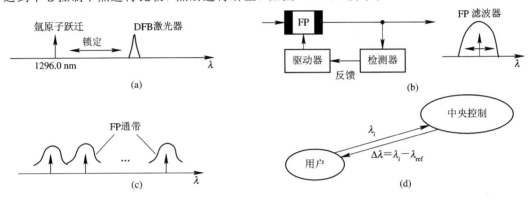

图7.23　WDM系统的稳频技术

2）信道串扰问题

当一个信道的信号功率转移到另外一个信道上时，称为串扰。串扰会使其他信道的误码率升高，灵敏度降低。产生信道串扰的因素很多，包括光纤的非线性、信道间隔、复用/解复用器性能等。

串扰分为线性串扰和非线性串扰。线性串扰一般发生在解复用之后，在1.6 nm或0.8 nm光信道间隔下，目前的解复用器在2.5 Gb/s系统中隔离度大于25 dB，基本上可以满足WDM系统的要求，但对于更高速的系统，还有待研究。（后面还会对串扰和信道间隔进一步论述。）而非线性串扰和光纤的非线性效应有关，包括受激拉曼散射(SRS)、受激布里渊散射(SBS)、自相位调制(SPM)、交叉相位调制(XPM)和四波混频(FWM)等。

常规光纤中的光功率较弱，光纤呈现线性传输特性，但在WDM系统中采用EDFA以后，光功率增大，使得光纤呈现非线性特性。目前的WDM系统已经找到了一些解决该类问题的办法。比如当信道数小于16时，每个信道上的光功率小于SRS阈值，就不会产生SRS现象。而SBS是一种窄带效应，使用激光器的外调制和扰频技术可以克服。克服FWM效应的办法是使用G.655(非零色散NZ-DSF)光纤。XPM一般发生在信道数大于32的WDM系统中，可以通过增大光纤有效面积的方法克服。而SPM效应是脉冲压缩，正好可以利用其抵消因色散引起的脉冲展宽。

3）波长可调谐的激光器和滤波器

波长可调谐的激光器和滤波器是WDM系统的关键器件。WDM系统的发射端要求有多个波长的复用，如果使用固定波长的发射机，可以使用普通的不可调的单频激光器，通过人工选择所需要的波长，并使这些波长具有适当的间隔。但是如果想设计一个健全的系统，必须使用波长可调谐的激光器，这是因为生产出来的 DFB 激光器具有准确波长的不可预知性、有限的温度调节范围(约 0.1 nm/℃)和激光器固有的长期波长漂移。可调谐激光器的主要性能指标是调谐速度和波长调谐范围。

对应于可调谐的激光器，在接收端就需要一个可调谐滤波器来选择所需要接收的光波长范围。一个质量优良的可调谐滤波器应该是精细度高(即两个谐振峰之间的自由光谱区较宽，以容纳较多的信道)、带宽窄(以允许信道间隔小)、波长可调谐范围宽，在用作多信道快速交换时，波长的交换速度快、波长稳定、可重复性好、精度高。

4) EDFA 的增益特性

EDFA 的带宽为 35～40 nm，可以满足普通 WDM 复用波长的放大，但是这个增益是不平坦的，对于不同的波长具有不同的增益，所以经过多级放大之后，增益偏差累积，低电平信道的 SNR 恶化，而高电平信道的非线性效应使信号特性恶化，最终使系统不能正常工作。

每个信道传输功率有可能发生起伏变化，这就要求 EDFA 能根据信号的变化，实时动态地调整自身的工作状态，从而减少信号波动的影响，保证整个信道的稳定。如果一个或几个信道的输入功率发生变化甚至中断，剩下的信道增益即输出功率会发生跃变，EDFA 的泵浦功率会在剩余的信道中重新分配，致使线路阻塞，所以 EDFA 在波分复用系统中必须具备增益锁定功能。

EDFA 的级联使用还会带来噪声积累问题，因为无电中继放大不具有整形再生功能，所以为了保证信号传输特性对信噪比的要求，需要控制光纤段的跨距长度小于 120 km。

另外，实现 WDM 技术的关键器件是波分复用器与解复用器，这些内容已在第 6 章中有所介绍。

7.5.2　波长分配与通道间隔

光纤具有两个低损耗窗口，即 1310 nm 和 1550 nm。在这两个低损耗窗口中均可进行波分复用，但是由于目前的光放大器 EDFA 的工作波长范围为 1530～1565 nm，因此目前波分复用的波长范围为 1530～1565 nm。如果将来在 1310 nm 窗口的光放大器的技术成熟了，也可以使用 1310 nm 的低损耗窗口进行波分复用。目前对这个有限的波长范围区域进行通路分配时，既要考虑带宽利用率，又要考虑非线性及串扰的影响。

1. 绝对频率参考

一般的 WDM 系统选择 193.1 THz 作为频率间隔的参考频率，因为 193.1 THz 处于几条绝对频率参考(AFR)线的附近，相对于不同的需要可以选择不同的 AFR，并且可以提供较高的频率精度和稳定度。

2. 通路间隔

通路间隔指的是相邻通路之间的标称频率差，既可以是均匀的，也可以是非均匀的。非均匀通路间隔可以用来抑制四波混频效应(FWM)。ITU - T 目前规定的各个信道的频率间隔必须为 50 GHz(0.4 nm)、100 GHz(0.8 nm)或其整数倍。在可用的 1530～1565 nm 波长范围内，目前广泛使用的是各个通路频率基于 193.1 THz、最小间隔为 100 GHz 的频

率间隔系列,它的选择应遵循以下原则:

(1) 至少提供 16 个波长的通路,这样比特速率为 STM-16 的 16 个通路可以在一根光纤上完成 40 Gb/s 的业务。

(2) 波长数量又不能太多,否则对较多波长的监控将会是一个复杂的问题。

(3) 所有波长应该与放大器的泵浦波长无关,即同一个系统中既可以使用 980 nm 泵浦的光放大器,也可以使用 1480 nm 泵浦的光放大器。

表 7.8 就是一个 16 通路(频率间隔为 0.8 nm)和 8 通路(频率间隔为 1.6 nm)的 WDM 系统的通路分配。

表 7.8 16 通路和 8 通路 WDM 系统的中心频率

序号	中心频率/THz	波长/nm	序号	中心频率/THz	波长/nm
1	192.10	1560.61	9	192.90	1554.13
2	192.20	1559.79	10	193.00	1553.33
3	192.30	1558.98	11	193.10	1552.52
4	192.40	1558.17	12	193.20	1551.72
5	192.50	1557.36	13	193.30	1550.92
6	192.60	1556.55	14	193.40	1550.12
7	192.70	1555.75	15	193.50	1549.32
8	192.80	1554.94	16	193.60	1548.51

3. 中心频率偏差

中心频率偏差定义为标称中心频率和实际中心频率之差。对于信道间隔大于 200 GHz 的系统,各个信道的偏差应小于信道间隔的 20%。16 通路 WDM 的系统通路间隔为 100 GHz,最大中心频率偏移为 ±20 GHz。8 通路 WDM 系统的通路间隔为 200 GHz,为了将来向 16 通路升级,最大中心频率偏差为 ±20 GHz。这些频率偏差值为寿命终了值,即在系统设计寿命终了时,考虑到温度、湿度等各种因素仍能满足的数值。影响中心频率偏差的主要因素有光源啁啾、信号的信息带宽、光纤的自相位调制引起的脉冲展宽以及温度和老化的影响等。

7.5.3 WDM 系统设计与性能

1. 放大器间隔

ITU-T 规定不带线路放大器的 4 路、8 路、16 路 WDM 的目标距离分别为 80 km(长距离)、120 km(甚长距离)、160 km(超长距离)。若采用光放大器作为线路放大器,对于长距离应用,可采用 5×80 km(5 个区段,每个区段的目标距离为 80 km,损耗为 22 dB)或 8×80 km;对于甚长距离应用,可采用 3×120 km(3 个区段,每个区段的目标距离为 120 km,损耗为 33 dB)或 5×120 km。

2. 链路带宽

对于一个含有 N 个发送机的 WDM 链路,发送比特速率分别为 $B_1 \sim B_N$,则总的带宽为

$$B = \sum_{i=1}^{N} B_i \qquad (7.30)$$

如果所有波长的比特速率相等，则系统容量比单波长链路增加了 N 倍。例如，每个信道的带宽是 2.5 Gb/s，则 8 个信道的 WDM 系统的总的带宽为 20 Gb/s，而 40 个信道的 WDM 系统的总带宽为 100 Gb/s。

WDM 系统链路的总容量取决于光放大器的带宽以及在可用的传输窗口中的信道间隔。这可参阅上节所述内容。

3. 特定 BER 所需的光功率

在解复用器的输出端，需要考虑的系统参数包括信号功率、噪声功率和串扰。WDM 的误码率(BER)取决于传送给光检测器的信噪比(SNR)。对于较低的 BER，在理想链路中，每 0.01 nm 的光谱宽度内大约需要 14 dB 的信噪比。对于商用系统，实际所需的系统富余度为 3～6 dB，则所需的 SNR 的典型值为 18～20 dB。这个值决定了每个波长信道必须注入的光功率、在预定链路上所需的 EDFA 数量以及光放大器间(一跨)光纤的损耗容量。

WDM 链路可分为含光放大器的和无光放大器的两种，两者的噪声效应是不同的。无光放大器的链路噪声性能是由接收机的噪声决定的；而含光放大器的链路，数字"1"引起的噪声主要由信号和 EDFA 的 ASE 噪声决定，而数字"0"的噪声主要由 EDFA 的 ASE 噪声决定。

如图 7.24 所示，对于一个含光放大器的光纤链路中的给定信道，SNR 一开始很高，然后在每个放大器中都会累积 ASE 噪声。放大器的增益越高，ASE 噪声就越大。虽然 SNR 在前几个放大器中损失得很快，但 ASE 噪声增长的势头却随着放大器数目的增加而锐减。结果，尽管当 EDFA 从 3 个增加到 6 个时，SNR 降低了 3 dB，但当它从 6 个增加到 12 个时，SNR 仍然只降低了 3 dB。

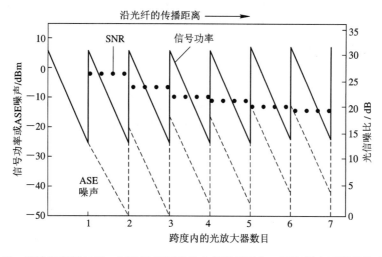

图 7.24　链路距离增加时，ASE 噪声随光放大器数目增加，SNR 随之下降的关系曲线

4. 滤波器的选择能力

一个 WDM 信道，必须由光滤波器解复用，才能选择所需信号。如图 7.25 所示，FP 滤波器阻断了其他信号的通过，只允许一个信道波长通过。

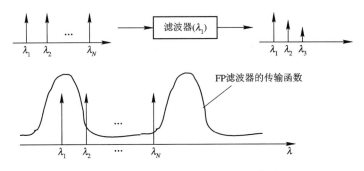

图 7.25 FP 滤波器解复用 WDM 信号

假设光滤波器是标准具，滤波器周期性的透过函数具有洛仑兹通带，任意两个谐振峰之间的自由光谱区为 FSR，相邻信道泄漏功率可以忽略时的信道间隔为 Δf，则滤波器所能容纳的最大信道数为

$$N = \frac{\text{FSR}}{\Delta f} \tag{7.31}$$

在上面的讨论中，假设每个信道信号的带宽为零，而实际上单个的 WDM 信道都占有一定的带宽，这会对滤波器的解复用产生相当大的影响。每个 WDM 信道都需要有一定带宽的光滤波器来恢复全部信号，信道间隔相应的要求更宽。所以在整个信道带宽有限的情况下，所能容纳的信道数就更少了。每个 DWDM 信道带宽主要由信息带宽、激光器的线宽和激光器的啁啾等决定。

5. 信道串扰

在 WDM 系统中，各个信道间隔较小，几乎所有器件都会引入串扰，包括光滤波器、波长复用/解复用器、光开关、光放大器和光纤本身。

WDM 系统中可能产生的串扰有两种：信道内串扰和信道间串扰。信道间串扰来自相邻信道的不同波长的干扰。当频率选择性器件隔离度较低的时候，相邻信道的波长信号会落入本信道带宽内，产生串扰，且干扰信号和接收信号的波长不同，如图 7.26(a)所示。

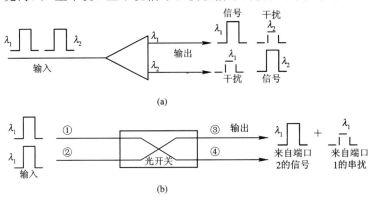

图 7.26 WDM 系统串扰

(a) 信道间串扰；(b) 信道内串扰

信道内串扰的干扰信号和接收信号在同一个波长上，这种干扰比信道间串扰更严重，因为干扰完全落入接收通道内。如图 7.26(b)所示，端口③接收的 λ_1 信号中有一部分来自端口①的光功率耦合，从而对端口②的信号造成干扰。

图 7.27 给出了在 8 信道 WDM 和 16 信道 WDM 系统中，信道间串扰和信道内串扰的功率损伤随单个串扰功率变化的曲线，每个通带对串扰功率的作用相同。结果表明，信道内串扰比较严重，因为它完全落入接收带宽内。例如当信道内串扰功率低于信号功率 38.7 dB 时，功率损伤为 1 dB，而同样的功率损伤，信道间串扰功率可以达到低于信号功率 16 dB 那么高。

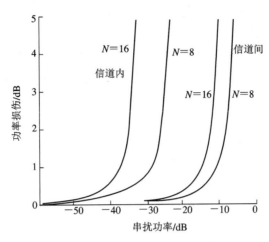

图 7.27　8 信道和 16 信道 WDM 系统中，信道内串扰和信道间串扰的
功率损伤随单个串扰功率变化的曲线

1. 商业级宽带接收机的等效电阻 $R_{eq}=75\ \Omega$。保持发送机和接收机的参数与图 7.5 的例子相同，在接收机光功率范围为 $0\sim-16$ dBm 时计算总载噪比，并画出相应的曲线。类似于 7.2.2 节的推导，推出其载噪比的极限表达式。证明当 $R_{eq}=75\ \Omega$ 时，在任何接收光功率电平下，热噪声都超过量子噪声而成为起决定作用的噪声因素。

2. 假设我们想要频分复用 60 路 FM 信号，如果其中 30 路信号的每一个信道的调制指数 $m_i=3\%$，而另外 30 路信号的每一个信道的调制指数 $m_i=4\%$，试求出激光器的光调制指数。

3. 假设一个 SCM 系统有 120 个信道，每个信道的调制指数为 2.3%；链路包括一根损耗为 1 dB/km 的 12 km 长的单模光纤，这根光纤每端有一个损耗为 0.5 dB 的连接器；激光光源耦合进光纤的功率为 2 mW，光源的 RIN$=-135$ dB/Hz；PIN 光电二极管接收机的响应度为 0.6 A/W，$B=5$ GHz，$I_D=10$ nA，$R_{eq}=50\ \Omega$，$F_t=3$ dB。试求本系统的载噪比。

4. 如果将题 3 中的 PIN 光电二极管用一个 $M=10$，$F(M)=M^{0.7}$ 的 InGaAs 雪崩光电二极管替代，那么系统的载噪比又是多少？

5. 假设一个有 32 个信道的 FDM 系统中每个信道的调制指数为 4.4%，RIN$=-135$ dB/Hz，PIN 光电二极管接收机的响应度为 0.6 A/W，$B=5$ GHz，$I_D=10$ nA，$R_{eq}=50\ \Omega$，$F_t=3$ dB。

（1）若接收光功率为 -10 dBm，试求这个链路的载噪比；

(2) 若每个信道的调制指数增加到 7%，接收光功率减少到 -13 dBm，试求这个链路的载噪比。

6. 已知有一个 565 Mb/s 单模光纤传输系统，其系统总体要求如下：

(1) 光纤通信系统的光纤损耗为 0.1 dB/km，有 5 个接头，平均每个接头损耗为 0.2 dB，光源的入纤功率为 -3 dBm，接收机灵敏度为 -56 dBm(BER $= 10^{-10}$)。

(2) 光纤线路上的线路码型是 5B6B，光纤的色散系数为 2 ps/(km·nm)，光源光谱宽度为 1.8 nm。

求：最大中继距离为多少？

注：设计中选取色散代价为 1 dB，光连接器损耗为 1 dB(发送和接收端各一个)，光纤富余度为 0.1 dB/km，设备富余度为 5.5 dB。

7. 一个二进制传输系统具有以下特性：

(1) 单模光纤色散为 15 ps/(nm·km)，损耗为 0.2 dB/km。

(2) 发射机采用 $\lambda = 1551$ nm 的 GaAs 激光器，发射平均光功率为 5 mW，谱宽为 2 nm。

(3) 为了正常工作，APD 接收机平均需要 1000 个光子/比特(最小接收光功率)。

(4) 在发射机和接收机处耦合损耗共计 3 dB。

求：

a. 数据速率为 10 和 100 Mb/s 时，找出受损耗限制的最大传输距离。

b. 数据速率为 10 和 100 Mb/s 时，找出受色散限制的最大传输距离。

c. 对这个特殊系统，用图表示最大传输距离与数据速率的关系，包括损耗和色散两种限制。

8. 画图比较(参见图 7.17)下面两个速率为 100 Mb/s 的系统其损耗受限的最大传输距离。

系统 1 工作在 850 nm：

(1) GaAlAs 半导体激光器：0 dBm(1 mW) 的功率耦合进光纤；

(2) 硅雪崩光电二极管：灵敏度为 -50 dBm；

(3) 渐变折射率光纤：在 850 nm 处的损耗为 3.5 dB/km；

(4) 连接器损耗：每个连接器为 1 dB。

系统 2 工作在 1300 nm：

(1) InGaAsP LED：-13 dBm 的功率耦合进光纤；

(2) InGaAs PIN 光电二极管：灵敏度为 -38 dBm；

(3) 渐变折射率光纤：在 1300 nm 处的损耗为 1.5 dB/km；

(4) 连接器损耗：每个连接器 1 dB。

每个系统均要求 6 dB 的系统富余度。

9. 有一个由 4 信道组成的 WDM 传输系统。如果假设信道具有零带宽，信道间隔应当多大，才能保证被选信道的检测功率比检测到的相邻信道的功率大 10 倍？假设采用一个标准的 FP 滤波器作为解复用器，其通带为 30 GHz。

第 7 章习题答案

第 8 章　SDH 与 WDM 光网络

第 8 章课件

光纤已渗透到了电信网的接入网、本地网(接入中继网)、长途干线网(骨干网)之中。在这些网络中，光纤只是用来代替同轴电缆，单纯用作传输介质，实现了节点之间链路的光化，而节点对信号的处理、交换等还是采用电子技术。我们称这类网络为第一代光网络，即光电混合网。典型的第一代光网络有 SONET(同步光网络)和 SDH(同步数字体系)，还有各类企业网，如 FDDI(光纤分布数据接口)、千兆光纤以太网 1000BASE－X 等。北美国家主要使用 SONET，欧洲和亚洲国家主要使用 SDH。

当数码传输速率越来越高时，在节点采用电子技术对数据进行处理和交换势必越来越困难。节点处理的数字信息不仅有到达自身的，还有通过该节点到达其他节点的，如果到达其他节点的信息能在光域选路，则对电子技术处理的速率要求就下降了，这引发了第二代光网络，即全光网络的诞生。第二代光网络以在光域完成节点数据的选路与交换为标志，实现了网络节点的部分光化。以波分复用(WDM)为基础的光网络近几年来发展很快，被用于海底、陆地长途干线，本地网甚至接入网。因此，WDM 光网络已成了全光网络的代名词。

8.1　SDH 光同步传送网

8.1.1　SDH 的标准光接口

标准光接口 NNI

SDH 系统具有标准的光接口，使得不同厂家的产品在光路上能够实现互通，即在再生段可以互相兼容。

1. 光接口的位置

普通 SDH 设备的光接口位置如图 8.1 所示。其中，S 点是紧靠发送机输出端的活动连接器(C_{TX})之后的参考点。R 是紧靠接收机之前的活动连接器(C_{RX})之前的输入参考点。需要注意的是，不要把光纤配线架上的活动连接器上的端口认定为 S 点或 R 点。

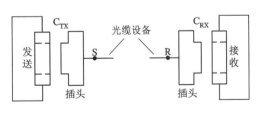

图 8.1　普通 SDH 设备的光接口位置

2. 光接口分类

根据系统内是否有光放大器以及线路速率是否达到 STM－64，可以将 SDH 系统的光接口分为两类：第一类为不包括任何光放大且速率低于 STM－64 的；第二类为包括有光放大器以及速率达到 STM－64 的。

为了简化横向系统的兼容开发，可以将众多不同应用场合的光接口划分为三类，即局内通信、短距离通信和长距离通信。可以用应用代码来表示不同的应用场合，即用字母 I 表示局内通信，用字母 S 表示短距离局间通信，用字母 L 表示长距离局间通信，用字母 V 表示甚长距离局间通信，用 U 表示超长距离局间通信。字母后面的第一个数字表示 STM 的等级。字母后的第二个数字表示工作窗口和所用光纤类型，若为空白或 1，则表示标称工作波长为 1310 nm，所用光纤为 G.652 光纤；数字为 2，则表示标称工作波长为 1550 nm，所用光纤为 G.652 光纤和 G.654 光纤；数字为 3，则表示标称工作波长为 1550 nm，所用光纤为 G.653 光纤。表 8.1 所示为光接口的分类(其中黑体字符对应第一类系统，其余对应第二类系统)。

表 8.1 光接口的分类

波长/nm	光纤类型	目标距离/km	STM-1	STM-4	STM-16	目标距离/km	STM-64
1310	G.652	≤2	**I-1**	**I-4**	**I-16**		—
1310	G.652	**~15**	**S-1.1**	**S-4.1**	**S-16.1**	~20	S-64.1
1550	G.652	**~15**	**S-1.2**	**S-4.2**	**S-16.2**	~40	S-64.2
1550	G.653	—	—	—	—	~40	S-64.3
1310	G.652	**~40**	**L-1.1**	**L-4.1**	**L-16.1**	~40	L-64.1
1550	G.652	**~80**	**L-1.2**	**L-4.2**	**L-16.2**	~80	L-64.2
1550	G.653	**~80**	**L-1.3**	**L-4.3**	**L-16.3**	~80	L-64.3
1310	G.652	~80	—	V-4.1	V-16.1	~80	V-64.1
1550	G.652	~120	—	V-4.2	V-16.2	~120	V-64.2
1550	G.653	~120	—	V-4.3	V-16.3	~120	V-64.3
1550	G.652	~160	—	U-4.2	V-16.2	—	—
1550	G.653	~160	—	U-4.3	V-16.3	—	—

3. 光接口性能规范

光接口的性能规范可以分为以下三类：

(1) S 点的光发送机参数规范：包括光源的最大均方根谱宽、最大 −20 dB 谱宽和最小边模抑制比、平均发送光功率、消光比等。

(2) R 点的光接收机参数规范：包括接收机灵敏度、过载点、光通道功率代价和发射系数。

(3) S-R 点间的光通道参数规范：包括光通道衰减范围、最大色散、回波损耗与反射系数。

根据 ITU-T 的建议，这些定义的参数值均为最坏值，即在设备终了时仍能达到的指标值。该设计目标是在最极端的光通道衰减和色散条件下仍然满足每个再生段的误码比特率不劣于 1×10^{-10} 的要求。表 8.2、表 8.3、表 8.4 分别给出了 STM-1、STM-4、STM-16 的光接口参数的具体规范，有关更详细的内容请参见 ITU-T G.957 建议。

表 8.2　STM-1 光接口参数规范

项目	单位	值										
数字信号标称比特率	kb/s	155 520(符合 G.707 和 G.958 的 STM-1)										
应用分类代码		I-1		S-1.1	S-1.2		L-1.1		L-1.2	L-1.3		
工作波长范围	nm	1260~1360		1261~1360	1430~1576	1430~1580	1280~1335		1480~1580	1534~1566	1523~1577	1480~1580
光源类型		MLM	LED	MLM	MLM	SLM	MLM	SLM	SLM	MLM	MLM	SLM
发送机在 S 点的特性												
最大均方根谱宽 (σ)	nm	40	80	7.7	~2.5	—	4	—	—	4	2.5	—
最大-20 dB 谱宽	nm	—	—	—	—	1	—	1	1	—	—	1
最小边模抑制比	dB	—	—	—	—	30	—	30	30	—	—	30
最大平均发送光功率	dBm	-8	-8	-8	-8	-8	0	0	0	0	0	0
最小平均发送光功率	dBm	-15	-15	-15	-15	-15	-5	-5	-5	-5	-5	-5
最小消光比	dB	8.2	8.2	8.2	8.2	8.2	10	10	10	10	10	10
S 和 R 点的光通道特性												
衰减范围	dB	0~7	0~7	0~12	0~12	0~12	10~28	10~28	10~28	10~28	10~28	10~28
最大色散	ps/nm	18~25	18~25	~96	~296	NA	185	NA	20	246	296	NA
光缆在 S 点的最小回波损耗(含有任何接头损耗)	dB	NA	NA	NA	NA	NA	NA	NA	NA	NA	NA	NA
S 和 R 点间最大离散反射系数	dB	NA	NA	NA	NA	NA	NA	-25	-25	-25	-25	NA
接收机在 R 点的特性												
最差灵敏度	dBm	-23	-23	-28	-28	-28	-34	-34	-34	-34	-34	-34
最小过载点	dBm	-8	-8	-8	-8	-8	-10	-10	-10	-10	-10	-10
最大光通道功率代价	dB	1	1	1	1	1	1	1	1	1	1	1
接收机在 R 点的最大反射系数	dB	NA	NA	NA	NA	NA	NA	-25	-25	-25	-25	-25

注:NA 表示不作要求。

表 8.3　STM-4 光接口参数规范

数字信号标称比特率 (kb/s)：622 080(符合 G.707 和 G.958 的 STM-4)

项目	单位	I-4	S-4.1	S-4.1	S-4.2	L-4.1	L-4.1	L-4.1	L-4.1(JE)	L-4.2	L-4.3
工作波长范围	nm	1261~1360	1293~1334	1274~1356	1430~1580	1300~1325	1296~1330	1280~1335	1302~1318	1480~1580	1480~1580
光源类型		MLM|LED	MLM	MLM	SLM	MLM	MLM	SLM	MLM	SLM	SLM
发送机在 S 点的特性											
最大均方根谱宽(σ)	nm	40|80	4	2.5	—	2	1.7	—	<1.7	—	—
最大-20 dB 谱宽	nm	—	—	—	1	—	—	1	—	<1*	1
最小边模抑制比	dB	—	—	—	30	—	—	30	—	30	30
最大平均发送光功率	dBm	-8	-8	-8	-8	2	2	2	2	2	2
最小平均发送光功率	dBm	-15	-15	-15	-15	-3	-3	-3	1.5	-3	-3
最小消光比	dB	8.2	8.2	8.2	8.2	10	10	10	10	10	10
S 和 R 点的光通道特性											
衰减范围	dB	0~7	0~12	0~12	0~12	10~24	10~24	10~24	27	10~24	10~24
最大色散	ps/nm	13|14	46	74	NA	92	109	NA	109	NA	NA
光缆在 S 点的最小回波损耗(含有接头在内)	dB	NA	NA	NA	NA	20	20	20	24	24	20
S 和 R 点间最大离散反射系数	dB	NA	-27	-27	-27	-25	-25	-25	-25	-25	-25
接收机在 R 点的特性											
最差灵敏度	dBm	-23	-28	-28	-27	-28	-28	-28	-30	-28	-28
最小过载点	dBm	-8	-8	-8	-8	-8	-8	-8	-8	-8	-8
最大光通道功率代价	dB	1	1	1	1	1	1	1	1	1	1
接收机在 R 点的最大发射系数	dB	NA	-27	-27	-27	-14	-14	-14	-14	-27	-14

注：* 表示待将来国际标准确定，NA 表示不作要求。

表 8.4　STM-16 光接口参数规范

项　目	单位	I-16	S-16.1	S-16.2	L-16.1	L-16.1(JE)	L-16.2	L-16.2(JE)	L-16.3
数字信号标称比特率	kb/s	2 488 320(符合 G.707 和 G.958 的 STM-16)							
应用分类代码		I-16	S-16.1	S-16.2	L-16.1	L-16.1(JE)	L-16.2	L-16.2(JE)	L-16.3
工作波长范围	nm	1266~1360	1260~1360	1430~1580	1280~1335	1280~1335	1500~1580	1530~1560	1500~1580
光源类型		MLM	SLM	SLM	SLM	SLM	SLM	SLM(MQW)	SLM
发送机在 S 点的特性　最大均方根谱宽(σ)	nm	4	—	—	—	—	—	—	—
最大 -20 dB 谱宽	nm	—	1	<1*	1	<1	<1*	<0.6	<1*
最小边模抑制比	dB	—	30	30	30	30	30	30	30
最大平均发送光功率	dBm	-3	0	0	+3	+3	+3	+5	0
最小平均发送光功率	dBm	-10	-5	-5	-2	-0.5	-2	+2	-5
最小消光比	dB	8.2	8.2	8.2	8.2	8.2	8.2	8.2	10
S 和 R 点的特性　衰减范围	dB	0~7	0~12	0~12	0~24	26.5	10~24	28	10~20
最大色散	ps/nm	12	NA	*	NA	216	1200~1600	1600	*
光缆在 S 点的最小回波损耗(含有任何接头损耗)	dB	24	24	24	24	24	24	24	24
S 和 R 点间最大离散反射系数	dB	-27	-27	-27	-27	-27	-27	-27	-27
接收机在 R 点的特性　最差灵敏度	dBm	-18	-18	-18	-27	-28	-28	-28	-26
最小过载点	dBm	-3	0	0	-9	-9	-9	-9	-10
最大光通道功率代价	dB	1	1	1	1	1	2	2	1
接收机在 R 点的最大反射系数	dB	-27	-27	-27	-27	-27	-27	-27	-27

注：* 表示待将来国际标准确定，NA 表示不作要求。

8.1.2 SDH 的速率体系

为了打破 PDH 体制的固有缺陷,最初由美国的贝尔通信研究所的科学家提出了所谓的同步光网络(SONET)的概念和相应的标准,这一体系于 1986 年成为美国数字体系的新标准。与此同时,欧洲各国和日本提出了自己的意见。1988 年,当时的 CCITT(现改为 ITU - T)经过讨论协商,接受了 SONET 的概念,并进行了适当的修改,重新命名为同步数字体系(SDH)。虽然 SONET 的 ANS T1.105 标准和 SDH 的 ITU - T 建议两者在实现上有差异,但所有的 SONET 规范与 SDH 建议是兼容的。

SONET 的基本帧结构为一个由 9 行、270 列字节构成的二维结构,每个字节 8 bit。其中的段包括再生段或称中继段(指的是光端机与再生器或再生器之间的连接)和复用段(指的是相邻的复用设备之间的连接),而通道指的是一个完全的端到端的数字连接,如标称速率 2.048 Mb/s 之间的连接等。如图 8.2 所示,基于 SONET 帧的周期为 125 μs,因此基本 SONET 信号的传输比特速率为 $90 \times 9 \times 8$ bit/125 μs $= 51.84$ Mb/s,对应的电信号称为 STS - 1 信号。所有 SONET 信号的速率都是 STS - 1 信号速率的整数倍,即 STS - M 信号。由 ANSI T1.105 标准认可的 M 值仅为 1、3、12、24、48 和 192。STS - M 是所谓的电信号速率,经过电光变换后的物理层光信号为 OC - M,OC 表示光载波。

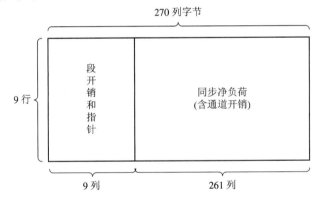

图 8.2 SONET 的 STM - 1 的帧结构

SDH 的基本速率等于 STS - 3,为 155.52 Mb/s,称为同步传输模式基本模块 STM - 1。更高的速率表示为 STM - N,其速率是 STM - 1 的 N 倍。ITU - T 建议中所支持的 N 为 1、4、16 和 64,相当于 SONET 信号的 M,$M = 3N$,即为了保持 SONET 和 SDH 的兼容性,实际采用的 M 值都是 3 的倍数。常用的 SONET 和 SDH 的传输速率见表 8.5。

表 8.5 常用的 SONET 和 SDH 的传输速率

SDH 等级	—	STM - 1	STM - 4	STM - 8	STM - 16	STM - 32	STM - 64
线路速率/(Mb/s)	51.84	155.52	622.08	1244.16	2488.32	4976.64	9953.28
SONET 电速率	STS - 1	STS - 3	STS - 12	STS - 24	STS - 48	STS - 96	STS - 192
相应的 SONET 速率	OC - 1	OC - 3	OC - 12	OC - 24	OC - 48	OC - 96	OC - 192

8.1.3　SDH 的帧结构

SDH 的帧结构是以字节为基础的矩形块状帧结构。如图 8.3 所示，它由 $270 \times 9 \times N$ 个字节组成，每个字节 8 bit。帧结构中的字节传输是按照从左至右、从上至下的顺序进行的。以 STM-1 帧结构为例，首先从图中左上角的第一个字节开始，从左至右传输 270 个字节后，转入第二行传输另外的 270 个字节，这样从上至下直至完成一帧 9 行 9×270 个字节的传输。传输一帧的时间为 125 μs，则 STM-1 的传输速率为 $9 \times 270 \times 8$ bit/125 μs = 155.52 Mb/s。

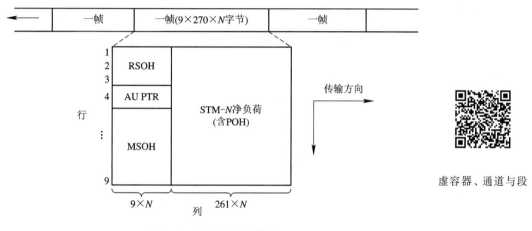

图 8.3　STM-N 帧结构

由图 8.3 可以看出，STM-N 的帧结构大体上可以分为以下三个基本区域。

1. 段开销(Section Overhead，SOH)区

段开销是保证信息净负荷正常灵活地被传送所必须附加的字节。它主要提供用于网络的运行、管理、维护以及指配(OAM & P)功能的字节。段开销包括再生段开销(RSOH)和复用段开销(MSOH)。如图 8.4 所示是 STM-1 段开销的字节安排。

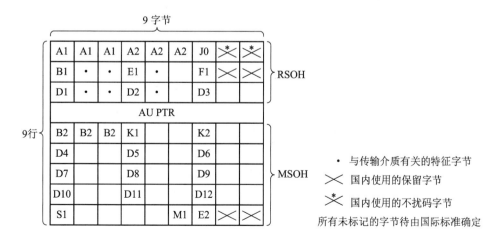

图 8.4　STM-1 段开销的字节安排

A1、A2 代表帧定位字节，其功能是识别帧的起始位置，从而实现帧同步。A1 =

11110110，A2＝00101000。

J0 为再生段踪迹字节，该字节用来重复发送段接入点识别符，以便段接收机据此确认其与指定的发射机是否处于连续的连接状态。

D1～D12 为数据通信通路（DCC），D1～D12 字节提供 SDH 管理网（SMN）的传送链路。

E1、E2 为公务联络字节，E1 提供 RSOH 的公务联络的 64 kb/s 的语音通路，而 E2 提供 MSOH 公务管理的 64 kb/s 的语音通路。

F1 为使用者通路，留给使用者（通常是网络提供者），是为特定维护目的而提供的临时数据/语音通路连接，速率为 64 kb/s。

K1、K2(b1～b5) 为自动保护倒换（APS）通路，当通路出现故障时，发送自动保护倒换指令。

K2(b6～b8) 为复用段的远端缺陷（MS－RDI）指示字节。当 K2 字节的后 3 位发送的信号解扰码为"110"时，表示检测到上游段缺陷或收到复用段告警指示信号。

S1(b5～b8) 为同步状态字节。S1 字节的后 4 位的不同编码表示不同的同步状态，例如"0000"表示同步质量不知道，"1111"表示不应用作同步等。同步状态信息编码如表 8.6 所示。

表 8.6 同步状态信息编码

S1(b5～b8)	SDH 同步质量等级描述	S1(b5～b8)	SDH 同步质量等级描述
0000	同步质量不知道（现存同步网）	1000	G.812 本地时钟信号
0001	保留	1001	保留
0010	G.811 时钟信号	1010	保留
0011	保留	1011	同步设备定时源（SETS）信号
0100	G.812 转接局时钟信号	1100	保留
0101	保留	1101	保留
0110	保留	1110	保留
0111	保留	1111	不应用作同步

B1 为比特间插奇偶校验 8 位码（BIP－8），用来实现不中断业务的再生段误码监测。

B2 为比特间插奇偶校验 24×N 位码（BIP－24×N），用来实现不中断业务的复用段误码监测。

M1 可以用来指示复用段的远端差错（MA－REI），但是对于不同的 STM 等级，M1 的意义不同。

2. STM－N 的净负荷（payload）区

净负荷区存放的是有效的传输信息，由图 8.3 中横向第 $10 \times N$ 到 $270 \times N$，纵向第 1 到第 9 行的 $2349 \times N$ 个字节组成，其中还含有少量用于通道性能监视、管理和控制的通道开销字节（POH）。POH 被视为净负荷的一部分。

3. 管理单元指针(AU PTR)区

AU PTR 位于帧结构第 4 行的第 1 到第 9 个字节,这一组数码代表的是净负荷信息的起始字节的位置,接收端根据指示可以正确地分离净负荷。这种指针方式的采用是 SDH 的重要创新,可以使之在准同步环境中完成复用同步和 STM - N 信号的帧定位。这一方法消除了常规准同步系统中滑动缓存器引起的延时和性能损伤。

8.1.4　SDH 的复用结构与原理

1. 基本复用结构和原理

前面已经讨论过,SDH 的一个优点是可以兼容 PDH 的各次群速率和相应的各种新业务信元,其中的复用过程是遵照 ITU - T 的 G.707 建议所给出的结构,如图 8.5 所示。

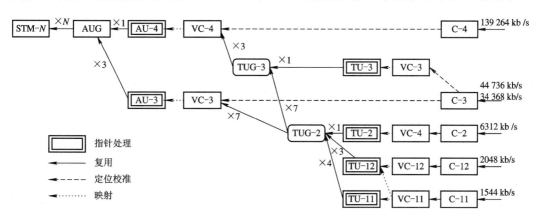

图 8.5　G.707 复用映射结构

图 8.5 所示的这种复用结构由一系列的基本复用单元组成,而复用单元实际上就是一种信息结构。不同的复用单元,信息结构不同,因而在复用过程中所起的作用也不同。常用的复用单元有容器(C)、虚容器(VC)、管理单元(AU)、支路单元(TU)等。具有一定频差的各种支路的业务信号最终进入 SDH 的 STM - N 帧都要经过三个过程:映射、定位和复用。其工作原理如下:

各种速率的 G.703 信号首先进入相应的不同接口容器 C 中,在那里完成码速调整等适配功能。由标准容器出来的数字流加上通道开销(POH)后就构成了所谓的虚容器 VC,这个过程称为映射。VC 在 SDH 网中传输时可以作为一个独立的实体在通道中任意位置取出或插入,以便进行同步复接和交叉连接处理。由 VC 出来的数字流进入管理单元(AU)或支路单元(TU),并在 AU 或 TU 中进行速率调整。在调整过程中,低一级的数字流在高一级的数字流中的起始点是不定的,在此,设置了指针(AU PTR 和 TU PTR)来指出相应的帧中净负荷的位置,这个过程叫作定位。最后在 N 个 AUG 的基础上,再附加段开销 SOH,便形成了 STM - N 的帧结构。从 TU 到高阶 VC 或从 AU 到 STM - N 的过程称为复用。

2. 基本映射单元

从以上所述的复用过程中可以看到,不同的复用单元具有不同的信息结构和功能。

1）容器(C)

容器是用来装载各种速率业务信号的信息结构，主要完成 PDH 信号和虚容器(VC)之间的适配功能(如码速调整)。针对不同的 PDH 信号，ITU - T 规定了 5 种标准容器，即 C - 11、C - 12、C - 2、C - 3、C - 4。每一种容器分别对应一种标称的输入速率：C - 11 对应的输入速率为 1544 kb/s，C - 12 对应的输入速率为 2048 kb/s，C - 2 对应的输入速率为 6312 kb/s，C - 3对应的输入速率为 34 368 kb/s，C - 4 对应的输入速率为 139 264 kb/s。其中C - 4 为高阶容器，其余的为低阶容器。在我国的 SDH 复用结构中，仅用了 3 种容器，即 C - 12、C - 3 和 C - 4。

2）虚容器(VC)

VC 是用来支持 SDH 通道层(参见图 8.5)连接的信息结构。它是由标准容器的信号再加上用以对信号进行维护和管理的通道开销(POH)构成的。

虚容器又分为高阶 VC 和低阶 VC。其中 VC - 11、VC - 12、VC - 2 和 TU - 3 之前的 VC - 3 为低阶虚容器，VC - 4 和 AU - 3 前的 VC - 3 为高阶虚容器。

虚容器是 SDH 中最为重要的一种信息结构，它仅在 PDH/SDH 网络边界处才进行分接，在 SDH 网络中始终保持完整不变，独立地在通道的任意一点进行分出、插入或交叉连接。无论是低阶还是高阶虚容器，它们在 SDH 网络中始终保持独立且相互同步的传输状态，即在同一 SDH 网中不同 VC 帧速率是相互同步的，因而在 VC 级别上可以实现交叉连接操作，从而在不同的 VC 中装载不同速率的 PDH 信号。

3）支路单元(TU)

支路单元是为低阶通道层和高阶通道层之间提供适配功能的一种信息结构。它由一个低阶 VC 和一个指示此低阶 VC 在相应的高阶 VC 中的初始字节位置的指针 PTR 组成。

4）支路单元组(TUG)

TUG 由 1 个或多个在高阶 VC 净负荷中占据固定位置的支路单元组成。把不同大小的 TU 组合成 1 个 TUG 可以增加传送网络的灵活性。VC - 4/3 中有 TUG - 3 和 TUG - 2 两种支路单元组。1 个 TUG - 2 由 1 个 TU - 2 或 3 个 TU - 12 或 4 个 TU - 11 按字节交错间插组合而成。1 个 TUG - 3 由 1 个 TU - 3 或 7 个 TUG - 2 按字节交错间插组合而成。1 个 VC - 4 可容纳 3 个 TUG - 3，1 个 VC - 3 可容纳 7 个 TUG - 2。

5）管理单元(AU)

AU 是在高阶通道层和复用段层之间提供适配功能的信息结构。它由高阶 VC 和指示高阶 VC 在 STM - N 中的起始字节位置的管理单元指针(AU PTR)组成。高阶 VC 在 STM - N 中的位置是浮动的，但 AU PTR 在 SDH 帧结构中的位置是固定的。

6）管理单元组(AUG)

在 STM - N 的净负荷中占据固定位置的 1 个或多个管理单元(AU)就组成了管理单元组(AUG)。1 个 AUG 由 1 个 AU - 4 或 3 个 AU - 3 按字节间插组合而成。

7）同步传送模块(STM - N)

在 N 个 AUG 的基础上，加上起到运行、维护和管理作用的段开销，便形成了STM - N 信号。不同的 N，信息速率等级不同。

3. 我国采用的映射结构

我国采用的基本映射结构如图 8.6 所示，它保证了每一种速率的信号只有唯一的一条复用线路可以到达 STM - N。

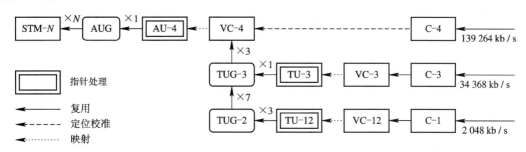

图 8.6　我国采用的复用结构

　　我国采用的复用结构以 2 Mb/s 系列的 PDH 信号为基础，通常采用 2 Mb/s 和 140 Mb/s 的支路接口。如有需要，也可以采用 34 Mb/s 的支路接口，但 1 个 STM - 1 只能容纳 3 个 34 Mb/s 的支路信号，因而相对而言不经济，故应尽可能不使用该接口。8 Mb/s 的接口一般不使用，如果有业务需要，可以选用其他的支路接口。

4. 典型示例

　　图 8.7 所示是 2048 kb/s 信号复用到 STM - 1 的过程。

用步复用过程

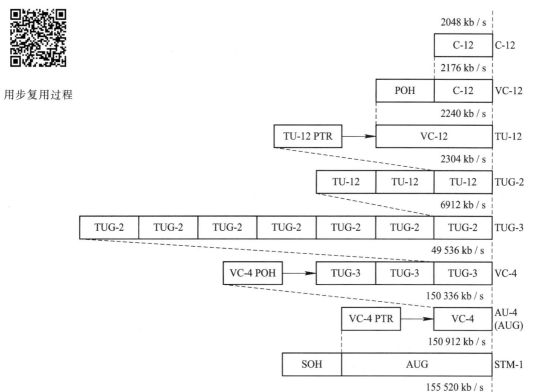

图 8.7　2048 kb/s 信号复用到 STM - 1 的过程

　　首先，2048 kb/s 信号映射到容器 C - 12 中，加上通路开销 VC - 12 POH 之后，得到 VC - 12；然后在 VC - 12 信号上加上指针 TU - 12 PTR，得到支路单元 TU - 12；将 3 个

TU-12 按字节间插同步复接成一个 TUG-2；7 个 TUG-2 又按字节同步复接，并在前面加上两列固定填充字节，构成 TUG-3；然后 3 个 TUG-3 按字节间插同步复接，同时在前面加上两列并固定填充字节装入 VC-4，再加上管理单元指针 AU PTR，就构成了一个 AU-4，最后以固定相位的形式置入含有 STM-1 的段开销(SOH)，就完成了从 2048 kb/s 的信号到 STM-1 的复用。

8.1.5 SDH 设备

SDH 设备的设计思想是将同步设备按一种所谓的功能参考模型分成单元功能、复合功能和网络功能。在这种情况下，功能模型重点描述的是具体设备的功能行为，不再描述支撑其功能行为的设备硬件或软件结构。规范的功能模型允许有许多种不同的实施方法。系统的各个功能可以分布在三个设备中，也可以集中在一个设备中。ITU-T 于 1996 年采用了所谓原子功能描述法，即任何设备都可以从功能上分解为最基本的原子功能和复合功能。原子功能是在固定参考点之间规定的，而固定参考点上总是呈现特定的信息。主要的参考点包括用于传输信号、管理信息、定时参考、DCC 通路、同步状态信息和用户开销字节的 6 类参考点。其中 4 类参考点可以用单个大写字母来表示：定时参考为 T，DCC 通路为 P 或 N，同步状态信息为 Y，用户开销字节为 U。

1. SDH 设备的逻辑功能块

图 8.8 所示是 SDH 功能块的组成，它表示了由 G.703 物理接口输入到 STM-N 输出的信号流的复接和分接过程。单个功能块之间的连接点仅仅是逻辑意义上的参考点，并非内部接口。图 8.8 中的每个功能块的主要功能介绍如下：

SPI：SDH 的物理接口。A 点是来自或送出 STM-N 的光线路信号，B 点是逻辑电平信号。如果需要，在这个物理接口将会有电—光、光—电转换。其中参考点 T1 输出的是接收信号中提取的定时信号，而参考点 S1 输出的是接收信号丢失(LOS)、发送无光告警、激光寿命等状态参数。

RST：再生段终端功能。它是再生段开销(RSOH)的源和宿，即在 SDH 帧信号的复用过程中加入 RSOH，而在解复用的过程中取出 RSOH，并经 U1 参考点送到开销接入功能块(OHA)进行处理。

MST：复用段终端功能。它是复用段开销(MSOH)的源和宿，即在复用过程中加入 MSOH，而在解复用过程中取出 MSOH，并将 MSOH 信息经 U2 参考点送入开销接入功能块(OHA)进行处理。

HPT：高阶通道终端功能。它是高阶通道开销 VC-3 POH 或 VC-4 POH 的源和宿，即在构成 STM-N 净负荷过程中加入高阶通道开销，而在分解过程中取出高阶通道开销，并经 U3 参考点将高阶通道开销 POH 送入开销接入功能块进行处理。

LPT：低阶通道终端功能。它是低阶通道开销 VC-m POH(m=11，12，2，3)的源和宿，即在构成 TU 支路信号过程中加入低阶通道开销，而在分解过程中取出 POH，并经 U4 参考点送入开销接入功能块。

MSP：复用段保护功能。它通过对 STM-N 信号的监测及系统的评价，利用 MSP 功能块中的 K1、K2 字节对复用段提供自动保护倒换(APS)。

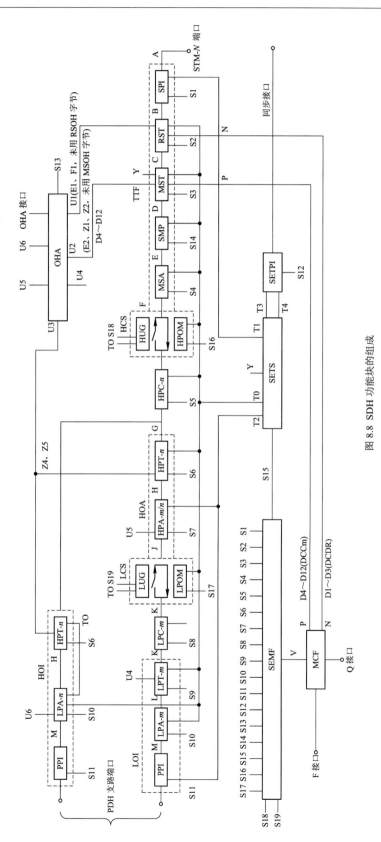

图 8.8　SDH 功能块的组成

MSA：复用段适配功能。它完成高阶通道到管理单元（AU）的适配，管理单元组（AUG）的组合与拆解，字节间插复用和去复用以及指针的产生、解释和处理等。

HPA：高阶通道适配功能。它完成高阶通道和低阶通道之间的组合和分解以及指针的产生、解释和频率调整等功能。

LPT：低阶通道终结功能。将低阶通道信号复用成高阶通道信号或对低阶通道信号进行处理前，必须对低阶通道进行终结。

LPA：低阶通道适配功能。它通过映射、去映射的方式，完成 PDH 信号和 SDH 网络之间的适配功能，对于异步用户还包括比特调整。

HPC：高阶通道连接功能。它只对信号的传输路由作出选择或改变，而不对信号本身进行任何处理，是实现 DXC 和 ADM 的关键功能块。

LPC：低阶通道连接功能。它只对低阶通道信号的传输路由作出选择或改变，而不对信号进行处理。另外，LPC 还通过 S8 端口完成与同步设备管理（SEMF）之间的命令和信息的交互。

PPI：PDH 的物理接口，把参考点 H 接收到的 NRZ 码在此变换成 HDB3 码送到支路端口，或把支路端口收到的 HDB3 码变换成 NRZ 码送到参考点 H 输出。T2 是由输入信号导出的时钟信号，S11 输出支路信号中断告警（LOS）。

HCS：高阶连接监控功能。它由高阶通道开销监测（HPOM）和高阶未准备好发生器（HUG）两个基本功能组成，起到部分高阶通道开销（POH）的源和宿的功能。

LCS：低阶连接监控功能。它由低阶通道开销监测（LPOM）和低阶未准备好发生器（LUG）功能组成，起到部分低阶通道开销 $VC-m$（$m=11,12,2,3$）的源和宿的功能。

HCS 和 LCS 可以处于活动状态，也可以处于不活动状态。所谓不活动状态，是指不进行通道开销的监测，但仍进行通道开销的提取，达到对传输质量的监控。

SEMF：同步设备管理功能。它完成电信网管理任务所需的各类数据的采集工作。从图 8.8 可以看出，该功能块将 S 点收集到的各基本功能块的工作状态、性能数据以及具体硬件告警指示，转换成可供数据通信通路（DCC）和 Q 接口传输的目标信息，其信息内容如表 8.7 所示。

MCF：信息通信功能。它完成网管所需的各类数据信息传输。从图 8.8 可见，它主要负责接收和缓存来自 SEMF、DCC、Q 接口和 F 接口的信息，实现人机对话。

SETS：复用设备定时源功能。它代表 SDH 网络单元的时钟，各个 SDH 网络单元都是以此时钟为依据进行工作的。设有同步设备自由状态下使用的内部时钟源——定时发生器（OSC），还有另外三种外部时钟源：从 STM-N 信号中提取的时钟信号 T1，从支路信号提取的时钟信号 T2，从外同步信号源经同步设备定时物理接口 SETPI 提取的 T3 时钟。SETS 选择精度最高的时钟信号作为输出时钟，提供给除 SPI 和 PPI 以外的所有单元功能块的本地定时使用，同时还输出 T4 供其他网络单元使用。

SETPI：复接设备定时物理接口。它在外同步信号和复用设备定时源之间提供接口，这个接口在同步设备端具有 G.703 同步接口的物理特性。

OHA：开销接入功能。SDH 有多个不同的容器，对其进行运行、维护、管理的开销字节不同。从 OHA 的参考点 U 出发，可以实现对各个相应单元功能块的开销字节的统一管理。例如可以通过公务联络字节 E1 和 E2 调整所使用信道的开销以及备用或供未来使用的开销，以便对不同通道层中所传送的信息进行监控，从而达到对其进行运行、维护、管理的目的。

表 8.7　经 S 参考点向 SEMF 报告的状态信息流

单元功能块	经由参考点	信号流向	异常或故障
SPI	S1	A→B, B→A	LOS TF TD
RST	S2	B→C	LOF, OOF B1 中误码计数
MST	S3	C→D	MS - AIS, EX - BER(B2), SD, B2 中误码计数, MS - FERF
MSA	S4	E→F	AU - LOP, AU - AIS, AU - PJE
HPT	S6	G→H	AU - AIS *, HO - PTI 失配, HO - PSL 失配, TU - LOM, HO - FERF, HO - FEBE, B3 中误码计数
HPA	S7	H→J	TU - LOP, TU - AIS, TU - PJE
LPT	S9	K→L	TU - AIS *, LO - PTI 失配, LO - PSL 失配, LO - FERF, LO - FEBE, B3/V5 中误码计数
LPA	S10	L(或 H)→M, M→L(或 H)	AU - AIS *, 或 TU - AIS *, FAL
PPI	S11	M→支路口, 支路口→M	AIS * 或支路 LOS
SETPI	S12	同步接口→T3	LOS, LOF, AIS, EX - BER
MSP	S14	D→E	收—发 K2(5)失配, 收 K2(1～4)发 K1(5～8)失配, 保护段 SF 条件(EX - BER, MS - AIS, LOS, LOF), PJF
HPOM	S16	F→G	AU - AIS, HO - PTI 失配, HO - PSL 失配, HO - FERF, HO - FEBE, B3 误码计数
LPOM	S17	J→K	TU - AIS, LO - PTI 失配, LO - PSL 失配, LO - FERF, LO - FEBE, B3/V5 误码计数

注：* 代表信息由其他参考点转来，不直接经由该功能块的 S 点向 SEMF 报告。

符号意义：LOS——信号丢失，LOF——帧丢失，OOF——帧失效，LOP——指针丢失，AIS——告警指示信号，LOM——复帧丢失，PJE——指针调整事件，PTI——通道踪迹识别，SD——信号劣化，PSL——通道信号标签，FAL——帧对准丢失，PSE——保护倒换事件，TF——发射机失效，TD——发射机劣化，SF——信号失效。

2. SDH 复用设备分类及 ADM 设备在网络中的应用

1) SDH 复用设备分类

ITU - T 规定的 SDH 复用设备共有 7 种：Ⅰ.1、Ⅰ.2、Ⅱ.1、Ⅱ.2、Ⅲ.1、Ⅲ.2 和

Ⅳ类。

Ⅰ.1 和Ⅰ.2 类复用设备用作终端复用设备,都是将 G.703 PDH 物理接口信号接入 STM-N 的复用结构中。但Ⅰ.1 的复用设备中每一个支路信号在 STM-N 中的位置是固定的,而Ⅰ.2 设备中的支路信号在 STM-N 中可以灵活安排。

Ⅱ.1 和Ⅱ.2 类复用设备属于高阶复用器,用于将 STM-N 中的信号组合到 STM-M (M>N)中。例如将 4 个 STM-1 信号组合成 1 个 STM-4 信号。不同的是,Ⅱ.1 设备中 STM-N 中的 VC-3/VC-4 在 STM-M 中的位置是固定的,而Ⅱ.2 类设备可以灵活安排 STM-N 中的 VC-3/VC-4 在 STM-M 中的位置。

Ⅲ.1 和Ⅲ.2 类复用设备又叫作分插复用器(Add/Drop Multiplexer,ADM)。它是 SDH 网络中最具特色,也是应用最广泛的设备。尤其在环形网中应用时,它以其特有的自愈能力而备受青睐。它利用时隙交换实现宽带管理,允许两个 STM-N 信号之间的不同 VC 实现互连。

Ⅲ.1 类复用设备能够在不需要对信号进行解复用和完全终结 STM-N 的情况下,经 G.703 接口接入各种准同步信号,如图 8.9 所示。其中高阶通道连接(HPC)功能允许 STM-N 信号的 VC-3/VC-4 信号在本地终结或在复用后传输;也允许本地产生的 VC-3/VC-4 信号分配给 STM-N 输出的任何位置。低阶通道连接(LPC)功能允许来自被高阶通道终结的 VC-3/VC-4 信号的 VC-12 在本地终结或在复用后输出到 VC-3/VC-4,也允许本地产生的 VC-12 信号选择路由,分配给输出的 VC-3/VC-4 的空缺位置。

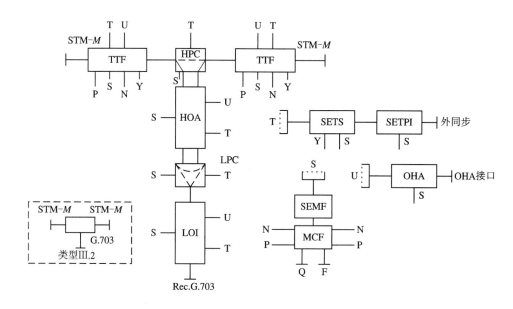

图 8.9 Ⅲ.1 类复用设备

Ⅲ.2 类设备在无需分接和完全终结的 STM-M 的情况下可以接入 STM-N(M>N) 信号的支路信号。此外,此类设备还具有Ⅲ.1 类设备所没有的一些附加功能,即可以在内部将 STM-M 信号分接为 VC-1、VC-2、VC-3 后重组至相应的另一侧的 STM-M 信号,如图 8.10 所示。

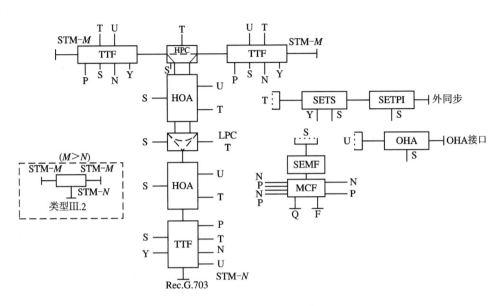

图 8.10 Ⅲ.2 类复用设备

Ⅳ类设备可以完成两种不同体制(北美和欧洲)网络间的互通,即把不支持 AU-3 结构的网络信号转换成 TU-3/AU-4 结构,实现 AU-3 和 AU-4 之间的网络互通。

以上的 7 种配置是最常见的情况,在其他网络应用场合也可能需要不同的配置;而实际的复用设备往往既可以配置成终端复用器,也可以配置成 ADM,这取决于厂家的产品开发策略和实际组网需要。

2) ADM 设备在网络中的应用

按照组网需要,ADM 设备可以有不同的接入方式,主要体现在对信号的路由连接和对信号的复用/解复用上。通常的 ADM 设备应该具有支路—群路(上/下支路)和群路—群路(直通)的连接能力。其中支路—群路的连接有两种方式:部分连接和全连接。

图 8.11(a)所示为部分连接方式。它允许支路接口接入 STM-N 中所有 AU-4 的 TU,但是限定某一特定支路上的所有支路口只能连至同一个 AU-4。这是最基本和最便宜的接入方式,但灵活性受限。图 8.11(a)为 STM-4 分插复用设备,早期只能接入一个 AU-4,因而允许有 63 个 2 Mb/s 支路口。

图 8.11(b)所示为全连接方式。这种方式中,任何支路接口可以连接至 STM-N 中的所有 AU-4 中的任何 TU,即支路接口与线路接口的 TU 的连接没有限制。这是一种十分灵活的接入方式,组网限制最少,近来在 ADM 设计和网络设计中获得越来越广泛的支持和应用。

图 8.11(c)所示为具有本地交叉连接功能的方式。这种方式中,支路中的某一时隙仅与另一支路的某一时隙相连接,而不是像上述结构中与两边的群路信号相连,这就使得 ADM 的组网应用又增加了新的灵活性,同时还将节约主通道的信息容量。将这种 ADM 设备进行组合,就可以完成小型的数字交叉连接(DXC)设备的功能,如图 8.11(d)所示。

另外,利用 ADM 可以组成环形网,它的最大好处就是具有良好的自愈功能,具体内容将在下一节介绍。

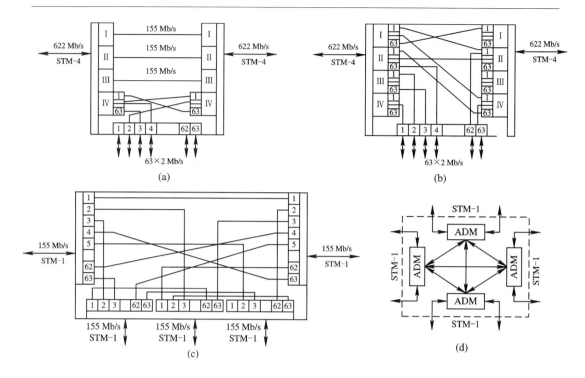

图 8.11　ADM 设备的连接

(a) 部分连接 ADM; (b) 全连接 ADM; (c) 本地交叉连接 ADM;
(d) 本地交叉连接 ADM 组成的小型 DXC

3. 数字交叉连接(Digital Cross Connect, DXC)设备

DXC 设备是智能化的传输节点设备,是进行传输网有效管理,实现可靠的网络保护/恢复以及自动化配线和监控的重要手段。

1) DXC 的概念

DXC 设备具有 1 个或多个准同步数字体系(G.702)或同步数字体系(G.707)信号端口,可以在任何端口信号速率(及其子速率)间进行可控连接和再连接。适用于 SDH 的 DXC 称为 SDXC,它能够进一步在信号端口间提供可控的 VC 的透明连接和再连接。这些端口信号既可以是 SDH 速率,也可以是 PDH 速率。此外,SDXC 还支持 ITU - T 建议 G.784 所规定的控制和管理功能。

传统的 DXC 简化结构如图 8.12 所示。其输入/输出端口与传输系统相连。其核心是交叉连接功能,参与交叉连接的速率一般等于或低于接入速率。交叉连接和接入速率之间的转换需要由复用和解复用功能来完成。每个输入信号被分解成 m 个并行的交叉连接信号,内部的交叉连接网采用时隙交换技术(TSI),先按照预先存放的交叉连接图或动态计算的交叉连接图对这些交叉连接通道进行重新安排,然后再利用复用功能将这些重新安排后的信号复用成高速信号输出。整个交叉连接过程由连至 DXC 的本地操作系统或连至 TMN(电信管理网)的支持设备控制和维护。对于 SDXC,由于特定的 VC 总处于净负荷帧中的特定列数,因而对 VC 实施交叉连接只需对相应的列进行交换即可。所以 SDXC 实际上是一种列交换机,利用外部编程即可实现交叉连接功能。

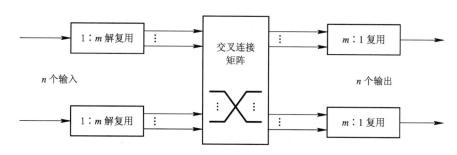

图 8.12　DXC 的简化结构图

2) DXC 分类

根据端口速率和交叉连接速率的不同,DXC 可以有各种配置形式。通常用 DXC X/Y 表示,其中 X 表示接入端口数据流的最高等级,Y 表示参与交叉连接的最低级别。数字 0 表示 64 kb/s 电路速率;数字 1～4 分别表示 PDH 体制中的 1～4 次群速率,其中 4 也表示 SDH 体制中的 STM-1 等级,数字 5 和 6 表示 SDH 体制中的 STM-4 和 STM-16 等级。例如,DXC 1/0 表示接入端口最高速率为一次群信号,而交叉连接的最低速率为 64 kb/s; DXC 4/1 表示输入端口最高速率为 144 Mb/s 或 155 Mb/s,而交叉连接的最低级别为一次群速率(VC-12),也就是说,DXC 4/1 设备允许所有的 PDH 的 1、2、3、4 次群信号和 STM-1 信号接入和交叉连接。

实际电信网中用得较多的是 DXC 1/0、DXC4/1、DXC4/4 这三种。其中:DXC 1/0 称为电路 DXC,它主要为 PDH 网提供快速、经济、可靠的 64 kb/s 的电路的数字交叉连接功能,可为专用网提供自动和集中的管理维护,也可作为汇接网中心节点或网关;DXC 4/1 是功能最为齐全的多用途系统,主要用于局间中继网,也可作长途网、局间中继网和本地网之间的网关以及 PDH 和 SDH 之间的网关;DXC 4/4 是宽带数字交叉连接设备,对逻辑能力要求较低,接口速率与交叉连接速率相同,常采用空分交换方式,因此交叉连接速度很快,主要用于长途网的保护/恢复和自动监测。

3) SDXC 的设备结构

SDXC 设备主要由线路接口及其控制器、交叉连接矩阵及其控制器、定时系统、网络管理系统和主控制器等部分组成,如图 8.13 所示。各部分的功能介绍如下:

(1) 线路接口及其控制器的功能。线路接口的任务主要是:进行光—电、电—光转换;进行码速变换和反变换,并分解为 VC-n(对 STM-N)信号或映射为 VC-n(对 PDH 信号),进入交叉连接模块;将交叉连接矩阵输出的 VC-n 信号组装成对应的 STM-N 信号或映射还原成 PDH 信号。

接口控制器由接口板控制器和接口子架控制器组成。接口板控制器位于线路接口板上,主要功能是信号采集,计算与统计误码性能,控制与处理 SDH,产生测试信号以及功能实现,DCC 通信以及各种控制、维护命令的执行等。接口子架控制器负责对各个接口板控制器之间以及与主控制器之间的信息和数据进行传递。

(2) 交叉连接矩阵及其控制器:主要完成从接口输出的 VC-n 信号的无阻塞交叉连接,并将交叉连接后的 VC-n 信号送至指定的接口。控制器根据主控制器的指令来控制交叉连接的过程。

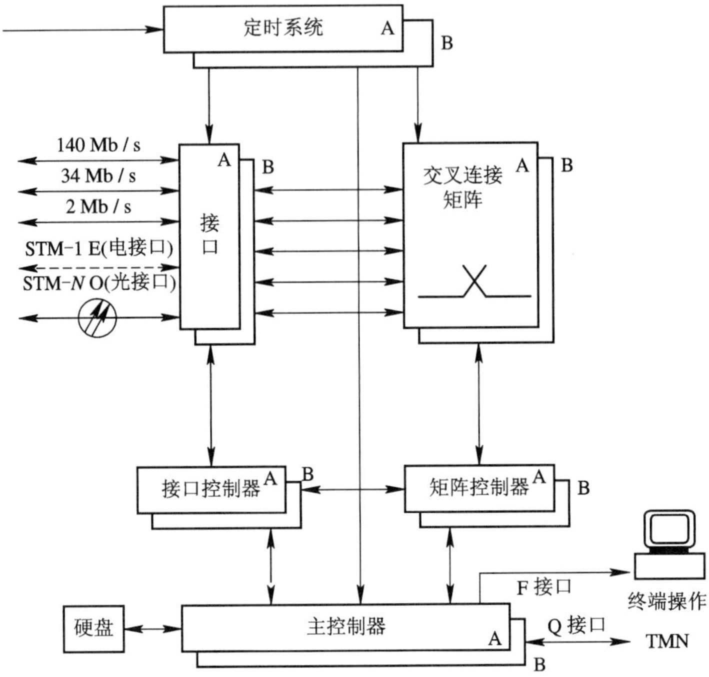

图 8.13　SDXC 的设备构成

（3）定时系统：完成 SDXC 对外同步信号源的同步，并产生定时信号送到 SDXC 的各个相关部分。

（4）主控制器：完成对接口控制器和矩阵控制器的管理，并下达从网管系统送来的控制指令，可作为网管系统具有一定级别的代理完成对网元的管理。

（5）网络管理系统及接口：作为 SDH 的一个网元，SDXC 所实现的一系列功能均由相应的 SDXC 网络管理系统完成。相应的通信接口一般至少具有 Q 接口（与电信管理网通信）和 F 接口（与本地操作者通信）。

（6）系统的冗余度：作为 SDH 的网元，SDXC 应该具有很高的可靠性，以保证整个 SDH 网的可靠性。为保证这一点，设备本身应具有备份保护。

4）DXC 的基本功能

DXC 在传输网中的基本用途是进行自动化网络管理。其主要功能有：

（1）业务疏导与汇集，即将不同的业务进行分类，归入不同通道，并将同一传输方向上的业务填充至同一传输方向的通道中，最大限度地利用传输通道资源。

（2）当有临时性重要事件（例如重要会议、运动会等）时，对电路重新调配，迅速提供可用电路。

（3）当网络出现故障时迅速在全网范围内寻找替代路由，恢复中断业务。网络恢复由网络管理系统控制，恢复算法主要包括集中控制和分布控制两种，它们各有千秋，可以配合使用。

（4）网络运营者可以自由地在网中混合使用不同的数字体系（PDH 或 SDII），并将其作为 PDH 和 SDH 的网关使用。

SDXC除具有上述基本功能外，还可以进行以下工作：

（1）通道监视，即通过SDXC的高阶通道开销（HPOM）功能，采用非介入方式对通道进行监视，并进行故障定位。

（2）测试接入，即通过SDXC的测试接口，将测试仪表接入被测试通道上进行测试。可以采用中断业务测试和不中断业务测试两种方式。

（3）网络管理，即实现网络配置、性能分析、故障诊断、网络测试、路由分配、最佳运行等功能。

综上所述，SDXC实际上是兼有复用、配线、保护/恢复、监测和网络管理等多种功能的一种传输设备，而且由于SDXC采用了SDH的复用方式，省去了传统的PDH DXC的背靠背复用，因此SDXC变得明显简单。另外，SDXC的交叉连接功能实质上可以理解为是一种交换功能，它提供的是永久或半永久的电路连接。

5）SDXC的连接方式

对于输入/输出端口信号，一般来说可以分成以下几种交叉连接方式：

（1）单向连接：如图8.14(a)所示，将任意一个接收端口的VC-n信号连接到任意一个发送端口上。

（2）双向连接：如图8.14(b)所示，对两个不同传输方向上的VC-n信号进行连接。

（3）广播式连接：如图8.14(c)所示，将任意一个端口VC-n信号连接到一个以上的发送端口上。

（4）环回：如图8.14(d)所示，将VC-n信号自身输入与输出连接。

（5）分离接入：如图8.14(e)所示，终结输入信号中的VC-n，并在相应输出的VC-n上提供测试信号。

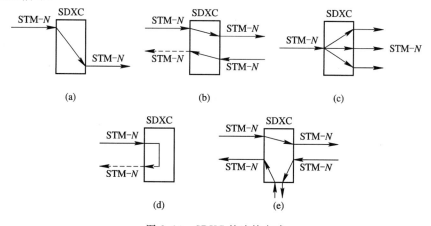

图 8.14　SDXC 的连接方式

（a）单向连接；（b）双向连接；（c）广播式连接；（d）环回；（e）分离接入

8.1.6　SDH 的传送网结构与自愈

1. 传送网的基本概念

电信网是十分复杂的网络，它泛指提供通信服务的所有实体（设备、装备和设施）及逻辑配置。一个电信网有两大基本功能群：一类是传送（transport）功能群，它可以将任何通信信息从一个点传递到另一些点；另一类是控制功能群，它可以实现各种辅助服务和操作维护功能。所谓传送网，就是完成传送功能的手段，定义为在不同地点之间传递用户信息的网络的功能资源。当然，传送网也能传递各种网络控制信息。需要与传送网概念相区别的概念是传输(transmission)网，两者的基本区别是描述的对象不同。传送是从信息传递的功能过程角度来描述的，而传输是从信息信号通过具体物理介质传输的物理过程角度来描述的。因而传送网主要指逻辑功能意义上的网络，即网络的逻辑功能的集合，而传输网具体指实际设备组成的物理网络，描述对象是信号在具体物理介质中传输的物理过程。

2. 传送网结构

由于 SDH 传送网结构复杂，功能强大，为了便于网络的设计和管理，需要建立一个合适的网络模型，它具有规定的功能实体，并采用分层(layering)和分割(partitioning)的概念，使网络变得灵活，且具有高度的递归性并易于描述。ITU - T 给出的 SDH 网络模型是由结构元件构成的。所谓结构元件，是指用来描述传送网功能结构的一些基本元件，它们与实施技术无关；结构元件以特定的方式联系在一起即形成网络单元(网元)，这些网元按规定互连即构成实际的网络。

1) 传送网结构元件

结构元件按其执行的功能可以分为 4 类：第 1 类为参考点，是指一个传送处理功能或传送实体的输入与另一个的输出互相结合的点；第 2 类是拓扑元件，它从同类型参考点之间的拓扑关系角度提供传送网的抽象描述；第 3 类是传送实体，它为层网络参考点之间提供透明的信息传送；第 4 类是传送处理功能，它对所传递的信息提供必要的处理，例如适配和终结等。这 4 类结构元件即可构成整个 SDH 网络。

· 拓扑元件

拓扑元件主要有 5 种类型：层网络、子网、链路、接入组和汇接组。

层网络：传送网是分层的，即由垂直方向的连续的传送网络层(即层网络)叠加而成，从上至下分别是电路层、通道层和传输介质层(又细分为段层和物理层)，如图 8.15 所示。

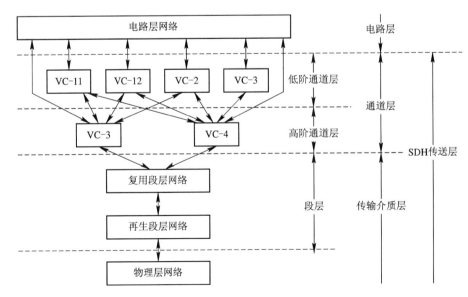

图 8.15　SDH 的传送网分层模型

每一层网络为其相邻的上一层网络提供传送服务，同时又使用相邻的下一层网络所提供的传送服务。提供传送服务的层称为服务者（server），使用传送服务的层称为客户（client），因而相邻的层网络之间构成了所谓客户/服务者的关系。这种关系不仅提供了层网络之间交互方式的规范描述，而且使层网络的设计既能照顾到相邻层的需要，又能完全独立地实施。层网络由描述特征信息的生成、传送和终结的传送实体以及传送处理功能组成。

子网：是以路由选择和管理为目的对层网络进行功能分割而产生的子集，它由一组端口来规定，这些端口可以联系在一起传递特征信息。子网边际的端口间联系的建立和中断（从而改变了连接）也依赖层管理进程。通常子网可以进一步由较低等级（较小）的子网和子网的链路组成，较低等级的子网还可以继续往下分割，直至最低等级的矩阵为止。矩阵也是一种拓扑元件，代表对子网进行递归分割的最终限制，包含在单个单元内。例如，数字交叉连接（DXC）设备就可以看作是最低等级的子网，而数字配线架可以看作是简并的子网。

链路：代表了一对子网之间或接入组之间的固定拓扑关系，由两个子网或接入组的边际的端口子集互相联系共同完成特征信息的传递任务。对链路递归分解的最低等级是传输介质，例如两个 DXC 之间的多个平行的光缆线路系统。链路是固定的，通常层管理进程不能建立或中断用以规定链路的端口子集间的联系。

接入组：一组连至同一子网或链路的共处一地的路径终端。

汇接组：一组特定端口的集合，这些端口代表了链路在子网与链路之间的界定。

· 传送实体

传送实体是将信息透明地从一点传到另一点的功能手段。依照是否对传递信息的完整性进行监视，基本传送实体可以区分为连接（conection）和路径（trail）。

连接：透明地传递信息，但不对所传信息的完整性进行监视。按照隶属的拓扑元件的不同，连接可以进一步分为网络连接（NC）、子网连接（SNC）和链路连接（LC）。无论实际信息是否被传递，连接总是客观存在的。

路径：在两个接入点之间传递信息，并负责传递信息的完整性监控。路径由近端路径终端功能、网络连接以及远端路径终端功能结合而成，通常由层网络提供并独立于可能使用该路径的任何客户层网络。处于电路层的路径称为电路，处于通道层的路径称为通道，处于段层的路径称为段。

· 传送处理功能

在描述层网络结构时，需要用到两个一般传送处理功能：适配功能和路径终端功能。并且在层网络的边界上，它们会一起出现。

适配功能：使服务层网络适合于客户层的需要的功能，由共处一地的一对适配源和适配宿组成。适配源就是使客户层的特征信息适合于在服务层网络的路径上传送，而适配宿就是使已经适配的信息得以恢复，即将服务层网络的路径信息转换为客户层网络的特征信息。常用的层间适配功能有复用、编码、速率变化、定位和调整等，例如 VC 的组合和分解，模/数、数/模转换等。

路径终端功能：能产生层网络上的特征信息并确保其完整性。方法是在路径源端功能处插入一些附加信息，再在相应的路径宿端功能处进行监视。路径终端功能由共处一地的一对路径源端和路径宿端组成。路径终端功能就是产生和终结用于 OAM&P 的路径开销，

例如定帧、误码检测、故障检出以及各种告警等。

· 参考点

层网络上的参考点是指一个传送处理功能或一个传送实体的输入与另一个传送实体的输出结合的点,中间不含接入点。如果有关输入或输出是成对的,则参考点是双向的。基本的参考点有连接点(CP)、终端连接点(TCP)和接入点(AP)。

连接点(CP):一种连接类型的输出与另一种连接类型的输入相结合的点称为连接点。其基本功能是连接功能和连接监视功能。对于电路层,CP 位于交换机;而对于通道层,CP 位于交叉连接(DXC)设备;对于传输介质层,CP 位于再生器。

终端连接点(TCP):单向终端连接点包括路径终端源功能输出与网络连接输入相结合的点,或网络连接输出与路径终端宿功能输入相结合的点。具有一对单向终端连接点的 TCP 称为双向 TCP。

接入点(AP):分为单向接入点和双向接入点。单向接入点指适配宿的输入与路径宿端的输出相结合的点或适配源的输出与路径源端的输入相结合的点。一对本地的单向接入点组成双向接入点,它代表了路径终端与适配功能之间的结合。AP 是客户层接入(或访问)服务层的点,并形成了层网络之间的参考点,层间适配信息将流经该点。也就是说,AP 的主要功能是适配功能。对于电路层,AP 一般位于网络终端设备;对于通道层,AP 一般位于复用设备;对于传输介质,AP 一般位于线路终端设备。

2) 传送网的分层与分割

传送网是分层的,即在垂直方向可以分解为若干独立的层网络,相邻层网络之间具有客户/服务者关系。而每一层网络在水平方向又可以按照该层内部结构分割为若干部分,组成适于网络管理的基本骨架。分层与分割之间满足正交关系,如图 8.16 所示。

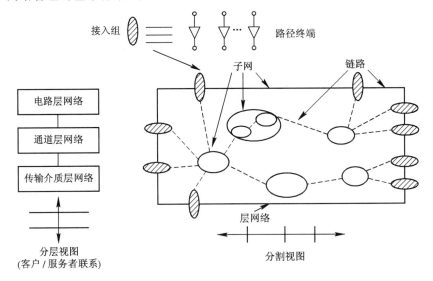

图 8.16   传送网的分层与分割

· 分层(Layering)模型

传送网采用分层模型以后,每一层网络的设计和运行比起整个网络的设计和运行要简单方便得多;可以利用一组类似的功能来描述每一层网络,简化了 TMN(电信管理网)管理目标的规定；每一层独立运行、诊断并自动恢复失效，减少了 OAM&P 的行为以及对其他层的影响；每一层的增加或修改不会影响其他层网络，便于某一层独立引进新技术和新拓扑。SDH 网的分层模型如图 8.15 所示。其中的电路层网络直接为用户提供通信业务，严格意义上讲它不属于传送层网络。而传送网本身大致分为两层，从上而下为通道层和传输介质层。

电路层网络：该层面向公用交换业务，诸如电路交换业务、分组交换业务、IP 业务、租用线业务和 B‒ISDN 虚通路业务等。电路层网络的设备包括用于各种交换业务的交换机(如电路交换机和分组交换机等)、用于租用线业务的交叉连接设备以及 IP 路由器等。

通道层网络：涉及通道层接入点之间的信息传递，并支持一个或多个电路层网络，为其提供可支持不同类型业务所需的信息传递能力。通道层网络还可以进一步划分为高阶(HO)通道层网络和低阶(LO)通道层网络。通道层网络为电路层网络节点(如交换机)提供透明的通道(即电路群)。通道的建立由交叉连接设备负责，通道层网络由各种类型的电路层网络共享，并能将各种电路层业务映射进复用段层所要求的格式内。

传输介质层网络：它和传输介质(光缆或天线)有关，由路径和链路连接支持，不提供子网连接。它涉及段层接入点之间的信息传递并支持一个或多个通道层网络。它为通道层网络节点(例如 DXC)间提供合适的通道容量。该层主要面向跨越线路系统的点到点传送。传输介质层可进一步划分为段层网络(包括复用段层网络和再生段层网络)和物理介质网络(简称物理层)。物理层网络是传送网的最底层，没有服务网络支持，因而网络连接直接由传输介质支持，而不是通常情况下的路径。

• 分割(Partitioning)模型

传送网分层之后，每一层网络仍然很复杂，为了便于管理，在分层的基础上，再从水平方向将每一层网络划分为若干个分离的部分，组成网络管理的基本骨架，这就是分割。分割往往是指在地理上将层网络再细分为国际网、国内网和地区网等，并独立地对每一部分进行管理。图 8.16 是分层和分割概念的一般关系，分层和分割是正交的。采用分割的概念以后，减少了网络管理控制的复杂性，使网络运营者可以自由地改变其子网或使之最佳化，而不会影响网络的其余部分。分割的概念可以划分为两个相关的领域，即子网的分割和网络连接的分割。

子网的分割：任何子网都可以进一步分割为若干由链路互连的较小子网，这些较小子网和链路互相结合的方式表现为子网的拓扑。采用分割可以将任何层网络进行递归分解直至披露所要看到的最小细节为止。

网络连接的分割和子网连接的分割：同分割子网一样，网络连接或子网连接也可以按同样的方法进行分割。递归分解的正常极限是分解到基本连接矩阵上的单个连接点的联系处。因此，网络连接和子网连接可以被认为是由许多子网连接和链路连接按特定次序结合和传送的实体。

3. SDH 传送网的物理拓扑结构

网络的拓扑结构是指组成网络的物理或逻辑的布局形状和结构构成。网络的物理拓扑泛指网络的形状，即网络节点和传输线路的几何排列，它反映了物理上的连接。而信息的实际流动途径构成了网络的逻辑拓扑。物理拓扑和逻辑拓扑并不一定相同。网络的基本物理拓扑有 5 种类型，如图 8.17 所示。

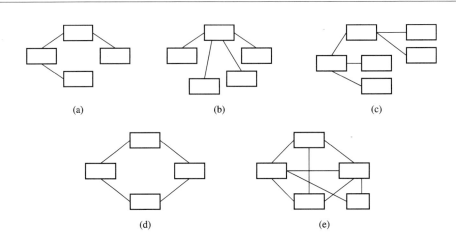

图 8.17　网络的基本物理拓扑结构

（a）线形；（b）星形；（c）树形；（d）环形；（e）网状形

1）线形

将涉及通信的所有点串联起来，并使首末两个点开放，这就形成了所谓线形拓扑。这种连接为了使两个非相邻的点连接，中间所有的点都应完成连接功能。但这种结构无法应付节点和链路失效，生存性较差。

2）星形

涉及通信的所有点中有一个特殊点（枢纽点），它与其余所有点直接相连，其余点之间不能直接相连，这种结构就形成了星形拓扑，又称枢纽形拓扑。这种结构中除了枢纽点，其他任何两点之间的连接都是通过枢纽点进行的，枢纽点为经过的信息进行选路并完成连接功能。这种网络存在枢纽点的瓶颈和失效问题。

3）树形

将点到点拓扑单元的末端点连接到几个特殊点时就形成了树形拓扑。树形拓扑可以看成是线形拓扑和星形拓扑的结合，这种结构适于广播式业务，但存在瓶颈问题和功率预算问题，不适于提供双向通信业务。

4）环形

将涉及通信的所有点串联起来，首尾相连，没有任何点开放，这就形成了环形网。这种网的优点是具有很高的生存性，这对大容量光纤网络是至关重要的。

5）网状形

当涉及通信的许多点都直接互连时，就形成了网状形拓扑。如果所有点都直接互连，则称为理想的网状形拓扑。网状形拓扑结构不受节点瓶颈问题和失效问题的影响，两点间有多种路由可选，可靠性较高，但结构复杂，成本较高，适于业务量较大、分布较均匀的地区。

上述各种拓扑结构各有特点，在选择时应考虑众多因素，例如网络的生存性高低、网络配置的难易、是否适于新业务的引进等。实际网络的不同部分使用的拓扑结构有所不同，比如本地网适用星形和环形拓扑，市内局间中继网适合用环形和线形拓扑，长途网中适合用树形和网状形结构。实际应用时可根据情况具体分析论证。

4. 自愈网

1) 网络的生存性

随着科学技术的发展，当今社会对通信的依赖性越来越大，一旦通信网络出错甚至中断，将会给社会带来巨大的损失。所以通信网络的生存性已经成为至关重要的设计考虑因素。因此自愈网(self-healing network)的概念应运而生，它无需人为干预，就能在极短的时间内从失效故障中自动恢复所承载的业务，使用户感觉不到网络已经出了故障。其基本原理是使网络具备发现替代传输路由并重新确立通信的能力。自愈网的概念只涉及重新确立通信，而不管具体失效元部件的修复或更换，后者仍需人工干预才能完成。

确保网络生存性的方法有两种：网络保护和网络恢复。

(1) 网络保护一般是指利用节点间预先分配的容量实施网络保护，即当一个工作通路发生失效时，利用备用设备的倒换动作，使信号通过保护通路仍保持有效，如 1∶1 保护、1+1 保护等，保护倒换的时间很短。

(2) 网络恢复一般是指利用节点间可用的任何容量实施网络中业务的恢复，它可以大大节省网络资源，同时又能保证提供所需的网络资源，其实质是在网络中寻找失效路由的替代路由，但具有较长的计算时间。

目前常用的方法是网络保护，具体的实现方法有：

(1) 以网络的功能结构分类，有路径保护和子网连接保护两大类。路径保护包括线性复用段(MS)保护、MS 共享保护环、MS 专用保护环以及线性 VC 路径保护；子网连接保护包括固有监测的子网连接保护以及利用非介入监测的子网连接保护。

(2) 以网络的物理拓扑分类，有自动线路保护倒换、环形网保护倒换等。

2) 自愈网的类型和原理

自愈网的具体实施手段多种多样，各种自愈网都需要考虑一些共同因素：初始成本、要求恢复的业务量的比例、用于恢复任务所需的额外容量、业务恢复的速率、升级或增加节点的灵活性、操作运行和维护的灵活性等。目前主要采用的保护类型有线路保护倒换、环形网保护(使用 ADM)、DXC 保护以及环形网与 DXC 的混合保护等。

- 线路保护倒换

线路保护倒换是最简单的自愈网形式，其工作原理是当工作通道传输中断或性能劣化到一定程度后，系统倒换设备将主信号自动倒换到备用传输通道，从而使业务继续进行。这种保护方式的业务恢复时间很快，可以短于 50 ms。但是如果主用和备用系统属于同缆复用，当光缆被意外切断时，这种保护方式就无能为力了。改进的方法是采用地理上的路由备用，也称多径保护，即主用和备用系统采用不同的光缆，当一根中断时，另一根不受影响。这种配置比较容易，但成本相对较高。此外，该保护方法只能提供传输链路的保护，无法对网络节点的失效进行保护，因此主要适用于点到点的保护。

- 环形网保护

将网络节点连成一个环形可以进一步改善网络的生存性和成本。网络节点可以是 DXC，也可以是 ADM，但一般采用 ADM。利用 ADM 的分插能力和智能化构成的自愈环是 SDH 的特色之一。

自愈环按结构分类可以分为通道保护环和复用段保护环。

通道保护环是指业务量的保护是以通道为基础的，倒换与否由离开环的每一个通道的信号质量的优劣而定，通常利用简单的 AIS(告警指示信号)来决定是否应倒换。

复用段保护环是指业务量的保护是以复用段为基础的，倒换与否由每一对节点间的复用段信号质量的优劣而定。当复用段出问题时，整个节点间的复用段业务信号都转向保护环。

通道保护环和复用段保护环的重要区别是：前者往往使用专用保护，正常情况下保护段也传业务，保护时隙为整个环专用；后者往往使用公用保护，正常情况下保护段是空的，保护时隙由每对节点共享。后者也可以使用专用保护方式，但用得较少。

如果按照进入环的支路信号与经由该支路信号分路节点返回的支路信号的方向是否相同来分类，自愈环可以分为单向环和双向环。正常情况下，单向环中所有业务信号按同一方向在环中传输；双向环中，进入环的支路信号按同一个方向传输，而由该支路信号分路节点返回的支路信号按相反的方向传输。

如果按照一对节点间所用光纤的最小数量来区分，可将自愈环分为二纤环和四纤环。

按照上述的不同分类方法，可以分出许多不同的自愈环结构，见表 8.8。

表 8.8　SDH 自愈环结构分类

通道保护环				复用段保护环		
专用保护环				公用保护环		专用保护环
单向环	双向环			双向环		单向环
二纤环	二纤环			二纤环	四纤环	二纤环
$1+1$	$1+1$	$1:1$	$M:N$			

下面以拥有 4 个节点的环为例，介绍几种典型的实用自愈环的结构。

(1) 二纤单向通道保护环。这种保护环通常由两根光纤实现，如图 8.18(a)所示。其中一根光纤用于传送业务信号，称为 S 光纤；而另一根光纤用于保护，称为 P 光纤。单向通道保护环使用"首端桥接，末端倒换"结构，S 光纤和 P 光纤同时携带业务信号并分别向两个方向传输，而接收端只选择其中较好的一路。这是一种 $1+1$ 保护方式。

如图 8.18(a)所示，节点 A 和节点 C 进行通信，将要传送的支路信号 AC 从 A 点同时馈入 S1 和 P1 光纤，即所谓双馈方法($1+1$ 保护)。其中 S1 按顺时针方向将业务信号送入分路节点 C，而 P1 按逆时针方向将同样的支路信号送入分路节点 C。接收端 C 同时收到来自两个方向的支路信号，按照分路通信信号的优劣决定哪一路作为分路信号。正常情况下，S1 光纤所送信号为主信号。同理，从 C 点以同样的方法完成到 A 点的通信。

当 BC 节点间的光缆被切断时，两根光纤同时被切断，如图 8.18(b)所示，在节点 C，从 A 经 S1 传来的 AC 信号丢失，则按照通道选优的准则，倒换开关将由 S1 光纤转向 P1 光纤，接收由 A 点经 P1 传来的 AC 信号，从而使 AC 间业务信号得以维持，不会丢失。故障排除后，开关返回原来的位置。

从实现功能上看，这种保护属于子网连接保护类型；从容量上看，环的业务容量等于所有进入环的业务总和，即节点处 ADM 的容量(STM - N)。

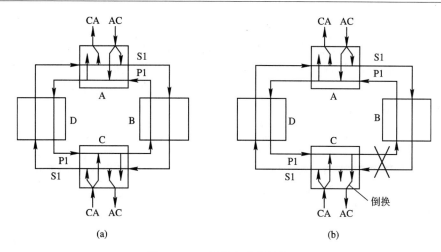

图 8.18　二纤单向通道保护环

（2）二纤双向通道保护环。这种保护环的 1＋1 保护方式与单向通道保护环基本相同（并发优收），只是返回信号沿相反方向而已，如图 8.19 所示。这种方式的优点是可以利用相关设备在无保护环或将同样 ADM 设备应用于链形场合下，具有通道再利用功能，从而增加总的分插业务量。

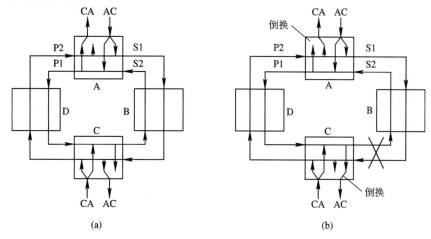

图 8.19　二纤双向通道保护环

二纤双向通道保护也可以采用 1：1 的方式，这种方式需要自动保护倒换（APS）字节协议，但在保护通道中可传额外的业务量，只在出现故障时，才从工作通道转向保护通道。1：1 方式可以进一步演变成 $M：N$ 双向通道保护环，由用户决定只对某些重要的业务实施保护，无需保护的通道可以在节点间重新再用，从而大大提高了可用业务容量。其缺点是需要网络管理系统，保护恢复时间大大增加。

（3）二纤单向复用段保护环。这种保护环的节点在支路信号分插功能前的每一高速线路上都有一个保护倒换开关，如图 8.20 所示。正常情况下，支路信号仅从 S1 光纤进行分插，保护光纤 P1 是空闲的。

当 BC 节点间光缆被切断时，两根光纤同时被切断，被切断光缆的相邻两个节点 B 和 C 的保护倒换开关利用 APS 协议执行环回功能，如图 8.20(b) 所示。S1 上的线路信号经节点 B 倒换到 P1 上环回，从顺时针方向转为逆时针方向经由节点 A 和节点 D 到达节点 C，并在节点 C 经由倒换开关环回到 S1 光纤上。其他节点(A 和 D)的作用是确保 P1 光纤上传送的业务信号在本节点完成正常的桥接功能,畅通无阻地传向分路节点。这种环回倒换功能可以保证在故障状况下仍能维持环的连续性,使低速支路上的业务信号不会中断。故障排除后,倒换开关返回其原来位置。这种方式的业务容量和二纤通道保护是一样的,为节点处 ADM 的容量 STM - N。

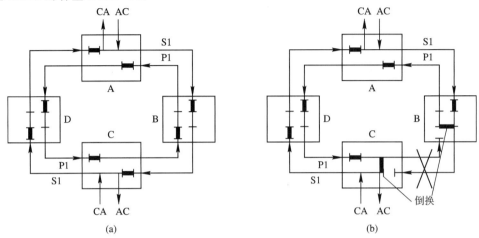

图 8.20 二纤单向复用段保护环

(4) 四纤双向复用段保护环。这种保护环四根光纤中有两根是业务光纤(一发一收)S1 和 S2,两根是保护光纤(一发一收)P1 和 P2,如图 8.21 所示。其中,业务光纤 S1 形成一个顺时针信号环,业务光纤 S2 形成一个逆时针业务信号环,而保护光纤 P1 和 P2 分别形成与 S1 和 S2 反向的两个保护信号环,在每根光纤上都有一个倒换开关作保护倒换用。

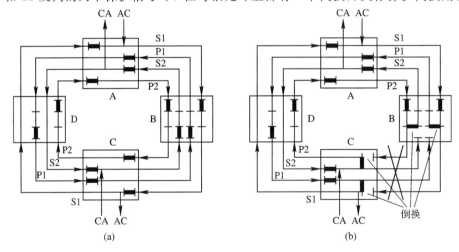

图 8.21 四纤双向复用段保护环

正常情况下,信号从节点 A 进入,沿 S1 顺时针传输到节点 C,而由 C 点进入的信号沿 S2 光纤逆时针传输到节点 A,保护光纤 P1 和 P2 是空闲的。

当 BC 节点间的光缆被切断时,四根光纤全部被切断。利用 APS 协议,B 和 C 节点中各有两个倒换开关执行环回功能,如图 8.21(b)所示。在 B 节点,从 A 点传来的 S1 上的信号环回到 P1 上,经由节点 A 和 D 到达节点 C,经过倒换回到 S1 光纤上;同样,经由 S2 上的从 C 点传向 A 点的信号经过倒换回到 P2 上，经由节点 D、A、B 回到节点 A，并经倒换回到光纤 S2 上。故障排除后，倒换开关返回原来的位置。

这种方式的保护环中，业务量的路由仅仅是环的一部分，业务通路可以重新使用，相当于允许更多的支路信号从环中进行分插，因而网络业务容量可以增加很多。极端情况下，每个节点处的全部系统都进行分插，于是整个环的业务容量可达单个节点 ADM 业务容量的 k 倍（k 是节点数），即 $k\times$STM－N。

（5）二纤双向复用段保护环。在四纤双向保护环中可以看到，主业务光纤 S1 上的信号与保护光纤 P2 上的保护信号方向是完全相同的，如果利用时隙交换（TSI）技术，可以把这两根光纤上的信号合并到一根光纤上（称为 S1/P2 光纤），只不过利用不同的时隙传送业务信号和保护信号，比如时隙 1 到 M 传送业务信号，而时隙 $M+1$ 到 N 留给保护信号，其中 $M\leqslant N/2$。同理，S2 光纤和 P1 光纤上的信号也可以置于一根光纤（称为 S2/P1 光纤）上。这就是二纤双向复用段保护环，如图 8.22 所示。

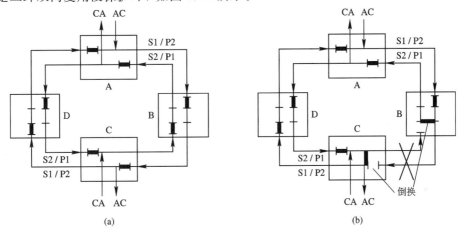

图 8.22　二纤双向复用段保护环

正常情况下，S1/P2 和 S2/P1 光纤上的业务信号利用业务时隙传送信号，而保护时隙是空闲的，但当 B 和 C 节点之间的光缆被切断时，两根光纤全部被切断，与切断点相邻的节点 B 和 C 利用倒换开关将 S1/P2 光纤和 S2/P1 光纤沟通。例如在节点 B 将 S1/P2 光纤上的业务信号转换到 S2/P1 光纤的保护时隙，在节点 C 再将 S2/P2 保护时隙的信号转回 S1/P2 光纤的业务时隙。当故障排除后，倒换开关将返回原来的位置。

这种方法的通信容量只有四纤环的一半，即 $(k/2)\times$STM－N，其中 k 为节点数。

（6）几种保护环的性能比较。实际网络业务量的分布有 3 种类型：均匀型、相邻型和集中型。均匀型的各节点之间的业务量分布比较均匀，某些长途网的业务量趋于这一类型；相邻型的业务量主要集中在相邻的节点之间，某些中继网的汇接局之间的业务量分布趋于这种类型；集中型的业务量主要集中在一个特殊节点上，接入网的业务量分布趋于这种类型。图 8.23 是几种自愈环的业务量与成本的关系。由图可知，当业务量分布集中时，二纤通道保护环最经济。容量不大时，二纤复用段保护环次之，四纤复用段保护环最贵；容量较大时，二纤复用段保护环最贵。当业务量分布均匀且容量不大时，二纤复用段保护环最经济；容量较大时，四纤复用段保护环最经济，二纤复用段保护环次之，二纤通道保护环最贵。

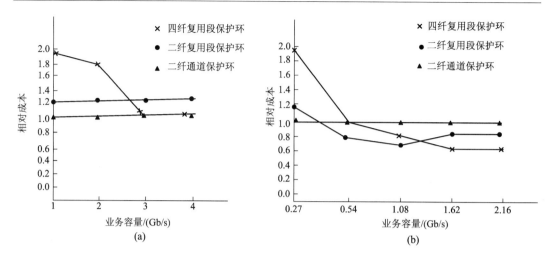

图 8.23 业务量与成本的比较

(a) 集中型业务量；(b) 均匀型业务量

· DXC 保护

DXC 自愈环的拓扑结构主要是网状形结构，因为网状网中的物理路由有很多条，所以可以节省备用容量的配置，提高资源利用率。如图 8.24 所示，在网状网的节点处采用 DXC4/4 设备，当某处光缆被切断时，利用 DXC 的快速交叉连接特性可以比较迅速地找到替代路由，并恢复业务。高度互连的网状网结构为 DXC 的保护/恢复提供了较高的成功概率。

图 8.24 中的节点 A 到 D 原有 12 个单位的业务量(如 12×140/155 Mb/s)，当其间的光缆被切断后，DXC 可能从网络中发现 3 条替代路由来分担这 12 个单位的业务量，即从 A 经由 E 到 D 为 6 个单位，经 B 和 E 到 D 为 2 个单位，经 B 和 C 到 D 为 4 个单位。由此可见，网络越复杂，替代路由越多，DXC 的恢复效率越高，但节点过多也会增加 DXC 设备间转接业务所需的端口容量及附加线路，所以节点也不宜太多。

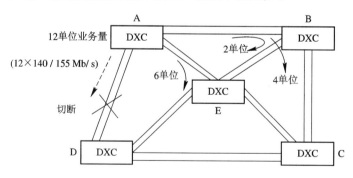

图 8.24 DXC 保护结构

DXC 的路由选择有三种方式，即静态方式、动态方式以及即时方式。静态方式中，网络给被保护业务预留一定的资源，路由表是预先存放的，这种方式只需几秒至几十秒就可恢复网络，速度最快，但路由未必是最理想的，并且所需的保护容量最大。在动态方式中，根据网络的当前状态给被保护业务提供保护容量，路由表随网络状态的不同而变化，这种路由表也是在网络失效之前就形成的，计算过程虽需要几分钟(集中控制)，但可以选择最佳路由。即时方式的路由表是在失效后通过一定的业务恢复算法得到的，需要最小的保护容量，但保护恢复时间最长，有时需几个小时。

DXC 自愈网的控制方式有集中控制和分布控制。集中控制的路由选择主要由控制中心完成，当网络发生某种失效时，各节点将信息传递到控制中心，经过控制中心的计算机处理，找出新的路由表，这种方式下业务的恢复时间较长。而在分布控制结构中，当网络发生某种失效时，智能的 DXC 间相互交换信息，寻找失效业务的替代路由，从而实现链路恢复或通道恢复。

- 环形网与 DXC 的混合保护

如果将环形网保护和 DXC 保护在某些场合下相互结合，取长补短，就可以大大增加网络的生存性。市话局间的中继网就是两者混合使用的理想场合，可以按区域划分若干环形网，将这若干个环形网连接到同一个 DXC 4/1 设备上，再由该 DXC 向上连至长途网中的宽带 DXC 4/4 设备，如图 8.25 所示。

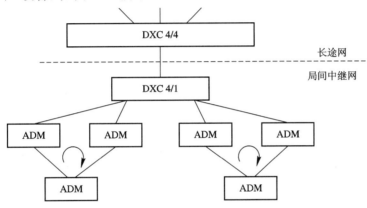

图 8.25　混合保护结构

在局间中继网中，数据流可以从一个环流向另一个环，或者流出该区域进入长途网。这类 DXC 将同时支持环形结构和 DXC 保护恢复策略。需要注意的是，有时 DXC 保护恢复与环网保护会发生冲突，例如原来通道倒换环设置的不同路由可能会由于 DXC 选路的实施而遭破坏，因而混合保护需要制定十分细致的选路规则。

8.1.7　SDH 的网管功能

SDH 设备的同步

SDH 的一个显著特点是在帧结构中安排了丰富的开销比特，从而使其网络的监控和管理能力大大增强。SDH 管理网（SMN）是电信管理网（TMN）的一个子网，因而它的体系结构继承和遵从了 TMN 的结构。SMN 可以细分为一系列的 SDH 管理子网（SMS），SMS 由一系列嵌入控制通路（ECC）及有关站内数据通信链路组成，并构成整个 TMN 的有机部分。这些子网负责管理 SDH 的网元（NE）。TMN、SMN、SMS 的关系如图 8.26 所示。

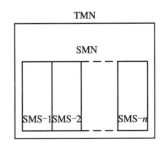

图 8.26　TMN、SMN、SMS 的关系

1. SDH 管理网的逻辑分层结构

SDH 的网络管理可以分为不同的逻辑层，每一层反映了管理的特定方面。

这些逻辑层从下至上分别为网元层(NEL)、网元管理层(EML)、网络管理层(NML)、业务管理层(SML)和商务管理层(BML)，如图 8.27 所示(只列出了下三层)。

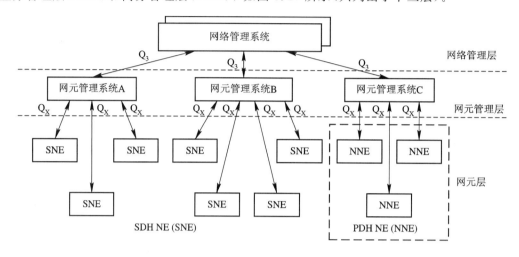

图 8.27　SMN 逻辑分层结构

1) 网元层

网元层是最基本的管理层，本身具有一定的管理功能。对于特定管理区域，网元管理设置在一个网元中会带来很大的灵活性。网元的基本功能应包含单个的配置、故障、性能管理功能。网元层在某些情况下可以实现分布管理，此时单个网元具有很强的管理功能，从而可以加快对网络各种事件的响应速度，尤其是可以加快为了达到保护目的而进行的通路恢复的速度。另一种选择是给网元以很弱的功能，将大部分管理功能集中在网元管理层上。

2) 网元管理层

网元管理层直接参与或管理个别网元或一组网元，具有一个或多个网元操作系统功能或/和协调功能。它负责配置管理、故障管理、性能管理、安全管理等。

3) 网络管理层

网络管理层负责对所辖区域进行监视和控制。其主要任务有：从网络的视角来控制和协调所有网元的活动，诸如选路管理和业务量管理等；搭配、中止或修改网络能力以支持用户服务。该层的目标是为服务管理层提供与技术无关的概貌，比如网络中有什么资源可用，资源间的相互联系和地理分布以及怎样控制这些资源等。

4) 业务管理层

业务管理层负责处理合同事项，诸如服务订购处理、申告处理和开票等。它承担下述任务：为所有服务交易(例如服务的提供和中止、计费、服务质量和故障报告等)提供与用户的基本联系点以及与其他管理机关的接口；与网络管理层、商务管理层以及业务提供者进行交互联络，维护统计数据等。

5) 商务管理层

商务管理层是最高的逻辑功能层，负责总的企业运营事项。通常该层只负责设计目标任务，不管具体目标如何实现。其主要功能就是最佳投资的决策过程和使用新的资源，支持涉及网络的管理运行和维护的相关预算的管理和相关人力资源的供需调配，并负责维护整个企业的统计数据等。

2. SDH 信息模型

SDH 网管的信息模型是针对 SDH 特有的物理和逻辑资源而制定的信息模型，必须遵循 TMN 通用信息模型。所谓信息模型，可以简单地看作一组相关管理目标(MO)的集合，其实质是一种管理信息的组织方式，规定了系统间需要交换的管理信息结构。换言之，为了实现不同的系统间的兼容，需要将信息背后的概念(意义)以独立于概念的实际实现的手段来表征，即需要进行"信息模型化"。方法是采用一套正式的符号和词汇对描述对象进行组织、分类和抽象概括，关键是采用一致的描述模板和描述语言。因而信息模型是一种规定管理系统和管理目标之间接口的手段，它精确地规定了可以用什么消息(即信息的内容)来管理所选择的目标(语法)，以及这些消息的意思(语义)。

传送网的分层为网络规划设计和分析带来了很大好处，为了实现有效的网管，也有必要将信息模型分层处理。ITU－T 目前将 SDH 网管信息模型划分为网元层信息模型和网络层信息模型，前者与网元密切相关，而后者脱离了网元技术细节，着重处理网络层面对的问题。

1) 网元层信息模型

ITU－T 在 G.774 系列建议中对 SDH 网元层信息模型作了详细完整的规范。网元层信息模型提供了网元管理视角下所需要的目标类及其特性，主要涉及管理网元功能和网元物理方面的信息、性能监视功能、净负荷结构配置功能、复用段保护倒换功能、子网连接保护功能、连接监视功能、单向性能监视功能、SDH 无线中继系统的管理、复用段保护配置以及信息模型的实施指南等内容。网元层信息模型主要适用于 SDH 网元和管理网元的操作系统，是 SDH 网管的基础。

2) 网络层信息模型

如果说网元层的信息模型是面向硬件和面向协议的话，那么网络层的信息模型将是面向软件和面向应用的，它规范的焦点是功能，而非具体协议，因而具有更好的分布性，适用于网络层规范。ITU－T 计划采用面向数学的无歧义语言(如 Z 语言)来规范软件程序，还开发了一种以开放式分布过程(ODP)参考模型为基础的建模方法，提供面向目标的、独立于分布的软件规范。该参考模型应用了从上至下方法的 5 个观点，即企业观点、信息观点、计算观点、工程设计观点和技术观点，从而避免了传统的 TMN 从下至上方法的缺点。网络层信息模型是当前 ITU－T 有关信息模型标准化工作的重点，也是组建高层网管的基础，其最新发展趋势是采用基于公用目标请求掮客结构(CORBA)的规范和技术。

3. SDH 管理功能

SDH 网管系统利用帧结构中丰富的开销字节，实现对 SDH 设备和 SDH 传送网的强大的管理功能。

1) 一般管理功能

SDH 与 NE 间进行通信，必须对构成其逻辑通信链路的嵌入控制通路(ECC)进行有效的管理；对需要时间标记的事件和性能报告标以分辨力为 1 s 的时间标记，时间由 NE 的本地实时时钟显示；其功能还包括安全、软件下载、远端注册、报表生成和打印管理等。

2）故障管理功能

故障管理功能包括故障原因监测、告警监视和告警历史管理。

故障原因监测：在宣布故障失效之前，网元内的设备管理功能对故障原因进行持续性检查。

告警监视：收集报告不同层网络的传输缺陷和指示信号。操作系统规定了什么样的事件和条件可以产生自动告警报告，其余的为请求报告，包括告警指示（AIS）、信号丢失（LOS）等事件。

告警历史管理：告警记录存储在 NE 的寄存器内，此管理提供查询和整理功能，寄存器填满后，操作系统可以决定停止记录或删除早期记录。

3）性能监视

性能监视涉及以下概念：

性能监视事件：对来自性能监视原语处理的可用信息进行加工并给出性能原语，从而导出性能事件，诸如误码秒、严重误码秒和背景块差错等。

数据采集：包括以维护为目的的性能数据采集和以误码块评估为目的的性能数据采集。

性能监视历史：通过记录的历史数据可以对系统性能进行评估，包括 15 min 寄存器和 24 h 寄存器。前者可以每隔 15 min 就采集一次性能事件数据，迅速检测出潜在的故障，主要用于判断不可用性；后者积累了较多的数据，可用于投入服务或劣化性能的评估。

门限管理：包括门限设置和门限报告。操作系统可以在 NE 中为各种性能事件设置门限值，当性能参数超过规定的门限值时发出门限报告。

性能数据报告：操作系统将存放在 NE 中的性能数据收集起来进行分析，这对开始合适的维护行动和故障报告是很有用的。只要操作系统需要，性能数据就能经 OS/NE 接口报告。

4）配置管理

配置管理主要实施对网元的控制、识别和数据交换，主要涉及保护倒换的指配，保护倒换的状态、控制和安装功能，踪迹识别符处理的指配和报告，净负荷结构的指配和报告，交叉矩阵连接的指配，EXC/DEG 门限的指配，CRC4 方式的指配，端口方式和终端点方式的指配以及缺陷和失效相关的指配等。

5）安全管理

安全管理涉及注册、口令和安全等级等。其关键是要防止未经允许的、与 SDH 网元的通信，并允许安全地接入网元的数据库。

4. 协议栈

为了在 SDH 的数据通信通路（DCC）上传送 OAM（操作与维护）消息，SDH 网络采用开放系统互连（OSI）的 7 层协议栈来满足要求。图 8.28 是用于 SDH DCC 管理消息通信的 7 层协议栈。

在 OSI 中，有两个重要的概念：协议和服务。所谓协议，是指如何进行通信的一系列约定，即一整套规则和格式（语义和语法），用来对每一层的功能进行描述和规定，以便不同系统对等层实体间进行通信。所谓服务，描述的是同一系统中某一层向其相邻的上一层所提供的功能，可以使用功能术语来表示服务规范。而协议栈就是一组按次序堆积起来的协议，分别与层相对应。

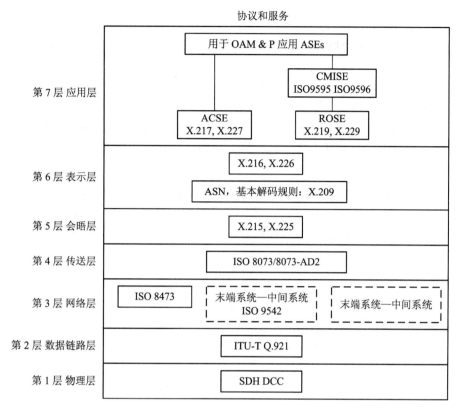

图 8.28　SDH DCC 协议栈模型

1）物理层

物理层的功能是实现在物理链路上数据流的传输。就 OAM 消息传送而言，SDH 段开销中由 12 个字节组成的 DCC 就构成了嵌入控制通路（ECC）的物理层。

2）数据链路层

ITU-T 建议 G.784 规定，通信链路接入规程（LAPD 或 Q.921）作为该层的协议。LAPD 为下面的传输网节点间提供点到点连接，不仅支持确认式信息传递服务（AITS），而且支持无确认式信息传递服务（UITS）。它是一种面向比特的协议，因而和传送数据速率无关，并要求通路为全双工、比特透明的 D 通路。

3）网络层

ITU-T 建议 G.784 选择 ISO 847.3 无连接模式网络层协议（CLNP）作为该层协议。与面向连接的网络（例如分组交换网等）相比，无连接网络的通信既没有连接建立阶段，也没有连接拆除阶段，网络层也无需确认流量控制和纠错一类服务，因而所需开销较小，适于高速应用进程。但因为开销小，它为用户进程提供的支持也较少。

4）传送层

ITU-T 建议 G.784 规定 ISO 807.3/AD2 作为该层协议。该协议能确保在网络上进行正确的端到端信息传递，并能在下面的无连接网络中形成一个传送连接，并且在连接上提供流量控制和纠错功能，从而简化网络层。该协议还选择了 ISO 807.3 中的第四类传送类别（TP4）来确保在无连接模式网络层服务上可靠地传送网络协议数据单元（NPDU）。

5) 会晤层

ITU－T 建议 G.784 规定 X.215 和 X.225 为该层的服务和协议。该协议应保证通信系统能与管理者(代表表示层和应用层)和通信系统之间正在进行的对话实现同步,其中核心功能和双工功能可协助建立和管理端到端连接。

6) 表示层

ITU－T 建议 G.784 规定采用 X.216 和 X.226 建议的服务和协议为该层的服务和协议,而且采用 X.209 中所规定的抽象语法标记 1(ASN.1)的基本编码规则来导出应用协议数据单元(APDU)的转移语法,用 ASN.1 的目标识别符作为转移语法名字的值。

7) 应用层

应用层直接为 OSI 环境中的用户提供服务,并为其访问 OSI 环境提供手段。应用层的 APDU 表示采用 ASN.1 来描述。ITU－T 在应用层规定了 3 种面向目标的服务和协议:公用管理信息服务单元(CMISE)、远端操作服务单元(ROSE)和联系控制服务单元(ACSE)。

5. 操作运行接口

与 SDH 网管有关的操作运行接口主要有 Q 接口和 F 接口,当与其他 TMN 相连时还涉及 X 接口。

1) Q 接口

SMS 将通过 Q 接口与 TMN 通信,所用 Q 接口应符合 ITU－T 建议 Q.811 和 Q.812 中相关协议栈的规定。完全的 Q_3 接口可以将一个操作系统(OS)连接至另一个 OS,或将 OS 连接至协调设备(MD),或将 OS 连接至 Q 适配器(QA),或将 OS 连接至网元(NE)。而 Q_X 接口(简化的 Q_3 接口)可以用来将协调设备(MD)连接至 MD,或将 NE 连接至 MD,或将 QA 连接至 MD,或将 NE 连接至 NE(其中至少有一个 NE 含协调功能)。

2) F 接口

F 接口是物理层通用 ITU－T 建议 V.10/V.11、V.28/V.24 接口,用来将 NE 连接至本地集中管理系统(工作站或 PC)。

3) X 接口

在低层协议中,X 接口与 Q_3 接口完全相同。在高层协议中,X 接口涉及不同电信运营商(TMN)网之间的互通,因而其安全问题格外重要,需要有比一般 Q_3 接口更加周全的安全支持功能。

8.2　WDM 光网络

随着信息化社会对通信容量和带宽需求的飞速增长,WDM 全光网成为未来大容量宽带发展的首选方案。

8.2.1　光传送网的分层结构

光传送网的分层结构应该考虑 SDH 网络到 WDM 网络的平滑过渡。WDM 系统是 SDH 信号的承载层。ITU－T 建议的 G.872 草案明确了在光传送网中加入了光层。按照建议，光层由光通道层、光复用段层和光传输段层组成，如图 8.29 所示。

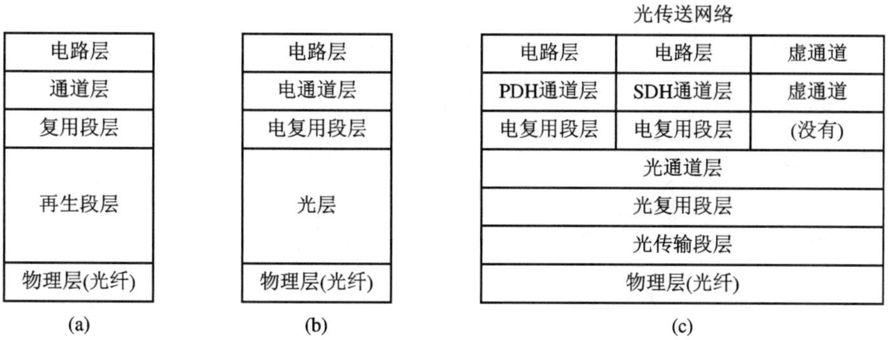

电路层
通道层
复用段层
再生段层
物理层(光纤)

(a)

电路层
电通道层
电复用段层
光层
物理层(光纤)

(b)

光传送网络

电路层	电路层	虚通道
PDH通道层	SDH通道层	虚通道
电复用段层	电复用段层	(没有)
光通道层		
光复用段层		
光传输段层		
物理层(光纤)		

(c)

WDM 与 SDH
网络分层体系
结构比较

图 8.29　光通信网络的分层结构

（a）SDH 网络；（b）WDM 网络；（c）光层分解

1. 光通道层（optical channel layer）

光通道层负责为来自电复用段层的客户信息选择路由和分配波长，为灵活的网络选路安排光信道连接，处理光信道开销，提供光信道层的检测、管理功能，并在故障发生时，通过重新选路或直接把工作业务切换到预定的保护路由来实现保护倒换和网络恢复。

2. 光复用段层（optical multiplexing section layer）

光复用段层保证相邻两个波长复用传输设备间多波长复用光信号的完整传输，为多波长信号提供网络功能，即为灵活的多波长网络选路重新安排光复用段功能，保证多波长光复用段适配信息的完整性，处理光复用段开销，为网络的运行和维护提供光复用段的检测和管理功能。

3. 光传输段层（optical transmission layer）

光传输段层为信号在不同类型的传输介质上提供传输功能，同时实现对光放大器或中继器的检测和控制功能等。它通常会涉及功率均衡问题、EDFA 增益控制问题和色散的积累和补偿问题。

8.2.2　WDM 广播选择网

广播选择网是 WDM 网络的一种形式，一般采用无源星形、总线形光耦合器或波长路由器实现本地应用。广播选择网又可以分为单跳和多跳两种网络。单跳是指网络中的信息传输以光的形式到达目的地，而无需在中间节点转换成电的形式；而多跳只在中间节点存在光电变换。

1. 广播选择单跳网

广播选择单跳网有星形和总线形结构，如图 8.30 所示。星形结构的 N 组收发器(RX/TX)与一个星形耦合器相连；而总线形结构中 N 组收发器通过一个无源总线相连，每个发送机采用一个固定的波长发送信息，经耦合器或总线汇集，然后分流到达各个节点接收端。接收端的每个节点都用可调谐接收器选择滤波出寻址到自身的那个波长，此时的接收机需要把接收波长调谐到与所要接收信息的发送波长上，这就要用到某种介质访问控制协

议(MAC 协议)。

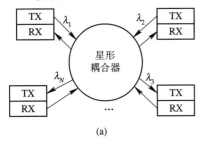 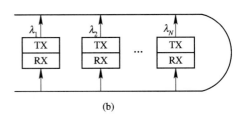

图 8.30 广播选择单跳网

(a) 星形；(b) 总线形

这种配置除可以支持点到点链路外，还可以支持一个发送机对多个节点发送相同信息的多播和广播业务。这种网络的好处就是对协议透明，即不同的通信节点集合可以采用不同的信息交换规则(协议)，而不受网络中其他节点的影响。由于星形耦合器和光纤链路都是无源的，所以这种网络很可靠，而且易于控制。

但这种网络也有明显不足，就是它非常浪费光功率，因为每一个要传输的光信号能量几乎都被平分到网络中的所有节点上了；另外，每个节点都需要一个不同的波长，在波长有限的情况下，节点数目就比较有限，并且各节点之间需要仔细协调不同的动态过程，当两个站向一个站发送信息时，要避免信息流碰撞。

2. 广播选择多跳网

多跳网的设计可以有效地避免单跳网中需要快速可调谐激光器或光滤波器的缺点。多跳网一般没有各个节点对之间的通道，每个节点都有少量的或固定的可调光发送机和接收机。图 8.31(a)是一个采用 4 节点的广播选择多跳网的例子。每个节点都有两个固定波长的发送以及两个固定波长的接收。各站只能向可以调谐接收其发送波长的那些节点直接发送信息，而发往其他站的信息不得不通过中转进行路由。

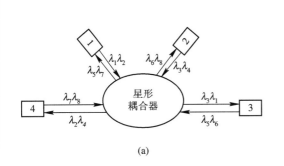 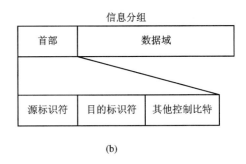

图 8.31 广播选择多跳网

一种简单的传输方案如图 8.31(b)所示，即消息以分组的形式发送，每个分组都由首部和数据域构成，其中首部包含源和目的标识符(如路由信息)以及其他控制比特。在每个中间节点，光信号都将转换成电信号，并且将地址首部进行解码，以检查其中的路由信息，由该信息决定分组的去向。利用这种路由信息，分组将在电域中被交换到相应的光发送机，从而正确地传递到逻辑链路上的下一个节点，直至最终目的地。

　　从图 8.31(a)中可以看到业务流的流向，如果节点 1 要向节点 2 发送消息，首先采用波长 λ_1 将消息发送出去，只有节点 3 可以调谐 λ_1 信号并接收，然后节点 3 用 λ_6 将消息传递给节点 2。这种方式的好处是不会出现目的地冲突或是分组碰撞，因为每个波长信道只针对一个特殊的源、目的地。

3. 洗牌网多跳网

　　洗牌网(ShuffleNet)是多跳网的一种拓扑结构，它由 k 列组成，每列有 p^k 个节点，其中 p 是每个节点中固定收发设备对的数目。总的节点数为

$$N = kp^k$$

其中，$k=1,2,3,\cdots$，且 $p=1,2,3,\cdots$。因为每个节点都需要 p 个波长发送信息，所以网络所需要的总波长数为

$$N_\lambda = pN = kp^{k+1}$$

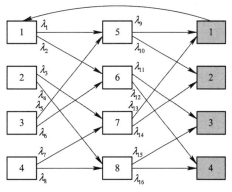

　　洗牌网中的一个重要性能参数是两个随机节点间的平均跳数。每个节点有 p 个输出波长，则 p 个节点之间需要 1 跳即可，p^2 个节点最多跳 2 跳就可以到达对方……依此类推，直到所有的 p^k-1 个节点都可以被访问到，则需要的最大跳数为

$$H_{\max} = 2k - 1$$

　　图 8.32 所示为一个 $(p,k)=(2,2)$ 的洗牌网，其中第 $k+1$ 列表示沿着圆柱实现了与第一列的完全重合。总的节点数为 $2\times 2^2=8$，总的波长数为 $2\times 2^{2+1}=16$。

图 8.32　$(p,k)=(2,2)$ 的洗牌网

　　此例中，节点 1 和 5 之间的连接，跳数是 1；节点 1 和 7 之间的连接，跳数是 3，路由为 1 - 6 - 4 - 7 或 1 - 5 - 2 - 7。

　　洗牌网的平均跳数为

$$\overline{H} = \frac{1}{N-1}\Big[\sum_{j=1}^{k-1} jp^j + \sum_{j=0}^{k-1}(k+j)(p^k-p^j)\Big] = \frac{kp^k(p-1)(3k-1)-2k(p^k-1)}{2(p-1)(kp^k-1)}$$

　　由于网络具有多跳机制，因此连接两个节点的直通链路中只有一部分容量用于承载它们之间的业务，而其余的链路容量用于其他节点间的消息传递。系统的链路共有 $N_p=kp^{k+1}$ 条，所以总的网络容量 C 为

$$C = \frac{kp^{k+1}}{H}$$

　　每个用户的容量 S 则为

$$S = \frac{C}{N} = \frac{p}{H}$$

　　对于不同 (p,k) 组合，网络的容量不同，为了获得更好的网络特性，必须在各变量之间进行折中。例如对于给定的节点数 N，可以通过增大 p(减少 k)来减少平均跳数，从而提高网络的容量和吞吐量。

8.2.3 WDM 波长路由网(WRN)

虽然广播选择网结构简单,但是将它应用到广域网的时候就会出现问题,主要有:

(1) 随着节点数的增加,所需波长数也不断增加。典型情况下,所需波长数至少和节点数相当,否则若干节点就要分时复用一个波长,产生时延并影响传送效率。

(2) 广播选择网的信号同时发送到网络中,因为星形耦合器是无源器件,分配损耗相当高,如果分配网区域较大,就必须广泛使用光功率放大器。

如果利用波长复用技术、波长变换技术和光交换技术组成波长路由网,就可以克服上述限制。波长路由网是光波长路由器通过成对的点到点链路连接成的任意的栅格结构,每个栅格都承载一定数量的波长,在节点中可以相互独立地将各个波长传送到不同的输出端口。每个节点都有和其他节点相连的逻辑连接,而每个逻辑连接都使用一个特定波长。任何没有公共路径的逻辑连接可以使用相同的波长,这样就可以减少总的使用波长数。

如图 8.33 所示结构,节点 1 到节点 2 的连接和节点 2 到节点 5 的连接都可以使用波长 λ_1,而节点 3 和节点 4 之间的连接就需要采用不同的波长 λ_2。

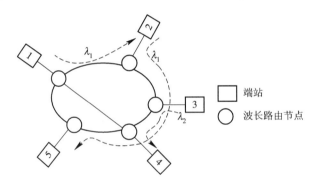

图 8.33　栅格网中的波长复用

在用户站点,为了实现路径的高度模块化、容量的大规模和增减信道的灵活性,我们将光交叉连接(OXC)机构的概念引入光网络的物理通道结构(称为通道层)中。光交叉连接直接工作于光域,它可以将一个光网络中的高容量 WDM 信息流路由到各个互连的光通道上。

图 8.34 所示为一种基于光空分交换的 OXC 结构。空分交换机可以采用电控方向耦合器或 SOA 光开关的级联来构成。每根光纤载有 M 个波长(图中为 4 个),在节点中可以自由地分出或者插入。在输入端,所有到达的信号光都被放大,然后由一个分光器分为 N 个光信息流。随后的可调谐滤波器选择出某个波长,将其送往光空分交换矩阵。在输入端,也可以采用光的波分复用器将输入的混合光信号流分到各个波长信道。直通信道是指交换矩阵将分解出来的光信号直接送到 8 根输出线的 1 根上。如果需要分接给本地用户,则通过 9~12 的输出口送到与数字交叉连接(DXC)相连的光接收机(RXs)上。本地用户信号可以通过 DXC 矩阵接入一个光发送机(TXs),然后进入光空分交换矩阵中,到达相应的输出端口。输出的 M 路信号可以经由一个波长复用器合成一路信号送到输出光纤上。在输出前一般加入一个光功率放大器,以提高发送到线路上的光功率。

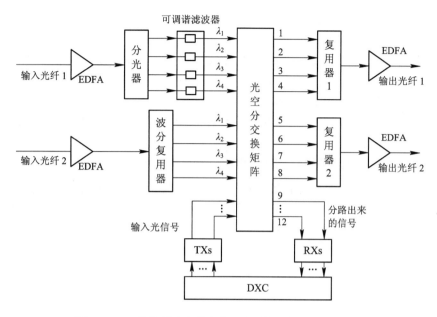

图 8.34　一种使用光空分交换、无波长变换的 OXC 结构

在这种结构中，没有波长变换器，因此当不同的光纤上有相同波长的信道同时需要交换到同一根光纤上时，就会产生冲突。要解决冲突，可以对每个贯穿全网的光通道分配一个固定波长，或者将发生冲突的信道中的一个分接下来，再用另一个波长发送出去。但前一种方法会使波长的重复利用率减少，从而影响网络规模，而后一种方法将使 OXC 失去分接、插入的灵活性。如果在 OXC 的输出端口增加波长变换器，则可消除这种阻塞特性。如图 8.35 所示就是一种基于完全波长变换的 OXC 结构。

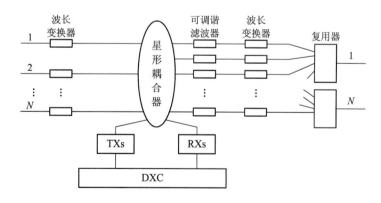

图 8.35　一种基于完全波长变换的 OXC 结构

在这种结构中，每个链路的光纤上有 q 个复用波长，所有输入到链路中的 WDM 信号首先被波长变换器变换成 Nq 个不同的内部波长，然后通过一个大耦合器将这些信号送到 Nq 条支路中去，由可调谐滤波器选出一个所需的波长，再由波长变换器转换成所需的外部波长并与其他波长一起复用到输出链路中去。为了防止星形耦合器失效引起整个 OXC 瘫痪，可以使用 N 个 $1 \times q$ 耦合器和 N 个 $N \times q$ 耦合器来代替大耦合器，以提高系统可靠性，并使升级维护更加方便。

8.2.4　WRN 的选路算法

在 WDM 光网络的实现中，如何合理地规划网络的波长资源，是决定网络资源利用效率的关键问题。波长路由的光网络可以大大简化路由选择算法和网络的控制及管理工作，不需要在交换时预先处理路由信息，从而更有利于实现高速、大容量的通信网络，提高网络的可靠性和稳定性。而这种组网方案的可行性在很大程度上受到网络所需波长数目的限制。

1. 波长通道(WP)和虚波长通道(VWP)

WDM 的光通路可以看作光通路层上的端到端的连接，它形成电通路层的虚连接。建立或释放一条光通路意味着在电通路层上增加或减少一条虚连接。一个经过优化的光通路层网络，不仅可以用来适应给定的业务需求的最佳电通路层拓扑，而且通过光通路层的恢复和保护机制可以直接解决由于光纤切断或节点故障等物理原因造成的通信中断问题，而不必改变电通路层的拓扑结构。这种光通路层的连接被称为网络的逻辑拓扑，以对比于反映实际光纤连接关系的物理拓扑。

根据 OXC 能否提供波长变换功能，光通道可以分为波长通道(Wavelength Path，WP)和虚波长通道(Virtual Wavelength Path，VWP)。

光通道层传输的信号，在所有的波长复用段中都使用相同的波长，并保持不变，这种通道就是波长通道(WP)。建立这种通道必须能找到一组链路，在这些链路上均使用一个共同的波长，且这个波长应该是空闲的。如果找不到这样一条路径，则通道建立请求就被阻塞掉了。为了避免这样的阻塞，网络实际需要的波长数必须很多，从而使每波长通道的利用率较低。在实际使用中，由于技术原因，滤波器与放大器的带宽有限，通道间隔又不能过小，以免引起信道串音，可用的波长总数是有限的，因此经常不足以支持大量节点的需要。

而虚波长通道(VWP)利用了 OXC 的波长变换功能，在不同的波长复用段可以占用不同的波长，从而提高了波长的利用率，减少了全网所需的波长数，降低了阻塞概率。建立虚波长通道时，只需找到一条路径，其中每条链路的波长复用段都有空闲的波长可用。为了实现节点间的虚波长通道的连接，在光通道的节点处设置有波长变换器，它将接收到的信号波长 λ_1 变换为本段可用的波长 λ_2，从而避免与已占有该链路 λ_1 波长的信号产生碰撞，引起阻塞。所以波长变换器是建立 VWP 的关键器件。

波长通道方式要求光通道层在选路和分配波长时采用集中控制方式，因为只有在掌握了整个网络所有波长复用段的波长占用情况之后，才可能为一个新的传送请求选一条合适的路由。而在虚波长通道方式下，在确定通道的传输链路后，各波长复用段的波长可以逐个分配，因此可以进行分布式控制。分布式控制可能选不到最佳路由，但是可以大大降低光通道层选路的复杂性和选路所需的时间。由于任何两个节点之间都可能存在多条路由，因此必须有一套有效的路由选择和波长分配算法，根据网络的拓扑结构和目前的状态，为新传送请求选路并分配波长。另外，当光通道层中允许接入分组信息时，还需要相应的分组交换型的选路算法。

2. 路由选择和波长分配

光通道的建立，要求在传送网的物理结构中选择一条由业务源点到宿点的全光路由，并为其分配一定的波长。考虑到波长资源的重利用以及提高网络阻塞性能的要求，优化光通道的选路和波长分配（Routing and Wavelength Assignment，RWA）方案成为光通道层设计的核心问题。

在波长通道和虚波长通道这两种结构中：波长通道需满足波长一致性，其各链路复用段必须采用相同的波长，不同的波长通道分配不同的波长，路由选择和波长分配是独立的两个问题；而虚波长通道网络由于组成虚波长路由的各段可以分配不同的波长，所以基本上不存在波长的分配问题。

光传送网可以支持电路交换型业务，也可以支持分组交换型业务，但两者讨论的优化目的不同。

1）电路交换型光传送网

电路交换型光传送网的业务可以分为静态业务和动态业务两种类型。

静态业务的 RWA 问题是指对一组确定的、需要建立的光通道选择路由并分配波长。这类问题可以归结为一类数学线性规划问题，针对 VWP 和 WP 网络，可以给出一种以波长优化为目的的比较完善的数学描述。当网络规模较小时，可以直接利用线性规划问题的一般算法求解网络需要的最少波长数目。由于随网络规模的扩大，需要的计算时间将呈指数增长，因此对大型网络最优化波长数目的计算必须提出启发式的算法。对于 VWP 网络，可以采用 Nagatsu 等人提出的选路优化策略或求最大路径概率的方案，其具体数学描述超出了本书的范围，这里不作介绍。

动态业务的 RWA 问题是指在实时业务条件下的光通道路由选择和波长分配优化问题。此时光通道的连接请求是随机到达的，并且已建立的连接在维持任意一段时间后会被撤销。由于需要建立的光通道数量和位置是不固定的，并且随时在不断地改变，因此以资源（最小化波长数目）为目标已不能反映实际情况的要求，而应当根据动态业务的特点选择服务性能指标（呼损率）作为动态 RWA 的优化目标。

2）分组交换型光传送网

由于未来的光网络需要支持分组数据业务（无连接型业务）的传送，这种业务和电路交换业务有着本质的区别，因此光网络层的优化目标和优化策略明显不同。支持分组业务的光传送网，其设计核心是解决最优化网络虚拓扑的问题。

如图 8.36 所示，WDM 网络的物理拓扑是指由选路节点和 WDM 复用链路构成的网络物理连接结构，在图中用实线表示。利用光通道的概念，可以建立网络的虚拓扑，实现介于物理拓扑和节点的通信业务需求之间的缓冲。图 8.36 中虚线所示即为网络的虚拓扑结构。物理拓扑是面向节点的物理连接，处于传输介质层；而虚拓扑是面向节点的逻辑连接，位于通道层。虚拓扑的实现必须嵌入一个实际的物理拓扑结构中。

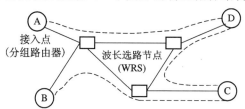

图 8.36　波长选路光传送网

将 WDM 网络的结构划分为物理拓扑和虚拓扑的思想简化了网络的设计过程,使设计者可以依据不同的条件、面向不同的目标设计最佳的网络结构形式。分组网络的虚拓扑设计问题尤其体现了 WDM 网络结构的灵活性。在用于分组传送业务的 WDM 网络中,节点间的分组通信可以经过一个或多个光通道,称作分组信息在虚拓扑上的选径。虚拓扑的结构设计、光通道在物理拓扑上的选路和波长分配以及分组选径过程统称为网络的虚拓扑设计优化问题。由于虚拓扑的择优需要从几乎无限的虚拓扑实现方案中选择使分组传送性能最佳的方案,因此这是一类复杂的组合优化过程,可以用数学意义上的规划问题表示,在某些情况下可进一步简化为混合整数线性规划问题(MILP)。有关虚拓扑的具体数学描述可参见相关书籍。

对较大规模的网络求解最佳的虚拓扑几乎是不可能实现的,比较现实的解决方案是通过对各种限制条件的组合,把整体最优问题分解为若干相对简单的局部优化子问题,然后用启发式算法搜索问题的近似最优解。有两种可能的分解方案:

第一种方案是将原问题分解为两个子问题,即先决定一个可行的虚拓扑的实现方式,包括光连接的建立、基于物理拓扑的通道选路和最佳波长配置,然后在上述得到的虚拓扑基础上进行分组业务选径,使网络性能最佳。

第二种方案是把原来的优化问题分解成这样两个子问题,即首先在物理拓扑上直接进行分组业务选径(允许分叉选径),建立一组分组路由,然后在上述分组路由集的基础上设计最优的虚拓扑。

8.2.5 WDM 的网管

1. WDM 网管的基本要求

由于 WDM 和 SDH 系统分别处于系统的光网络层和业务层,因此其网络管理也应彻底分开。实际运行的 WDM 系统,既可以承载标准的 SDH 信号,也可以承载 PDH 信号或其他任何不受限的数字信号或模拟信号,因而 WDM 的网管应该与其传送的信号的网管分离,至少在网元层要彻底分开。WDM 的网管与 SDH 的网管平行,分别通过 Q₃ 接口同时送给上层的网络管理层。这样可以增加 WDM 系统承载的多样性,真正发挥 WDM 技术"业务透明"的特点。

和 SDH/ATM 网相比,WDM 传送网对网络管理有以下特殊的要求:

(1) 由于 WDM 网中客户信息的传送、复用、选路、监视等处理功能都是在光域上进行的,因此网络的管理方式必须适应光层管理的特点和要求。

(2) 在光传送网中引入了一些不同于 SDH/ATM 的管理实体,如对光交叉连接(OXC)和光分插复用(OADM)设备的管理。

(3) WDM 网络的一个重要优点就是它的协议透明性,即在单一的物理架构中可以同时存在多种形式的协议流,因为无法预知网络使用的协议,所以光传送网需要有自己的管理信息结构和开销方案。

(4) WDM 需要考虑与现有的 SDH/ATM 传送网管理的配合问题。

WDM 的网络管理既可以采取集中方式,也可以采取分布方式。在集中式网管系统中,只能有一个控制器执行网络的管理功能;在分布式网管系统中,则可以有多个控制器共享网络管理能力。分布式管理方案通常比集中式管理方案更强大，但从维护网络目录数据库的一致性和实现网络局部或全网的分布恢复的角度分析，分布式管理方案更复杂。

　　WDM 系统在现阶段至少应该设置自己独立的网元管理功能层(EM)，应具有在一个平台上管理 EDFA、波分复用器、波长转换器(OTU)及监控信道性能的功能，能够对设备进行性能、故障、配置以及安全等方面的管理。

　　一个 WDM 系统中，可以承载多家 SDH 设备，但 WDM 系统的网元管理系统应独立于其所承载的 SDH 设备，如图 8.37 所示。

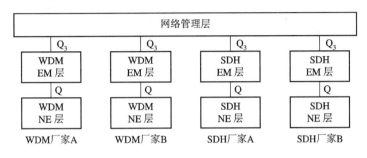

图 8.37　WDM 系统的网管分层结构

　　对于同一厂家的 SDH 设备和 WDM 设备，当两者的网元具有相同的 Q 接口时，可以采用同一网元管理系统，但其网管系统也可以分离，并且其 WDM 系统仍然必须具有承载其他厂家 SDH 系统的功能。

　　管理接口主要包括管理层接口、工作站接口和本地终端接口，其中：工作站接口特性应符合 F 接口的要求，目前可采用 ITU－T 建议 V.10/V.11 或 V.28/V.24 的规定；而本地终端(LCT)应符合 F 接口要求。本地维护终端提供对所供设备的本地维护能力，其管理能力应符合有关网元的管理功能。运营者可以根据自己的需要，决定 LCT 是否具有远端接入功能。

2. 网元管理系统的主要功能

　　WDM 网元管理系统承担授权区域内各个网络单元的管理，并提供部分网络管理功能，被管理的网络中的各网元均应由一个管理软件和硬件平台进行管理。WDM 系统网元主要包括发送机、接收机、EDFA、光监控信道、波分复用/解复用器等。对网元的管理包括对组成网元的各子网单元的配置、故障、性能等的管理功能，除提供通向高一级网管系统的接口外，还提供光监控信道(OSC)中数据通信通路(DCC)网管信息的上/下传送。

　　WDM 网元管理系统的主要功能包括故障管理、性能管理、配置管理和安全管理。

　　1) 故障管理

　　故障管理应具有对传输系统进行故障诊断、故障定位、故障隔离、故障改正以及路径测试等功能。

　　故障管理必须监视的告警参数有光纤故障、发射机故障、接收机故障、光放大器故障、OXC 故障、波长变换器故障以及通道的信号丢失、帧失步、帧丢失和外部事件告警管理等。网元管理系统至少应支持的告警功能为故障的定位诊断，报告告警信号以及记录告警时间、来源、属性及告警级别等，且记录可查，可设置故障级别等。

2) 性能管理

故障管理监视的参数也是性能管理必须监视的参数,此外,性能管理还必须具有以下管理功能:对监控信道的误码性能进行自动采集和分析,并以 ASCII 码形式传给外部存储器,同时对所有终端点性能进行监视,并设置监视门限值,存储 15 min 和 24 h 两类事件性能数据。

性能管理监视的参数主要有:SDH 光发送单元和波长变换器(OUT)光发送单元数据,包括发送光信号中心波长、中心波长频偏、激光器输出光功率、偏置电流、外调制器偏压及波长对应实测温度等;光放大器数据,包括总输入/输出光功率、每路输入/输出光功率及泵浦激光器的工作温度和偏置电流等;接收单元(ODU)数据,包括总输入光功率、单个波长功率及波分器温度等;光监控通路数据,包括激光器的输出功率、工作温度、误码性能等。

3) 配置管理

配置管理是指通过对网元设备进行初始化设置,建立和修改网络拓扑图,配置网元状态和控制,实现保护倒换和资源调度等管理内容。

4) 安全管理

安全管理完成的功能主要有操作级别及权限划分、用户登录管理、日志管理、口令管理、管理区域管理、用户管理、安全检查、安全告警、授权人员进入级别管理和监控等。

8.3　其他类型的光网络

8.3.1　光纤以太网

以太网技术最早是由美国施乐公司、英特尔公司和 DEC 公司于 20 世纪 70 年代联合研制的。现在它已经是各种局域网的主体。以太网拥有 10 Mb/s、100 Mb/s、1000 Mb/s 等不同的速率,最近又出现了 10 Gb/s 以太网。

1. 以太网

1) 以太网介质访问控制与帧结构

以太网采用载波侦听多址访问和碰撞检测/CD(Carrier Sense Multiple Access With Collision Detection,CSMA)机制。CSMA/CD 协议是对 ALOHA 协议(ALOHA 是一种基于地面无线广播通信而创建的适用于无协调关系的多用户竞争单信道使用权的系统)的改进,它保证在侦听到信道忙时无新站开始发送,站点检测到冲突就取消传送。

标准以太网的帧格式如图 8.38 所示,它包括以下内容:

(1) 前同步码:7 个字节的 10101010,使 LAN 上的所有其他站点达到同步。

(2) 帧定界符(Start Of Frame Delimiter,SOFD):格式为"10101011"。

(3) 目标地址和源地址:各有 48 位,表示发送和接收工作站的地址,其中目标地址可以是单地址,也可以是组地址(包含全"1"的广播地址)。

(4) 类型:指定接收数据的高层协议。

(5) 信息数据:在经过物理层和逻辑链路层的处理之后,包含在帧中的数据将被传递给在类型字段中指定的高层协议。虽然以太网版本 2 中并没有明确作出补齐规定，但是以太网帧中数据段的长度最小应当不低于 46 个字节。

（6）帧校验序列（Frame Check Sequence，FCS）：包含长度为 4 个字节的循环冗余校验值（CRC），由发送设备计算产生，在接收方被重新计算以确定帧在传送过程中是否被损坏。

图 8.38 同时也给出了 IEEE 802.3 的帧格式，它与标准的以太网的帧格式不同：以长度字段代替了类型字段，表示紧随其后的以字节为单位的数据段的长度。

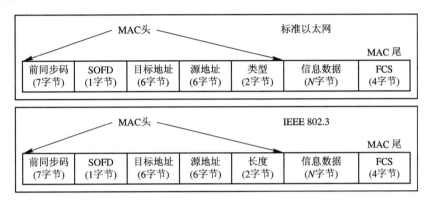

图 8.38　以太网及 IEEE 802.3 的帧格式

虽然以太网和 IEEE 802.3 在很多方面都非常相似，但是两种规范之间仍然存在着一定的区别。以太网所提供的服务主要对应于 OSI 参考模型的第一和第二层，即物理层和逻辑链路层；而 IEEE 802.3 则主要是对物理层和逻辑链路层的通道访问部分进行了规定。此外，IEEE 802.3 没有定义任何逻辑链路控制协议，但是指定了多种不同的物理层，而以太网只提供了一种物理层协议。

2）10 M 以太网的传输介质及结构

第一代的以太网传输速率为 10 Mb/s，主要采用粗同轴电缆、细同轴电缆或双绞线作为传输介质。

（1）10 Base-2 以太网通常称为细缆以太网，采用价格便宜的 RG58 50 Ω 同轴细缆，所以这种网络又称为廉价网。但是因其 BNC 插头与 T 型接头直接连接，容易引起人为接触不良，所以这种网络可靠性较差，不便于维护和扩展，适用于环境较好的小型网络。

10 Base-2 的主要技术特性是：每段电缆最大长度为 185 m，最多可扩展 5 段；最大传输距离为 925 m；拓扑方式为总线形结构；工作站之间的最小距离为 0.5 m；每段电缆允许的最大工作站数为 30 个。

（2）10 Base-5 以太网通常称为粗缆以太网，采用 RG11 50 Ω 同轴电缆作为传输介质。这种以太网可靠性高，抗干扰性强，一般用于距离远、环境恶劣的场合。

10 Base-5 的主要技术特性是：每段电缆最大长度为 500 m，最多可扩展 5 段；最大传输长度为 2500 m；拓扑方式为总线形结构；工作站之间的最小距离为 0.5 m；每段电缆允许的最大工作站数为 30 个。

（3）10 Base-T 以太网采用双绞线作为传输介质，其连接主要以集线器 HUB 作为枢纽。这种网络安装方便，价格便宜，管理连接方便。

10 Base - T 的主要技术特性是：两个 HUB 之间或 HUB 与工作站之间的每段双绞线的最大长度为 100 m；一条通路允许连接的 HUB 为 4 个；拓扑结构为星形或总线形；最大传输距离为 500 m；每个 HUB 可连接的工作站为 96 个。

2. 快速以太网

快速以太网的传输速率为 100 Mb/s，100 Base - T 是 IEEE 正式接受的 100 Mb/s 以太网规范。它采用非屏蔽双绞线(UTP)或屏蔽双绞线(STP)作为网络介质，媒体访问控制(MAC)层与 IEEE 802.3 协议所规定的 MAC 层兼容，被 IEEE 作为 802.3 规范的补充标准 802.3u 公布。

在 100 Base - T 的子层中，信息的传输速率比 10 Base - T 提高了 10 倍，即每个比特的传输时间压缩了 10 倍。由于 MAC 协议与速度无关，所以 100 Base - T 的帧格式、帧长度、差错控制及信息管理等均与 10 Base - T 相同。

100 Base - T 支持三种不同的物理层标准：

(1) 100 Base - T4：是一个 4 对线系统，即使用 4 对 3、4、5 类 UTP。

(2) 100 Base - TX：是一个 2 对线系统，即使用 2 对 ELA586 数据级的 5 类 UTP 和 STP。

(3) 100 Base - FX：是一对多模光缆，每束都可用于两个方向，因此它也是全双工的，并且站点与集线器之间的最大距离高达 2 km。

这三种介质可以通过一个集线器进行互连。100 Base - T 标准还规定了自动切换功能，即允许一个网卡或一个交换器能自动适应 10 Mb/s 或 100 Mb/s 两种速率。一个 100 Base - T 的工作站会自动发出称作快速连接脉冲(FLP)的一组信号以表示其有 100 Mb/s 的通信能力，如果接收站是一个 10 Base - T 的 HUB，则该网段就使用 10 Base - T 进行通信，而若该 HUB 能支持 100 Mb/s 速率，就会检测到 FLP 并使用自动切换算法和 FLP 数据来自动设置该网段为 100 Mb/s 的速率进行通信。100 Base - T 的主要技术特性还有：拓扑结构为星形；从集线器到节点的最大距离为 100 m(UTP)或 185 m(光缆)；两个 HUB 之间的距离允许小于 5 m；一个网段允许的 HUB 为 2 个。

3. 千兆以太网

千兆以太网是对 IEEE 802.3 以太网标准的扩展，它在以太网协议的基础之上，将快速以太网的传输速率(100 Mb/s)提高了 10 倍，达到了 1 Gb/s。千兆以太网保留了 802.3 和以太网标准帧格式以及 802.3 管理的对象规格，因此，用户能够在保留现有应用程序、操作系统、IP、IPX 及 AppleTald 等协议以及网络管理平台与工具的同时，方便地升级至千兆以太网。另外，由于千兆以太网支持光纤介质，因此使用交换式光纤分布式数据接口(FDDI)的用户也能够较为容易地升级至千兆的速度，这将极大地增加提供给用户的带宽，同时保护了原有的光纤线缆上的投资。

千兆以太网标准采用 IEEE 802.3z，是 10 Mb/s 和 100 Mb/s IEEE 802.3 以太网标准的扩展。千兆以太网保留了与以太网节点的完全兼容能力，使用 802.3 以太网帧格式以及带有一个路由器/冲突域支持的 CSMA/CD 访问方法。

IEEE 802.3z 任务组致力于千兆以太网物理层标准的定义中。像其他基于 ISO 模型的标准一样，千兆以太网实现与物理层标准相关的功能。如图 8.39 所示，千兆以太网有几种不同的物理层标准。

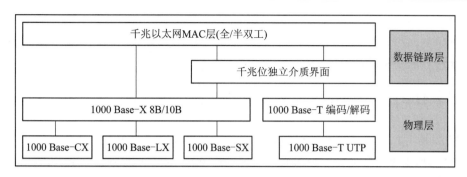

图 8.39　千兆以太网技术和 OSI

千兆以太网有以下几种不同的物理层：

（1）1000 Base - SX：一种使用短波激光作为信号源的网络介质技术；在收发器上配置的是波长为 770～860 nm(一般为 800 nm)的激光传输器，不支持单模光纤，只能驱动多模光纤，光纤部件在光缆上发送信号和使用连续与非连续的 8 B/10 B 编码方案；使用多模光纤的传输距离为 300～550 m，适用于小型和较短的骨干网。

（2）1000 Base - LX：一种使用长波激光作为信号源的网络技术；在收发器上配置的是波长为 1270～1355 nm(一般为 1300 nm)的激光传输器，既可以驱动多模光纤，也可以驱动单模光纤；单模光纤采用长波长传输，距离为 3000 m。

（3）1000 Base - CX：在一种铜线电缆上传输的标准；支持设备群的互连，此时的物理接口使用短程通信的铜线连接，在串行线路上使用基于光缆信道的 8 B/10 B 编码。这种物理层的优点是设计迅速，实现的费用不高。

（4）1000 Base - T：使用 4 对 5 类 UTP，在电缆上提供 1 Gb/s 的以太网传输速率，可以覆盖 100 m 的电缆直径或 200 m 的网络；不支持 8 B/10 B 编码，需要采用新的编码方案。

4. 10G 以太网

以太网的发展经历了以太网、快速以太网和千兆以太网三个阶段。从 1999 年年底开始，IEEE 已成立了一个研究小组来确定 10 Gb/s 以太网标准的技术参数，如传输介质、最大传输距离和更高的传输速率等。

尽管 10 Gb/s 以太网还处在研究过程的初期，但设备厂商已就某些问题达成共识。以压倒多数达成共识的一个重要观点是：10 Gb/s 以太网只运行全双工，而不运行单工方式，而且也不采用载波侦听多址接入/碰撞检测(CSMA/CD)机制。这意味着 10 Gb/s 以太网将失去部分原始以太网的特征。

对于传输距离，IEEE 研究小组指出，当确定为 10 Gb/s 以太网敷设光缆时，将努力争取更远的传输距离。在多模光纤上要实现的传输距离有两种：一种是在已安装的多模光纤上达到 100 m，另一种是在新式增强型多模光纤上达到 300 m。对于单模光纤而言，IEEE 研究小组考虑了三种传输距离：校园网达到 2 km，城域网达到 10 km 和 40 km。在未来的 10 Gb/s 以太网中如果使用铜线的话，有些问题可能还需要研究。IEEE 研究小组认为，把 Gb/s 以太网放在 5 类电缆上负荷太重，因此 IEEE 研究小组正在考虑建议采用 6 类电缆，而且可以利用多种 6 类电缆来传送 10 Gb/s 数据。

对于网络运营商来说，10 Gb/s 以太网比其他局域网传输技术更有吸引力。以太网本身已证明它是提供各种传输速率的简单而经济适用的网络技术。事实上，一些运营商已在广域网中使用千兆以太网，因此，10 Gb/s 以太网技术即将成为从桌面系统向园区主干网、广域网和更大的应用范围延伸的一种很有发展潜力的主导技术，其服务费用低廉和网络管理简单的特性将给企业带来巨大的效益。

8.3.2 无源光网络（PON）

光接入网（OAN）定义为共享相同的网络侧接口并由光接入传输系统所支持的接入链路群。OAN 从系统配置上可以分为有源光网络（Active Optical Network，AON）和无源光网络（Passive Optical Network，PON）两种。

AON 包括光有源器件，其传输距离和容量较大，易于扩展带宽，网络规划和运行灵活性较大。但有源设备需要机房、供电和维护等，比较复杂，价格较贵。AON 可分为基于 SDH 的 AON 和基于 PDH 的 AON。

PON 在光线路终端（OLT）和光网络单元（ONU）之间没有任何有源电子设备，对各种业务呈透明状态，易于升级和维护。但 OLT 和 ONU 之间的距离和容量受到一定的限制。PON 可以分为窄带 PON 和宽带 PON，宽带 PON 主要有 APON 和 EPON 两种。

1. 窄带 PON

传统的窄带 PON 由 ITU－U G.982 建议规定。其光接入网（OAN）的配置与业务无关，而且包含 Q_3 接口，应用方式有光纤到路边（FTTC）、光纤到大楼（FTTB）、光纤到办公室（FTTO）和光纤到家庭（FTTH）。它使用的光纤是符合 G.652 规定的常规单模光纤。传输复用技术主要完成 OLT 和 ONU 连接的功能，连接方式可以是点对多点方式，也可以是点对点方式。多点的接入方式有多种，如时分多址接入（TDMA）、副载波多址接入（SCMA）等。G.982 是基于 TDMA 的接入方式，但不排除其他接入方式。

（1）空分复用（SDM）：对上行信号和下行信号采用两根分开的光纤传输，单工工作方式，工作波长被限定在 1310 nm 区。

（2）时间压缩复用（TCM）：采用单根光纤，每个方向上的信息采用不同的时间间隔，半双工工作方式，工作波长被限定在 1310 nm 区。

（3）波分复用（WDM）：采用单根光纤，异波长双工方式。上行传输（ONU 到 OLT）工作在 1310 nm 区，下行传输（OLT 到 ONU）工作在 1310 nm 或 1550 nm 区。当上行传输和下行传输均工作在 1310 nm 区时，上行信号处于 1310 nm 波长高端，下行信号处于 1310 nm 波长低端。

（4）副载波复用（SCM）：采用单根光纤，工作波长区既可以是 1310 nm 波长区，也可以是 1550 nm 波长区。

PON 的波长分配在 1310 nm 区时是 1260～1360 nm，分配在 1550 nm 区时是 1480～1580 nm。测试信号或监视信号的传输应采用其他波长。

PON 最基本的两种结构是树形和总线形，如图 8.40 所示。图中，R 和 S 为参考点。树形结构采用串联光分支器件（OBD）分开下行信号并组合上行信号。光分支器件一般采用 1：N 型。为实现更多的网络功能（如附加输入信号、监测信号、网络保护的接入点等），光分支器可以采用 H：N 型，$1 < H < N$。总线型结构采用分光/合光器件（S/C）即光分支耦合器，将多个 ONU 连接到 OLT 发出的总线上。当光分支耦合器运用在点对点的结构中

时，一个 ONU 经光分配网络(ODN)连到 OLT 上，是点对多点运用的特殊情况。在这种情况下，ODN 中没有光分支器件，仅有一根或两根光纤，这种结构称为单星结构，如图 8.40 (c)所示。PON 的结构既能支持分配型业务(广播方式)，同时也能支持交互式业务。

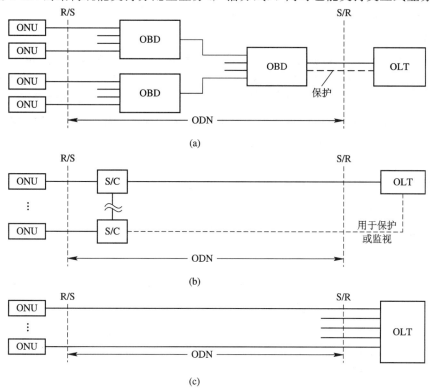

图 8.40　PON 的网络结构
(a) 树形结构；(b) 总线形结构；(c) 单星结构

2. APON

APON 是一种基于 ATM 技术的 PON。在无源光网络上使用 ATM，不仅可以利用光纤的巨大带宽提供宽带服务，还可以利用 ATM 进行高效的业务管理，而 PON 是最经济的宽带光纤解决方案。所以 1993 年后，许多国家和公司对 APON 展开研究。ITU - T 的 G.983 建议规范了 ATM - PON 的网络结构、基本组成和物理层接口。我国信息产业部也已制定了完善的 APON 技术标准。

ATM - PON 网络拓扑结构是星形双向结构，一般采用双纤空分复用(SDM)方式，也有的采用单纤波分复用(WDM)方式。点到多点传播采用下行时分复用(TDM)，典型线路速率是 622 Mb/s；上行采用时分多址(TDMA)方式，典型速率为 155 Mb/s。也可采用其他的带宽配置，例如上、下行对称的 622 Mb/s、155 Mb/s 传输速率。随着器件水平的提高，线路速率还可以进一步增大。由于每个 ONU 距离 OLT 的远近不同，为防止信号碰撞，上行信号需要采用特殊机制——测距来"对齐"。测距是 ATM - PON 技术中最复杂的部分。由于无源光分路器会导致光功率的损耗，所以 ATM - PON 的传输距离一般不超过 20 km，覆盖范围有限。

ATM - PON 支持 ISDN 及 B - ISDN 业务的带宽需求，可以满足各类电信业务的全业

务网(FSN)的共同要求。然而 APON 经过多年的发展,仍没有真正进入市场,主要原因是 ATM 协议较复杂,相对于接入网市场来说其设备还较昂贵。同时,以太网技术的高速发展,使得 ATM 技术完全退出了局域网。而千兆以太网及 10 G 比特以太网标准的推出,更是推动了以太网技术逐渐成为主干网。

3. EPON

EPON(Ethernet PON)就是基于以太网的无源光网络。ATM PON 标准不适合本地环,并且它缺少视频传输功能,带宽有限(下行为 622 Mb/s 或 155 Mb/s,上行为 155 Mb/s,带宽被 16～32 个 ONU 所分享,每个 ONU 只能得到 5～20 Mb/s),结构复杂,ATM 交换机和 ATM 终端设备相当昂贵,这些都限制了 APON 的发展。而且采用 ATM 技术工作于因特网时,必须将 IP 包拆分并重新封装为 ATM 信元,这就大大增加了网络的开销,造成网络资源的浪费。随着快速以太网、G 比特以太网和 10 G 比特以太网逐渐成为主流,在 2000 年 12 月,一些 IEEE 赞助的以太网供应商小组——EFM 研究组(Ethernet in the First Mile Study Group)放弃了他们原有的标准化工作,转而研究开发接入网市场广泛使用的以太网协议标准。

EPON 相对于 APON 有很多优点:

(1) EPON 系统能够提供高达 1 Gb/s 的上/下行带宽,这一带宽能够适应现在及将来 10 年内用户对带宽的需求。

(2) EPON 系统不采用昂贵的 ATM 设备和 SONET 设备,能与现有的以太网相兼容,大大简化了系统结构,且成本低,易于升级。依照 IEEE 802.3 以太网协议,EPON 数据包长度最长可达 1518 字节;而 ATM 协议规定的数据包长度为固定的 53 字节(48 字节信息段,5 字节信头)。IP 数据分段为不同长度的数据包,最高为 65 535 字节。用定长的 ATM PON 传输 IP 业务必须将 IP 包拆为 48 字节的段,在每段前面加上 5 字节的信头。这个复杂过程会造成时延,而且 OLT 和 ONU 也会增加额外的成本。以太网是专为 IP 业务开发的,相对于 ATM 来说可以节省巨大的信头开销。

(3) EPON 不仅能综合现有的有线电视、数据和话音业务,还能兼容未来业务,如数字电视、VoIP、电视会议和 VOD 等,实现综合业务接入。

EPON 由光线路终端(OLT)、光合/分路器(S/C)和光网络单元(ONU)组成,采用树形拓扑结构。EPON 使用波分复用(WDM)技术,在同一根光纤中分别用不同的波长同时传送上、下行信号,上行采用时分多址接入(TDMA)技术或 DWDM＋TDMA 技术,下行采用纯广播的方式,从 OLT 发给多个 ONU。根据 IEEE 802.3 协议,这些数据包是不定长的,最长为 1518 字节。每个包携带的信头唯一地标识了数据所要到达的特定 ONU。有一些包发给所有的 ONU,称为广播包;还有一些包是发给一组 ONU 的,称为多播包。数据流通过分束器后分为几路独立的信号,每路信号都含有发给所有特定 ONU 的数据包。当 ONU 接收到数据流时,只提取发给自己的数据包,丢弃发给其他 ONU 的数据包。

虽然 APON 对实时业务的支持性能优越,并被认为在 QoS 方面比 EPON 更为出色,但随着多协议标签交换(MPLS)等新的 IP 服务质量(QoS)技术被采用,高层协议与 EPON MAC 协议相配合,使得 EPON 已完全可能以相对较低的成本提供足够的 QoS 保证,加之 EPON 的价格优势明显,因而被认为是解决电信接入瓶颈、最终实现光纤到家的优秀过渡方案。

8.3.3　HFC 混合光纤同轴网

1. HFC 网络结构

HFC(Hybrid Fiber Coaxial)是指混合光纤同轴电缆网，它的系统结构如图 8.41 所示。在传输干线上，HFC 采用光纤传输，而使用同轴电缆作为分配传输网络。HFC 网络可以提供窄带、宽带及数字视频业务等综合业务，有双向和单向之分。单向业务包括：调频立体声广播、数字音频广播等音频业务；有线电视节目、准视频点播、高清晰度电视等视频业务；数据广播、图文电视、电子自动化抄表、家庭安保监控等数据业务。双向业务包括：电缆电话、个人通信等音频业务；会议电视、电视购物、远程教学及医疗、视频点播等视频业务；计算机联网、因特网接入、证券交易系统等数据业务交互。

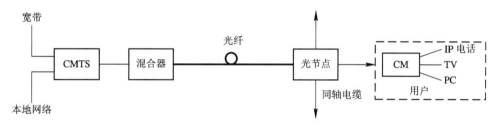

图 8.41　HFC 系统结构

HFC 网目前多采用星形或星—树形拓扑结构，光纤干线以前端 CMTS(Cable Modem Termination System)为起点，辐射到各光节点，再以光节点为起点，经呈辐射状或树枝状结构的同轴电缆网传到用户的家中。目前，HFC 在一个 500 户左右的光节点覆盖区内可以提供 60 路模拟广播电视节目。

CMTS 是 CM(Cable Modem)的前端设备，放在有线电视前端，主要完成信号收集、交换及信号调制与混合等功能，并将混合信号传输到光纤上。其上端采用 10 Base - T、100 Base - T 或 ATMOC - 3 等接口通过交换型 HUB 与外界设备相连(通过路由器与 Internet 连接，或者可以直接连到本地服务器上，享受本地业务)。

光节点的主要功能是完成光信号到电信号的转换，并将电信号放大传输到同轴电缆网络。

CM 是用户端设备，放在用户的家中，通过 10 Base - T 接口与用户的计算机相连。一般 CM 有三种类型，即单用户的外置式和内置式以及 SOHO 型。SOHO 型 Modem 可采用 HFC 网络进行计算机网络互联，形成 SOHO(Small Office/HomeOffice)系统，即小型在家办公系统。

CM 和 CMTS 所建立的通路叫作"Cable Modem 控制层"，它在 OSI 协议中横跨物理和链路两层。在物理层中，它采用 QAM 调制的方式将数字信号在 HFC 中进行模拟传输。在链路层中，它利用 DHCP 服务器、TOD 服务器实现 MAC 层和 TCP/IP 的管理。

2. HFC 双向传输技术和频率分割

对于 HFC 的双向传输，需要从光纤通道和同轴电缆通道两方面考虑。

(1) 光纤通道，即从前端到节点的通道，上行回传可以采用空分复用(Space Division Multiplexing，SDM)的方式或者波分复用(WDM)的方式，一般采用 1310 nm 和 1550 nm

的共纤传输。

（2）从光节点到电缆通道这一段，在 CM 技术中，采用了双向非对称技术，即：采用频带分段在 5～750 MHz 频率上同时传输模拟电视信号和数字信号，如图 8.42 所示；在频谱中分配 90～750 MHz 频段作为下行的数据信道。对于一个 6 MHz 的模拟带宽，通过 64QAM 和 256QAM 数字调制，传输速率可达到 27 Mb/s 和 36 Mb/s。同时在频谱中分配 5～50 MHz 频段作为上行回传。采用 QPSK 或者 16QAM 调制，对 200 kHz～3.2 MHz 的模拟带宽调制后，可获得 0.3～10 Mb/s 的速率。高端的 750～1000 MHz 频段仅用于各种双向通信业务，其中 2 个 50 MHz 频段可用于个人通信业务，其他未分配的频段可以用于其他应用以及未来可能出现的其他新业务。实际 HFC 系统所用标称频带为 750 MHz、860 MHz 和 1000 MHz，目前用得最多的是 750 MHz 系统。这里采用非对称技术，主要考虑到目前数据业务的信息量集中在下行，如 Internet 的浏览上。

图 8.42　HFC 频谱分配

目前，在 HFC 上传输数据的设备所采用的标准大多是 MCNS/DOCSIS 1.0/1.1，少部分采用 DVB/DAVIC ETS300 800，使得不同生产厂家采用相同标准的 CMTS 与 CM 基本可以互通。ITU－T 关于在 HFC 上传输数据业务的标准是 J.112 建议，该建议有 3 个附录，附录 A 为 ETS300 800，附录 B 为 DOCSIS1.0/1.1，附录 C 为日本的规范。ITU－T J.supp－1 对应的是 Euro DOCSIS。

3. 反向信道噪声

由于 HFC 网络的同轴电缆部分是树形结构，因此反向通道噪声是各个支路放大器级联噪声和各支路间噪声的叠加，这种噪声叠加的现象称为噪声的漏斗效应。漏斗噪声的累积规律为：假设噪声电平在每条支路的第一个反向放大器前都是相同的，且噪声均来自用户的住宅中。若来自用户的噪声是非相关噪声(如高斯噪声)，则累积后的噪声漏斗效应因子 NFF 为 $10\lg N$(N 是用户数)；若来自用户的噪声是相关的，且相位相同，则 $\mathrm{NFF}=20\lg N$。通常情况下，上述两类噪声都存在，所以一般有 $\mathrm{NFF}=(10\sim14)\lg N$。噪声的漏斗效应对反向通信的信噪比影响很大，噪声来源主要是户内隔离较差的电器和共用通路失真。例如对一个用户数为 1500 的节点来说，在设计反向通道信噪比时，就要留出 14～27 dB 的余量。由于反向通道的带宽有限，再加上噪声的漏斗效应，因此每个节点的用户数不能太多，一般为 500～1000 户。消除噪声是解决反向通道传输质量的关键，采用的方法主要是滤波法。滤波器禁止所有用户反向传送信息。当用户要求双向服务时，则移去全阻滤波器，并为用户安装一个低通滤波器以限制反向通道，这样就可以阻塞高频分量。

HFC 网的操作是通过开放接口实施的，允许进行中央性能测试和监视所有网络功能直至用户接口单元。

HFC 支持现有的全部传输技术，其中包括 ATM、帧中继、SONET 和 SMDS(交换式多兆位数据服务)；HFC 网络非常经济，没有特殊的数据接口协议，所有连接只是物理连接，安装、维护方便；HFC 很容易也很适合覆盖大规模用户群。所以 HFC 网络应当是针对普通用户的多媒体通信网络的接入网，是信息高速公路的"最后一千米"的比较理想的接入手段。

8.3.4　光因特网(IP over WDM)

直接在光网上运行的因特网就是光因特网。在目前的光因特网中，高性能路由器通过光分插复用器(OADM)或 WDM 耦合器直接连至 WDM 光网中，IP 数据直接在多波长光路上进行传输。光因特网的 IP 业务可以通过指定波长作旁路或直通连接，网络的业务工程(traffic engineering)可以只在 IP 层完成。

1. 宽带 IP 接入技术

随着 Internet 在社会、经济和人们生活中扮演的角色越来越重要，Internet 上的业务流量越来越大，因此网络带宽和容量在急剧增长，只有采用 IP 优化的光互联网络才能满足网络服务商和用户的要求。

1998 年 4 月，Cisco、Ciena、Lucent、NTT、AT&T、3Com、Bellcore、HP、Qwest、Sprint 及 WorldCom 等网络通信设备公司和运营公司成立了光互联网论坛(Optical Internetworking Forum，OIF)，以加速光互联网技术的发展。OIF 和 ITU-T、IETF、ATM 论坛等标准化组织合作制定光互联技术规范，但它关心的不是数据网络或光网络内部的技术问题，而是数据网和光网络之间的互操作性问题，如光互联网的光网络物理层传输接口(如比特率、不同数据格式的成帧和同步以及光纤特性等)，光网络与数据网络层中间层的配置、保护/恢复，会话管理，计费和安全等。

IP 宽带接入技术经历了 IP over ATM 和 IP over SDH 两个阶段。

IP over ATM 技术方式是指在光纤上直接运行 ATM 网，只在入口处对数据包进行路由地址处理，按路由转发，随后按已计算的路由在 ATM 网上建立虚通路(VC)，数据包沿 VC 以直通方式进行传输，中间节点不再经过路由表查询，从而将数据包的转发速度提高到第二层交换的速度。IP over ATM 大致可分为两种模型：重叠模型和集成模型。重叠模型是指 IP 协议在 ATM 上运行，主要有 LANE、MPOA、Classic IP over ATM，这种模型需要定义两套地址结构和选路协议，ATM 网上除需分配 IP 地址外，还需分配 ATM 地址。此种模型适合于校园网和城域网。集成模型是指 ATM 端系统仅需标识 IP 地址，网络不再需要 ATM 地址解析规程，而采用 IP 选路规程。此模型中的多协议标签交换(MPLS)技术是真正的电信级的技术，具有良好的前景。

IP over SDH 又称为 Packet over SDH(POS)技术，是指直接在 SDH 网上运行 IP 数据包。它实质上就是路由器加专线的传统组网模式，以点到点的方式提供 STM-1(155 M)、STM-4(622 M)、STM-16(2.5 G)的高速传输，采用点到点(PPP)协议直接将 IP 包封装于 SDH 帧结构上，省去中间的 ATM 层，简化了 IP 网络体系结构，提高了传输效率。这种方式保留了 IP 面向非连接的特性和逐包转发方式，其基本思路是将路由计算与包的转发分开，采用缓冲技术及硬件芯片快速处理技术，将路由器的逐包转发速度控制到与第二层交换的速度相当，无需利用广域网上的 ATM 交换机来建立虚电路。IP over SDH 将 IP 网络技术建立在 SDH/SONET 传输平台上，可以很容易地跨越地区和国界，兼容各种不同的技术和标准，实现网络互连；可以充分利用 SDH/SONET 技术的各种优点，如自动保

护倒换和自愈恢复能力，保证网络的可靠性，有利于实现 IP 多点广播技术。

ATM 网在综合传送各种业务时是最优的，但对 IP 业务而言，ATM 不是最优的。IP over ATM 的 IP 数据包需映射成 ATM 信元，使其内部开销大、传输效率低、设备昂贵。而对于 SDH/SONET，ATM 复杂的链路管理在光因特网中未必需要。因特网固有的分布式生存特性使其具有保护和自愈能力，如果在 IP 层能够解决生存问题，就没有必要用 SDH 的自愈功能。SDH 网是一个为传输话音而设计的时分复用(TDM)系统，在其上传输 IP 数据只是一种权宜之计。当在广域网上只能使用 SDH 提供的租用专线时，IP over SDH 是最优选择。但是当 IP 业务成为主要业务，可以使用裸光缆时，就需要根据 IP 业务的需求对网络进行优化设计，这就是 IP 优化光网络。由于 IP 网是统计复用的，在以 IP 数据业务为主对网络进行优化设计时，从原理上看是不需要再使用 SDH 层的。

2. 光因特网

构成光因特网的网元包括光纤、激光器、EDFA、光耦合器、电再生中继器、转发器、光分插复用器(OADM)、光交叉连接器与光交换机。最适宜的光纤是非零色散偏移光纤(NZDSF)，因为它的色度色散的非线性效应较小，并可以抑制四波混频效应。激光器是 WDM 系统中最贵的器件，因为 WDM 对器件频率要求较高。而 EDFA 多数都是宽带的，能同时放大 WDM 的所有波长，但 EDFA 存在增益不平坦问题，因此在经过 6 个左右光放大器之后就需要做一次电放大。所以，在 OC-48(STM-16)速率，光跨度可达 400 km；在 OC-192(STM-64)速率，光跨度可达 250 km。光耦合器是用来把各波长组合在一起和分解开来的，起到复用和解复用的作用。在长途 WDM 系统中需要使用电再生中继器。转发器用来变换来自路由器或其他设备的光信号，并产生要插入光耦合器的正确波长光信号。光分插复用器、光交叉连接器在长途 WDM 系统中被广泛使用。光交换机可以使 ADM 和交叉连接设备作动态配置。

光因特网最大的优点之一是可以适应 IP 数据业务的不对称性，不同波长上的数据速率可以不同。它的另一特点是光纤环的两侧都能使用，使路由可获得全部带宽，在传送大突发数据时就不需要缓存，也不会有分组丢失的情况发生，只有当光纤断裂时才会发生分组丢失。光因特网网内有工作光纤和保护光纤。保护光纤中的闲带宽在业务高峰时也可用来传输数据，不会引入抖动、时延或分组丢失。其恢复工作是在 IP 层而不是在物理层上完成的。在光纤断裂时，对抖动和时延敏感的实时业务可给予高的优先级。使用工作光纤和保护光纤的另一优点是可以建立"直通"或"旁路"波长。

实现直接在光纤上传送 IP 数据，最关键的问题是需要设计出一种合理的帧结构(物理层接口)，即规范出一种新的最佳的 IP 对光路的适配接口。光因特网既可以用 SDH/SONET 的帧结构，也可以用千兆比特以太网的帧结构。

远距离传输时，光放大不能进行波形的整形和再生，为了防止光色散累积使波形畸变造成误码，每隔一定距离要加一个电再生中继器(在 2.5 Gb/s 速率时为 600 km)。目前多数现代通信的电再生中继器被设计成使用 SDH 帧，如果在这种线路上建立 IP 网，就必须采用 SDH 帧格式。SDH/SONET 帧结构的一大优点是在它的帧头内装有信令和网络管理信息，可以方便地实现传输性能监视、故障管理、网络保护与恢复等功能，但其开销也很大。如果把这些功能做入 IP 选路设备，开销就能减小。但这种结构的缺点是 SDH/SONET 帧是基于 8 kHz 话音同步取样的，帧头开销较大。根据 IP 分组的大小，一个 IP 分组可以映射到两个或更多个 SDH/SONET 帧内，也可以多个 IP 分组映射到一个 SDH/SONET 帧内。因此，在路由器接口上，SDH/SONET 帧 的 SAR（Segmentation Assembly and Reassembly）处理是非常耗时的，这使吞吐量和性能受到影响，尚不适用于多业务平台，且传输不对称业务流也并非最佳。许多公司现正在制定一种新的帧结构标准，称作"Fast-IP"或"Slim SDH/SONET"，它提供 SDH/SONET 帧的许多功能，但在帧头位置和如何使帧大小与分组大小匹配方面使用了更新的技术。SDH/SONET 帧结构的最大缺点是 SDH/SONET 转发器和再生中继器目前很贵。

　　另一选择是使用千兆比特以太网的帧结构。千兆比特以太网使用与传统以太网同样的低层协议，只是在协议上增加了一些新的特性，所以很容易纳入现有的 LAN 中。它虽没有像 SDH/SONET 那样多的网络状态信息，但它成本低，因此大多数计算机局域网都使用这样的帧。因为用的是"异步"协议，故它对抖动和定时不像 SDH/SONET 那样敏感，只要控制好，就不会有明显的分组丢失。使用千兆比特以太网帧的另一优点是它与两端主机的帧结构相同，不需要把数据重新映射到其他传送协议（如 SDH/SONET 或 ATM）中去，因此在路由器接口上也无需通过 SAR 用比特塞入操作来把数据帧和传送帧对准。在广域网、城域网和局域网中使用统一的以太网帧格式，可以实现无缝连接。另外，千兆比特以太网的分路设备成本也较低。其突出的问题有：采用 8B/10B 码型（每 8 个数据位装在 10 位的传输块中），传输效率较低；在第二层上没有误码监测和故障定位能力，不利于组网时实现网络管理、性能监测、故障隔离等功能；不能实现快速保护和恢复功能；与现有电信网互连互通有困难。

　　实际上，以上两种帧格式都只是一段时期的过渡方案，最终将采用一种最适合 IP 直通光路的帧结构。

　　从以上分析来看，光因特网对传送大量 IP 业务是比较理想的，它不仅组网简单、速率高、灵活性大、带宽利用率高，更重要的是经济性十分可观。据加拿大 CANARIE 的研究报告显示：光因特网因采用了 WDM，并免去了 ATM 和 SONET，使提供带宽的费用降低了 95%。但是，由于路由器本身对高质量业务传送的局限性，目前看来，最有可能的解决办法是先建设混合网，让 IP over ATM、IP over SDH 和 IP over WDM 等并存，以满足用户的各种需求。

习　题　八

1. 请画出 SDH 的帧结构图，并简述各部分的作用。
2. 试计算 STM-1 段开销的比特数。
3. 试计算 STM-16 的码速率。
4. 请画出用 SDXC 构成的自愈网结构图。
5. 简述 SDH 网管的主要功能。
6. 简述 ADM 的功能与连接能力，其基本构成以及各部分的作用。
7. 有一个 $(p, k)=(3, 2)$ 的洗牌网：
(1) 绘出如图 8.32 所示的节点间的互连。

(2) 该网络需要多少个波长？

(3) 求跳数的平均值。

(4) 若每个波长承载的比特率为 1 Gb/s，求总的网络容量。

8. 若洗牌网的路由算法平均分配各个信道的业务负荷，则信道效率 $\eta = 1/\overline{H}$，其中，$\overline{H}$ 为 8.2.2 节定义的洗牌网的平均跳数。画出信道效率 η 随连通度 p（每个节点收发对的数目）变化的函数曲线，其中，$k = 2, 3, 4, 1 \leqslant p \leqslant 10$。

9. 考虑由三个互连环组成的网络，如图 8.43 所示。圆圈代表具有光开关和波长变换的节点。这些节点可以从任何方向接收两个波长，再从任意线输出。正方形代表含有可调光收发机(任一个接入站都可传送和接收所有波长)的接入站。假设网络有两个可用波长可以建立如下通道：

(1) $A - 1 - 2 - 5 - 6 - F$；

(2) $B - 2 - 3 - C$；

(3) $B - 2 - 5 - 8 - H$；

(4) $G - 7 - 8 - 5 - 6 - F$；

(5) $A - 1 - 4 - 7 - G$。

那么在哪些节点需要波长变换器？

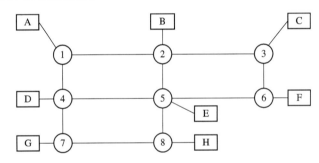

图 8.43　题 9 用图

第 8 章习题答案

第 9 章　光纤通信常用仪表及测试

本章将重点介绍几种常用专业仪表的一般原理及使用方法，这些仪表包括光功率计、稳定光源、光衰减器、光时域反射仪、误码抖动测试仪及光谱分析仪(对于专业性较强的仪表，如光示波器、光波长测试仪以及光网络分析仪和 SDH 测试仪，这里不作论述)；同时结合 ITU – T 测试标准，介绍光纤和光器件的主要性能参数以及系统的电接口和光接口参数的测试方法。

第 9 章课件

9.1　引　言

光纤测试的标准有三类：基础标准、器件测试标准和系统标准。

基础标准用于测试和表征基本的物理参数，如损耗、带宽、单模光纤的模场直径和光功率等。在美国，负责制定基础标准的主要组织是国家标准和技术协会(National Institute of Standards and Technology，NIST)，它负责光纤和激光器标准的制定工作，并发起了一个光纤测试年会。其他相应的组织有英国国家物理实验室(National Physical Laboratory，NPL)和德国的(Physikalisch – Technische Bundesanstalt，PTB)。

器件测试标准定义了光纤器件性能的相关测试项目，并建立了设备校准程序。由几个不同的标准组织负责制定测试标准，其中最为活跃的有：电信工业协会(Telecommunication Industries Association，TIA)、电气工业协会(Electronic Industries Association，EIA)、国际电信联盟电信标准部(the Telecommunication Standardization Sector of the International Telecommunication Union，ITU – T)和国际电工委员会(International Electrotechnical Commission，IEC)。TIA 有 120 多条光纤测试标准和说明，在一般情况下，使用 TIA/EIA – 455 – XX – YY 进行标识，其中 XX 指特定的测试技术，YY 指公布年份。这些标准也称为光纤测试程序(FOTP)，所以 TIA/EIA – 455 – XX – YY 就变成了 FOTP – XX。这些标准中还包括大量推荐的测试方法，用来测试光纤、光缆、无源器件和光电器件对环境因素和工作条件的响应。例如，TIA/EIA – 60 – 1997 或者 FOTP – 60 是测试光纤和光缆长度的方法，公布于 1997 年。

系统标准是指链路和网络的测试方法。负责系统标准的主要组织是美国国家标准协会(ANSI)、电子电气工程师协会(IEEE)和 ITU – T。对光纤系统的测试应特别注重的是来自 ITU – T 的测试标准和建议。目前已公布的和即将公布的 ITU – T 建议适合于光网络的各个方面。这些建议包括：

(1) G.ons 建议："光传送网的网络节点接口"，包括光层功能开销的定义，例如传输

波长的管理等。

（2）G.872 建议："光传送网的结构"，公布于 1999 年 2 月。

（3）G.798 建议：给出光网络单元的功能特性。

（4）G.onc 建议："光网络器件和子系统"，提出了器件和子系统传输方面的问题，例如分插复用器和光交叉连接。

（5）G.983 建议："基于无源光网络的高速光接入系统"，公布于 1998 年 10 月。

（6）G.959.1 建议："光网络物理层"，提出了点到点的 WDM 系统，以优化长距离传送。

（7）G.onm 建议：主要处理"光网络单元管理"中的问题。

（8）G.871 建议："光网络单元框架"，给出了各种建议与制定它们的理论基础之间的联系。

9.2 光纤特性参数及测量

9.2.1 光纤特性参数

光纤的特性参数有很多，主要有：

（1）几何特性参数：包括光纤的纤芯直径、包层直径、纤芯不圆度、包层不圆度、芯包同心误差。

（2）光学特性参数：包括单模光纤的模场直径、截止波长等，多模光纤的折射率分布、数值孔径等。

（3）传输特性参数：包括衰减系数、单模光纤的色散系数、多模光纤的带宽。

（4）机械特性参数：包括光纤的抗拉强度、疲劳因子等。

（5）温度特性参数：包括衰减的温度附加损耗、时延温度等。

光纤的每一种参数都有几种不同的测试或实验方法，本章只介绍其中的几种方法。

9.2.2 光纤损耗和色散测试

1. 光纤测试的注入条件

光耦合进多模光纤时会激励起很多模式，各个模式所携带的光能量是不同的，传输时的损耗也不同，模式之间还有能量转换，只有经过一个相当长的时间以后才能达到一种相对稳定的状态，此时称为稳态模式。对于多模光纤的测试，只有达到稳态模式分布以后才有意义。

使多模光纤达到稳态分布的注入方式有两种，分别是满注入和限制注入。满注入就是要均匀地激励起所有的传导模式；限制注入就是只激励起较低损耗的低阶模，而适当抑制损耗较大的高阶模。

当测试光纤的损耗时，采用限制注入方式，因为损耗较大的高阶模的注入，会由于被测光纤长度的不同而使输出光功率不同，从而产生测试误差；当测试光纤色散时，则采用满注入方式，因为色散的测试是由光脉冲通过传输后的脉冲时间展宽来确定的，如果采用限制注入，会使功率在不同模式上的分布产生较大变化，致使光脉冲的展宽程度不同，测试结果就不准确。

要达到稳态分布，需要借助以下几种设备：

(1) 扰模器，即采用强烈的几何扰动，使多模光纤不需要很长的距离就能迅速达到稳态分布。

(2) 滤模器，滤除不需要的瞬态模或其他不需要的传导模，这些模损耗较大，对光纤稍加弯曲就可衰减掉。

(3) 包层模剥除器，用于除去不需要的包层中的非传导辐射模。当涂敷层折射率比包层折射率低时，辐射模会在包层与涂敷层之间反射，并在包层中传输。去除包层模的方法是把涂敷层去掉，把光纤浸在折射率比包层折射率稍大的匹配液中。当光纤本身涂敷层的折射率大于包层折射率时就不会产生包层模，不需要去除。

2. 光纤损耗的测试

损耗测试一般有三种方法：截断法、插入法和后向散射法。

1) 截断法

截断法是一种破坏性的测试方法，需要在接入光纤的两端测试光功率，如图 9.1 所示。

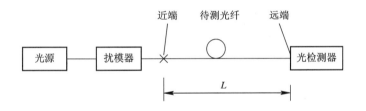

实验十一　模式滤除实验

图 9.1　截断法测试光纤损耗

可以在一个或多个波长上测试损耗。如果要测试频谱响应，则需要在一个波段内进行。为了获得传输损耗，首先需要测试光纤输出端（或远端）的输出光功率 P_F，然后在不破坏输入条件的情况下，在离光源几米的地方截断光纤，测试近端输出光功率 P_N。以 dB/km 为单位的平均损耗 α 为

$$\alpha = \frac{10}{L} \lg \frac{P_N}{P_F}$$

其中，L 是两个测试点之间的距离。

2) 插入法

插入法具有非破坏性的特点，但不如截断法精确。如图 9.2 所示，为了进行损耗测试，首先将带有一段发射光纤的连接器与接收系统的连接器相连，并记录下发射光功率电平 $P_1(\lambda)$，然后将待测光缆接入发射和接收系统之间，并记录下接收光功率电平 $P_2(\lambda)$，则以 dB 为单位的光缆损耗 α 为

$$\alpha = 10 \lg \frac{P_1(\lambda)}{P_2(\lambda)} \tag{9.1}$$

连接器质量会影响测试精度，上式给出的损耗值是成缆光纤的损耗与发射端连接器和光缆连接器的损耗之和。

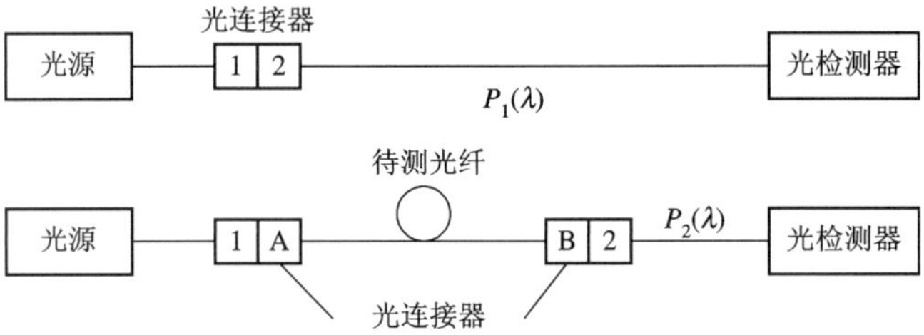

光连接器

光源 ── 1 2 ──────── $P_1(\lambda)$ ──────── 光检测器

待测光纤

光源 ── 1 A ──○── B 2 ── $P_2(\lambda)$ ── 光检测器

光连接器

图 9.2　插入法测试损耗

3) 后向散射法

后向散射法是通过光纤中后向散射光信号来提取光纤衰减及其他信息的,诸如光纤光缆的光学连续性、物理缺陷、接头损耗和光纤长度等,是一种间接测试均匀样品衰减的方法。

假设输入光信号功率为 P_0,传输到距输入端距离为 z 处发生散射,部分光向后反射回输入端。光纤的衰减系数是距离 z 的函数,假设正向传输时的衰减系数为 $\alpha_i(z)$,反向传输时的衰减系数为 $\alpha_S(z)$,则正向光功率为

$$P(z) = P_0 \exp\left[-\int_0^z \alpha_i(z)\,\mathrm{d}z\right] \tag{9.2}$$

反射后,向后反射光的功率和 $P(z)$ 的比值称为后向散射系数,用 S 表示,它和光纤的结构参数(芯径、相对折射率差)有关。后向散射光的功率 $P_S(z)$ 可以表示为

$$P_S(z) = S \cdot P_0 \exp\left[-\int_z^0 \alpha_S(z)\,\mathrm{d}z\right] \tag{9.3}$$

将式(9.2)代入式(9.3),可得

$$P_S(z) = S \cdot P_0 \exp\left\{-\int_0^z \left[\alpha_i(z) + \alpha_S(z)\right]\,\mathrm{d}z\right\} \tag{9.4}$$

如果光纤从 0 到 z 的平均衰减系数为 $\alpha(z)$,则有

$$P_S(z) = S \cdot P_0 \exp\left[-2\alpha(z) \cdot z\right] \tag{9.5}$$

其中

$$\alpha(z) = \frac{1}{2z} \int_0^z \left[\alpha_i(z) + \alpha_S(z)\right]\,\mathrm{d}z$$

则任意两点 z_1、z_2 之间的平均衰减系数为

$$\alpha_{z_1,z_2} = \frac{5}{z_2 - z_1} \lg \frac{P_S(z_1)}{P_S(z_2)} \tag{9.6}$$

从这个式子可以看出,只要能测出 z_1、z_2 点散射光返回的光功率以及 z_1、z_2 两点之间的距离,就可以算出平均衰减系数。这种测试是由光时域反射计(OTDR)来完成的。

3. 光纤色散的测试

数字信号在光纤中传输时是由不同的频率成分或不同的模式成分来携带的。这些不同的频率成分或模式成分有不同的传输速度,当它们在光纤中传输一段距离后将互相散开,于是光脉冲被展宽,这种现象就是色散。色散特性可以从时域或频域两方面描述,光脉冲在时间上的展宽实际上是借助时域特性来描述光纤的色散效应的,而光纤的频域特性则是

指光纤中每个频率成分的失真。

1）多模光纤的色散测试

假设光纤的输入/输出脉冲波形都近似为高斯分布，如图 9.3 所示。

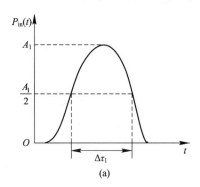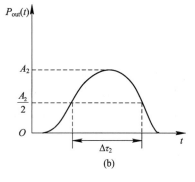

图 9.3　输入/输出脉冲波形

图 9.3(a) 为输入脉冲，幅度为 A_1，则 $A_1/2$ 所对应的宽度 $\Delta\tau_1$ 是这个脉冲的宽度。图 9.3(b) 为输出脉冲，假设幅度为 A_2，则 $A_2/2$ 所对应的宽度 $\Delta\tau_2$ 是这个脉冲的宽度。可证明，经光纤传输后的脉冲展宽 $\Delta\tau$、$\Delta\tau_1$ 和 $\Delta\tau_2$ 的关系是

$$\Delta\tau = \sqrt{(\Delta\tau_2)^2 - (\Delta\tau_1)^2} \tag{9.7}$$

所以只要测出 $\Delta\tau_1$ 和 $\Delta\tau_2$，就可以得到脉冲展宽 $\Delta\tau$。

如果输入脉冲 $P_{\text{in}}(t)$ 对应的频谱函数是 $P_{\text{in}}(f)$，输出脉冲 $P_{\text{out}}(t)$ 对应的频谱函数为 $P_{\text{out}}(f)$，那么光纤的频率响应特性 $H(f)$ 为

$$H(f) = \frac{P_{\text{out}}(f)}{P_{\text{in}}(f)} \tag{9.8}$$

当输出频谱下降为输入频谱的一半时，对应的频率为光纤的带宽，用 f_c 表示，即 $H(f_c)=1/2$，有 $10\lg H(f_c) = -3$ dB。实际测试时，一般把光功率变为电信号处理，即 $I(f)$，则有

$$20\lg\frac{I_{\text{out}}(f)}{I_{\text{in}}(f)} = 20\lg\frac{P_{\text{out}}(f)}{P_{\text{in}}(f)} = -6 \text{ dB}$$

即 6 dB 电带宽对应 3 dB 光带宽。

由于输入/输出脉冲具有高斯波形，因此可得光纤的带宽 B（即 f_c）和脉冲的展宽时间有如下关系：

$$B = \frac{0.441}{\Delta\tau} \tag{9.9}$$

所以如果测得光纤的脉冲时延，就可以求得带宽 B。

ITU-T 规定多模光纤的色散测试方法有两种：时域法和频域法。

(1) 时域法：测试框图如图 9.4 所示。测试步骤为：先用脉冲发生器调制光源，使光源发出窄脉冲信号，且使其波形尽量接近高斯分布，注入时采用满注入方式；接着用一根短光纤将连接点 1 和 2 相连，此时在输出示波器中得到的是 $P_{\text{in}}(t)$，并测试它的宽度 $\Delta\tau_1$；然后把待测光纤从接头 1 和 2 之间接入，同样的输入条件下，在示波器中得到的波形相当于 $P_{\text{out}}(t)$，测试它的宽度 $\Delta\tau_2$；将这两个值带入式(9.7)，则得到此光纤的脉冲展宽 $\Delta\tau$；最后

利用式(9.9)可计算光纤带宽 B。

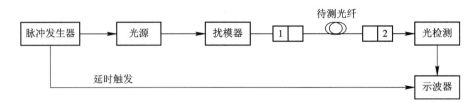

图 9.4　时域法测试光纤色散的原理框图

（2）频域法：读取的是频率信号的幅值变化。测试原理框图如图 9.5 所示。频谱仪读取的光纤电信号幅值下降 6 dB 所对应的频率就是光信号的 3 dB 带宽。

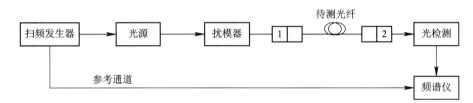

图 9.5　频域法测试光纤色散的原理框图

频域法的测试步骤为：扫频发生器输出一个幅度不变但频率连续可调的正弦信号，用该正弦信号对光源进行强度调制，得到幅度相同而频率变化的光正弦信号，注入时依然采用满注入方式；接着将 1、2 两点用短光纤相连，此时频谱仪读取的是随频率变化的输入信号频谱 $P_{\text{Iin}}(f)$；再把被测光纤连在 1、2 两点之间，此时从频谱仪中得到的是随输入频率变化的频谱 $P_{\text{Iout}}(f)$，把它们绘制成频谱曲线，对应在 6 dB 上的频率即为光纤带宽。

2）单模光纤的色散测试

单模光纤中没有模间色散，只有色度色散（频率色散），色散和光源谱宽密切相关：光源谱宽越窄，色散越小，带宽越大。通常用色散系数表示色散 D 的大小，即

$$D = \frac{\mathrm{d}\tau(\lambda)}{\mathrm{d}\lambda} \qquad \text{ps/(nm · km)} \tag{9.10}$$

D 为单位长度上单位波长间隔内的光波在光纤上产生的平均时延差。此时光纤带宽与色散系数的关系为

$$B = \frac{0.441}{D \cdot \Delta\lambda} \tag{9.11}$$

其中，$\Delta\lambda$ 为光源谱宽。

ITU – T 对不同的光纤色散系数和相关参数规定如下：

（1）G. 652 光纤：零色散波长在 1310 nm 附近，工作波长在 1270～1340 nm 范围，其单位长度的群时延与波长的关系可以近似表示为

$$\tau(\lambda) = \tau_0 + \frac{S_0}{8}\left(\lambda - \frac{\lambda_0}{\lambda}\right)^2 \qquad \text{ps/km} \tag{9.12}$$

其中，τ_0 为零色散波长 λ_0 处的相对最小群时延；S_0 是 λ_0 处的色散斜率值，其单位为 ps/(nm^2 · km)。将 $\tau(\lambda)$ 对 λ 微分就可得到色散系数 $D(\lambda)$：

$$D(\lambda) = \frac{S_0}{4}\left(\lambda - \frac{\lambda_0^4}{\lambda^3}\right) \qquad \text{ps/(nm · km)} \tag{9.13}$$

（2）G.653 光纤：工作波长和零色散波长均在 1550 nm 附近，单位长度光纤的群时延与波长的关系近似表示为

$$\tau(\lambda) = \tau_0 + \frac{S_0}{2}(\lambda - \lambda_0)^2 \qquad \text{ps/km} \tag{9.14}$$

色散系数表示为

$$D(\lambda) = S_0(\lambda - \lambda_0) \qquad \text{ps/(nm · km)} \tag{9.15}$$

（3）G.654 光纤：零色散波长在 1310 nm 附近，工作波长却在 1550 nm 波长区，其单位长度群时延与波长的关系近似表示为

$$\tau(\lambda) = \tau_{1550} + \frac{S_{1550}}{2}(\lambda - 1550)^2 + D_{1550} \cdot \lambda \qquad \text{ps/km} \tag{9.16}$$

色散系数表示为

$$D(\lambda) = S_{1550}(\lambda - 1550) + D_{1550} \qquad \text{ps/(nm · km)} \tag{9.17}$$

其中，τ_{1550}、S_{1550}、D_{1550} 分别是波长为 1550 nm 时这种光纤的相对群时延、色散斜率和色散系数。

单模光纤的色散测试方法主要有相移法和脉冲时延法两种。

（1）相移法：本质是通过比较基带调制信号在不同波长下的相位来确定色散特性。假设光源的调制频率为 $f(\text{MHz})$，经过长度为 $L(\text{km})$ 的光纤的传输后，波长 $\lambda_i(i=1,2,\cdots,n)$ 相对于参考频率 λ_f 的传输时延差为 Δt_i，相移差为 $\Delta\varphi_i$，则 $\Delta\varphi_i = 2\pi f \Delta t_i(\text{ps})$；于是每千米的平均时延差 $\tau_i = \Delta t_i / L(\text{ps/km})$。这样，通过测试不同波长 λ_i 下的 $\Delta\varphi_i$，再根据式（9.17）计算出相应的 τ_i，由上面给出的不同光纤的群时延公式 $\tau(\lambda)$ 得到有关系数，就可进一步得到该光纤的色散系数 D。

测试的原理框图如图 9.6 所示。

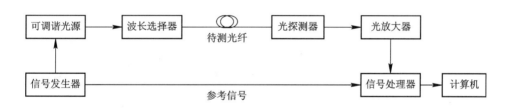

图 9.6　单模光纤的色散测试原理框图

图中，光源可以是可调激光器、激光阵列或多个二极管；波长选择器可以是光开关、单色仪、滤光片或别的色散器件；光探测器要满足要求的信噪比和时间分辨率；信号处理器是相移计。

（2）脉冲时延法：通过测试经同一窄脉冲调制后的不同波长的光信号经光纤传输后产生的时延差，直接按定义计算出色散系数。

被测信号的不同波长信号 $\lambda_i(i=1,2,\cdots,n)$ 经过长度为 L 的光纤后，和参考信号 λ_f 的时延差为 Δt_i，则单位长度的平均时延差 $\tau_i = \Delta t_i / L$（单位为 ps/km），此后的方法和相移法一样，测试装置同图 9.6。这里的信号处理器为一个取样示波器，得到的是脉冲时延而不是相移。

9.2.3　光时域反射仪(OTDR)

　　OTDR(Optical Time Domain Reflectometer)的原理是光脉冲的瑞利散射。由于瑞利散射光具有和入射波长同样的波长，且功率与该点的入射光功率成正比，因此通过测试沿光纤返回的反向光功率就可以获得在光纤传输路径上入射光的损耗特性，并且还可以通过分析返回光信号的时间来确定待测光纤中不完善点的位置以及待测光纤的总长度。

　　OTDR 的原理框图如图 9.7 所示。图中的主时钟产生标准时钟信号，脉冲发生器根据标准时钟信号产生符合要求的窄脉冲，并用它来调制光源；定向耦合器将光源发出的光耦合进被测光纤，同时将散射和反射信号耦合进光检测器，经放大及信号处理后送入示波器，显示输出波形并在数据输出系统输出有关数据。要进行信号处理的原因是后向散射光非常微弱，淹没在噪声中，只有采用取样积分器对微弱散射光进行取样求和和随机噪声抵消，才能将散射信号取出。

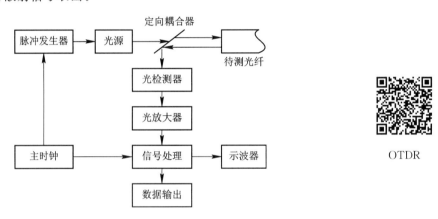

图 9.7　OTDR 的原理框图

　　图 9.8 是一条典型的测试曲线。其中：a 点为光纤的输入端，是由耦合设备和光纤输入端端面产生的菲涅尔(Fresnel)反射信号，并且此处的光信号最强；b 点有一突降，说明此处有一接头或存在其他的缺陷所引起的高损耗；c 点突然有一个上升，说明此处有光纤的断裂面，引起 Fresnel 反射；d 点为光纤的终点，是由输出端引起的 Fresnel 反射。在这个曲线中，由于 eb 段和 bc 段是逐渐降低的近似直线，说明这两段光纤是均匀的，而 bc 段曲线下降得更平缓，说明这段光纤的衰减系数比前段要小。在 cd 段，曲线不是直线，说明这段光纤轴向结构不太均匀。

　　如果在 e 点和 b 点测得的光功率为 P_1 和 P_2(单位为 dB，采用对数刻度)，两点之间的长度为 L，则这段光纤的衰减系数为

$$\alpha = \frac{P_1 - P_2}{2L} \tag{9.18}$$

　　若光脉冲从起点到尾端再反射回到起点所经历的时间为 t_0，则可以得到光纤的长度 L 为

$$L = \frac{ct_0}{2n(\lambda)} \tag{9.19}$$

其中，c 为真空中的光速，$n(\lambda)$ 为光纤中材料的群折射率。通过分析这条后向散射曲线，可以确定光纤线路中的缺陷、断裂点、接头位置以及被测光纤的长度。

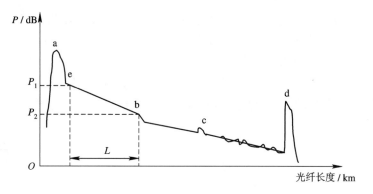

图 9.8　典型 OTDR 测试曲线

OTDR 的两个主要参数是动态范围和测试范围。动态范围是指初始后向散射光功率电平与在测试 3 分钟之后的噪声电平之差，它是以 dB 为单位的光纤损耗的一种表示方法。动态范围提供了仪器能测试的光纤损耗最大值的信息，指出了测试给定的光纤损耗所需要的时间，所以它通常用于表示 OTDR 的测试能力。动态范围与分辨率之间的矛盾是制约 OTDR 的一个基本因素。要获得高的空间分辨率，脉冲宽度必须尽可能小，然而这样会降低信噪比，从而减小动态范围。测试范围表征了 OTDR 鉴别光纤链路发生故障的能力，如接头点、连接点和光纤断裂点。

9.3　光端机性能指标的测试

9.3.1　光功率计

在光纤通信的测试中，许多重要参数的测试实际上都是对光功率的测试。测试光功率的方法有热学法和光电法。热学法在波长特性、测试精度等方面较好，但是响应速度慢，灵敏度低，设备体积大。而光电法有较快的响应速度，良好的线性特性，并且灵敏度高，测试范围大，但其波长特性和测试精度不如热学法。在光通信中，光功率一般较弱，范围约为纳瓦级到毫瓦级，因此普遍采用灵敏度较高的光电法。

光电法采用光检测器检测光功率，实际上是测试光检测器在受辐射后产生的微弱电流，该电流与入射到光敏面上的光功率成正比，因此实际上这种光功率计是一种由半导体光电传感器与电子电路组成的放大和数据处理单元组合。

OPM

光功率计的主要技术指标有：

（1）波长范围：不同的半导体材料响应的光波长范围不同，为了覆盖较大的波长范围，一个光功率计可以配备几个不同的探测头。

（2）光功率测试范围：主要由光探测器的灵敏度和主机的动态范围决定。

9.3.2 光端机的测试

在光纤通信系统中,光端机与光纤的连接点称为光接口,光端机与数字设备的连接点称为电接口,如图 9.9 所示。光接口有两个:一个称为"S",光端机由此向光纤发送光信号;另一个称为"R",光端机由此接收从光纤传来的光信号。电接口也有两个:一个为"A",数字复用设备输出的 PCM 信号由此传给光端机;另一个为"B",光端机由此向数字设备输出接收到的 PCM 信号。因此,光端机的测试指标也分为两大类:一类是光接口指标,另一类是电接口指标。

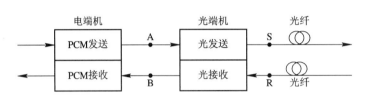

实验十二 光纤总体介绍

图 9.9 光端机的光接口和电接口

1. 光接口的指标与测试

光接口的指标主要有四个:平均发送光功率、消光比、光接收机灵敏度和光接收机动态范围。

1) 平均发送光功率

光端机的平均发送光功率是在正常工作条件下光端机输出的平均光功率,即光源尾纤输出的平均光功率。平均光功率的指标与实际的光纤线路有关。在长距离的光纤通信数字系统中,要求有较大的平均发送光功率;而在短距离的光纤通信系统中,则要求有较小的平均发送光功率。

平均发送光功率的测试框图如图 9.10 所示。测试时要注意,各种指标的测试都要送入测试信号。自光端机 A 点送入 PCM 测试信号,不同码速的光纤数字通信系统要求送入不同的 PCM 测试信号。例如,速率为 2048 kb/s 和 8448 kb/s 的光端机送入 $2^{15}-1$ 的伪随机序列码,速率为 34 368 kb/s 和 139 264 kb/s 的光端机送入 $2^{23}-1$ 的伪随机序列码,并且 2048 kb/s、8448 kb/s 和 34 368 kb/s 的码型为 HDB$_3$,而 139 264 kb/s 的码型为 CMI 码。

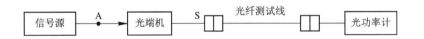

实验十三 平均发送光功率的测试

图 9.10 平均发送光功率的测试框图

测试时送入正常的工作信号,此时从光功率计上读取的数值即为平均发送光功率。应当注意的是:平均发送光功率与 PCM 信号的码型有关,比如 NRZ 码和占空比为 50% 的 RZ 码相比,前者比后者平均发送光功率要大 3 dB;另外,光源的平均输出光功率与注入它的电流大小有关,测试时应在正常工作的注入电流条件下进行。

2）消光比

消光比是光端机发送部分的质量指标之一，定义为

$$\text{EXT} = \frac{P_{00}}{P_{11}}$$

其中，P_{00} 是光端机输入信号脉冲为全"0"码时输出的平均光功率，P_{11} 为光端机输入信号脉冲为全"1"码时输出的平均光功率。

从 LD 的 P - I 曲线知道，当输入信号为"0"时，输出并不为 0，因为在一个偏置电流 I_b 的作用下，输出为荧光。我们希望 I_b 越小越好，这样就可以提高消光比及接收机的灵敏度。但另一方面，I_b 减小，会使光源输出功率降低，谱线宽度增加，并产生对光源特性的其他不利影响。因此要全面考虑 I_b 影响，一般要求 EXT＜0.1。当 EXT＝0.1 时，使 APD 光接收机降低 1.8 dB，使 PIN 光接收机灵敏度降低 0.9 dB。

当光源是 LED 时，一般不考虑消光比，因为它不加偏置电流，所以无输入信号时输出也为零。

LD 消光比测试图也如图 9.10 所示，输入全"0"码即断掉输入信号（一般将编码盘拔出）时测得的光功率为 P_{00}。

输入光端机的信号一般是伪随机码，它的"0"码和"1"码的出现概率是相等的，因此测试的伪随机序列信号的光功率 P_T 是全"1"码时的光功率的一半，即 $P_{11}=2P_T$。所以消光比为

$$\text{EXT} = \frac{P_{00}}{2P_T}$$

3）光接收机灵敏度　　　　　　　　　　　实验十四　消化比 EXT 测试

光接收机灵敏度是指在满足给定误码率或信噪比的条件下，光端机能够接收到的最小平均光功率。灵敏度是光端机的重要性能指标，它表示光端机接收微弱信号的能力，从而决定了系统的中继段距离，是系统设计的重要依据。

在测试光接收机灵敏度时，首先要确定系统所要求的误码率指标。不同通信距离和不同应用的光纤数字通信系统，其误码率指标是不一样的。不同的误码率指标，要求的接收机灵敏度也不同。要求的误码率越小，灵敏度就越低，即要求接收的光功率就越大。此外，灵敏度还和系统的码速、接收端光电检测器的类型有关。

光接收机灵敏度的测试框图如图 9.11 所示。

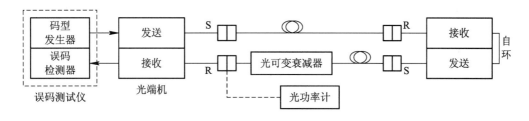

图 9.11　光接收机灵敏度测试框图

测试步骤如下：

（1）按照测试框图连接线路。

（2）由误码仪向光端机送入测试信号，对不同信号的选择与进行光功率测试时相同。

（3）调节可变衰减器，逐步增大衰减，这时误码率会逐步增高，直到出现要求的误码率，例如 $1×10^{-11}$，并在一定的观察时间内保持稳定，表明已达到系统要求的误码率临界状态。

（4）在 R 点断开光端机的连接器，用光纤测试线连接 R 点和光功率计，此时测得的光功率值即为光接收机的最小可接收光功率。

在测试时需要注意的是，误码率是一个统计平均值，只有当测试时间足够长时，测试结果才准确，并且测试时间与系统的码速和误码率有关，码速越高，误码率越大，测试时间越短。

4）光接收机动态范围

光接收机接收到的信号功率过小，会产生误码，但是如果接收到的光信号功率过大，又会使接收机内部器件过载，同样产生误码。所以为了保证系统的误码特性，需要保证输入信号在一定的范围内变化，光接收机这种适应输入信号在一定范围内变化的能力称为光接收机的动态范围，它可以表示为

$$D = 10\ \lg \frac{P_{max}}{P_{min}} \quad (\text{dB})$$

式中，在满足误码条件下，P_{max} 是允许接收到的最大光功率，P_{min} 是接收机灵敏度。

测试框图如图 9.12 所示，它和光接收机灵敏度测试框图略有不同，去除了光纤线路对误码的影响。

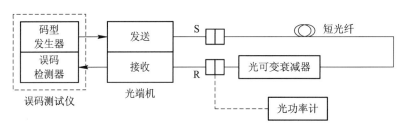

图 9.12　光接收机动态范围测试框图

测试步骤如下：

（1）按照框图将线路连好，送入所需的测试信号。

（2）减小可变衰减器的衰减量，使接收的光功率逐渐增大，当出现误码后，增加光衰减量，直到误码率刚好回到规定值并稳定一定时间后，在 R 点接上光功率计读取的功率值即为 P_{max}。

（3）继续增大衰减量，直到出现较大误码的临界状态并稳定一定时间后，测得的光功率为 P_{min}。

根据公式计算可得动态范围 D。需要注意的是，动态范围的测试也要考虑测试时间的长短，只有在系统较长时间处于误码要求指标以内的条件下测得的功率值才是正确的。

2. 电接口的指标测试

图 9.9 中的 A 点及 B 点均为电接口，通常 A 点称为输入口，B 点称为输出口。在输入

口和输出口都需要测试的指标(称为一般指标)有比特率及容差、发射损耗;在输入口需要
测试的指标有输入口允许衰减和抗干扰能力、输入抖动容限;在输出口需要测试的指标有
输出口脉冲波形、无输入抖动的输出抖动容限等。

1) 比特率及容差

ITU - T 对各种系统的码速或时钟频率给出了一定的容差,当输入信号的码速或时钟
频率在该范围内变化时,系统能正常工作,不产生误码。容差的范围如表 9.1 所示。

表 9.1　电接口标称比特率及容差

码速/(kb/s)	容差	序列长度	接口码型
2048	± 50 ppm(± 102 b/s)	$2^{15}-1$	HDB_3
8448	± 30 ppm(± 253 b/s)	$2^{15}-1$	HDB_3
34 368	± 20 ppm(± 687 b/s)	$2^{23}-1$	HDB_3
139 264	± 15 ppm(± 2089 b/s)	$2^{23}-1$	CMI

表中的容差用 ppm 表示,含义是百万分之一的意思。例如 2048 kb/s 的码速,容差为
± 50 ppm,实际的码速偏移为 $\pm(2048\times 10^3\times 50\times 10^{-6})=\pm 102$ b/s。ppm 值越大,并不
表示容许的码速偏移越大,实际容许的码速偏移的大小要由计算结果来确定。码速越高,
容许的 ppm 值应越小。

输入口码速容许偏差的测试框图如图 9.13 所示。

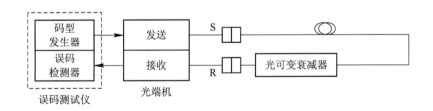

图 9.13　输入口码速容许偏差的测试框图

测试时,调高或调低码型发生器的比特率,直到在误码仪上出现误码,然后回调,读
出使得刚好不出现误码的临界比特率,则码型发生器上的最高或最低码速之差即为正、负
方向的最大容差。

测试输出口码速偏移时,需要先测得输出口的比特率。在图 9.13 的输出口处接一个数
字测试仪即数字式频率计,数字式频率计从接收信号中提取时钟,根据提取的时钟给出信
号的比特率。它与标称比特率之间的差值应在表 9.1 所示的容差范围内。

2) 反射损耗

当光端机的输入阻抗 Z_x 和传输电缆的特性阻抗 Z_c 不相等时,就会在光端机接口处产
生反射,反射信号和入射信号叠加,就会使光端机接口处的信号失真,造成误码。为了保
证数字传输系统的指标要求,我们希望反射信号尽可能小,反射损耗尽可能大。用 b_p 来表
示反射损耗,定义为

$$b_{\mathrm{p}} = 20 \lg \left| \frac{Z_{\mathrm{X}} + Z_{\mathrm{C}}}{Z_{\mathrm{X}} - Z_{\mathrm{C}}} \right|$$

一般 $Z_{\mathrm{C}} = 75\ \Omega$。如果 $Z_{\mathrm{X}} = Z_{\mathrm{C}}$，则没有反射信号，即此时反射损耗最大。

对于实际的光端机，电接口不可能完全阻抗匹配，为了保证系统正常工作，反射损耗应达到规定值。表 9.2 给出了对输入口的反射损耗要求。

表 9.2　电接口反射损耗指标

标称速率 f_0/(kb/s)	反射损耗 b_{p}/dB		
	测试信号频率变化范围为 $(2.5\% \sim 5\%)f_0$	测试信号频率变化范围为 $(5\% \sim 150\%)f_0$	测试信号频率变化范围为 $(100\% \sim 150\%)f_0$
2048	12	18	14
8448	12	18	14
34 368	12	18	14
139 264	15	15	15

光端机输入口和输出口的反射损耗测试方法相同，图 9.14 为输入口测试框图。振荡器发出测试所需的电信号，75 Ω 电桥提供标准 75 Ω 阻抗，选频表用于测试某一频率下的电信号功率值。测试时，首先断开 Z_{X}，调整振荡器输出，此时选频表的指示即为入射功率 P_1(dBm)；再将 Z_{X} 接在反射电桥上，此时选频表的指示即为反射功率 P_2(dBm)。那么反射损耗 $b_{\mathrm{p}} = P_1 - P_2$(dB)。

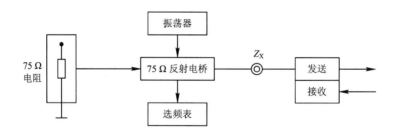

图 9.14　电接口输入端反射损耗测试框图

3）输入连线衰减

一般情况下，信号由电端机送到光端机时，需要经过一段电缆，电缆对电信号具有一定的衰减，这就要求光端机能容许输入口信号有一定的衰减和畸变，而系统此时不会发生误码。这种光端机输入口能承受的传输衰减，叫作允许的连线衰减。

不同码速下输入口容许的连线衰减测试指标要求如表 9.3 所示，测试框图如图 9.15 所示。

测试时按照图 9.15 连接线路。输入口的连接电缆对信号的衰减符合 $\sqrt{f}$ 衰减规律。接收机对端环回，这样可使测试的线路较长；也可以直接在接收端测试误码，但这会使仪表使用分离，不太方便。码型发生器输入相应的测试信号，经过衰减送入光端机，使连接电缆的损耗在表 9.3 要求的范围内变化，以误码检测器检测不到误码时的衰减值为测试结果。

表 9.3　输入口允许的连线衰减和抗干扰能力

比特率/(kb/s)	测试频率/kHz	衰减范围/dB	信号/干扰/dB	干扰序列
2048	1024	0～6	18	$2^{15}-1$
8448	4224	0～6	20	$2^{15}-1$
34 368	17 184	0～12	20	$2^{23}-1$
139 264	69 632	0～12		

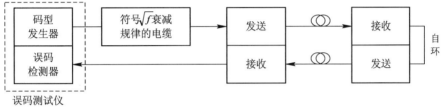

图 9.15　输入口容许的连线衰减测试框图

4）输入口抗干扰能力

对光端机而言，数字配线架和上游设备输出口阻抗的不均匀性，会在接口处产生信号反射，反射信号对有用信号是个干扰。通常把光端机在接收被干扰的有用信号后仍不会产生误码的这种能力称为抗干扰能力。因此常用有用信号功率和干扰信号功率之比表示抗干扰能力的大小。

测试框图如图 9.16 所示。测试时干扰信号和有用信号经过混合网络合并在一起，输入口衰减电缆按表 9.3 选取，信号功率与干扰信号功率的比值按表 9.3 取值，以误码检测器检测不到误码时的测试功率为准。

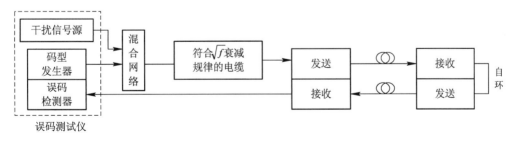

图 9.16　输入口抗干扰能力测试框图

5）输出波形测试

为了使各厂家生产的不同型号的设备能彼此相连，要求这些设备的接口波形必须符合 ITU - T 提出的要求，即符合 G.703 建议中的脉冲波形样板，其图形如图 9.17 所示。接口码速不同，对脉冲波形的要求不同，每种波形的脉冲宽度与幅度、上升时间、下降时间、过冲过程都有严格规定。只要设备接口波形在样板斜线范围内，则同一码速的不同型号的设备就能互连。

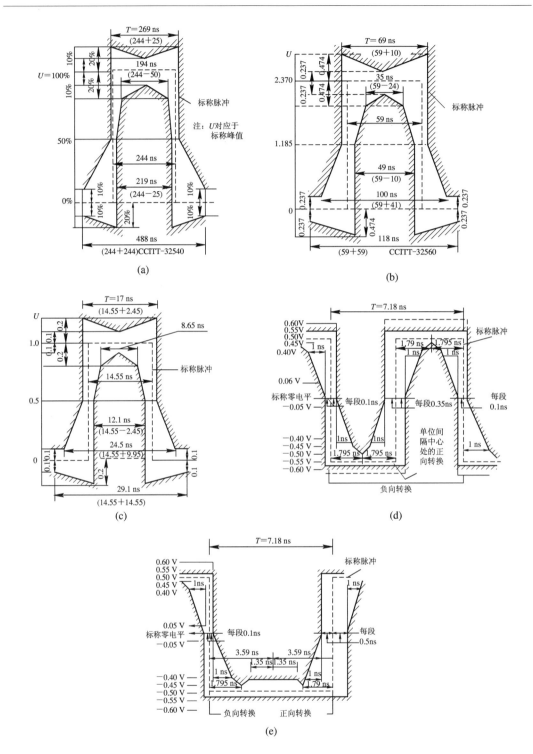

图 9.17 部分脉冲波形样板

(a) 2048 kb/s 接口脉冲样板；(b) 8448 kb/s 接口脉冲样板；(c) 34 368 kb/s 接口脉冲样板；
(d) 139 264 kb/s 接口对应于二进制"0"的脉冲样板；(e) 139 264 kb/s 接口对应于二进制"1"的脉冲样板

测试框图如图 9.18 所示。按图连好线路，其中示波器和光端机输出口连接时，要用 75 Ω 电阻匹配，带宽要足够大，尤其是当系统码速为 139.264 Mb/s 时，还要有一个 $C \geqslant 0.01~\mu F$ 的电容(作交流耦合)连到示波器输入端。先断开输入信号，此时示波器的水平扫描轨迹作为波形样板的标称零电位；然后接上码型发生器，并使之产生规定的伪随机码测试信号，此时示波器的波形应为脉冲样板波形。

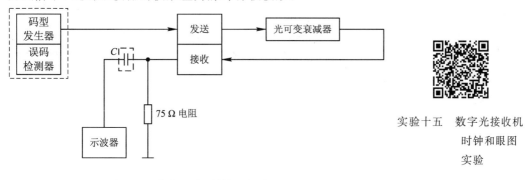

实验十五　数字光接收机时钟和眼图实验

图 9.18　输出口波形样板测试框图

9.4　光纤通信系统性能测试

9.4.1　误码性能及测试

　　系统的误码特性是衡量系统优劣的一个非常重要的指标，它反映了数字信息在传输过程中受到损伤的程度，通常有平均误码率(BER)、劣化分(DM)、严重误码秒(SES)和误码秒(ES)等，具体定义参见 7.3.3 小节。

　　误码性能测试框图如图 9.19 所示。

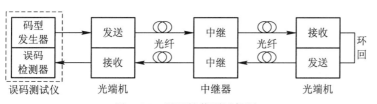

实验十六　误码测试

图 9.19　误码性能测试框图

　　采用远端电接口环回，本端测试。本端的误码仪发送规定的测试信号，环回后在本端接收口检测出有关误码。一般测试时间在 24 小时以上。最后根据统计的误码结果计算出 BER、DM、SES、ES 等指标。这种测试方法得到的指标是实际光纤通信系统指标的 2 倍。

9.4.2　抖动性能及测试

　　数字信号(包括时钟信号)的各个有效瞬间对于标准时间位置的偏差称为抖动(或漂动)。这种信号边缘相位的向前向后变化给时钟恢复电路和先进先出(FIFO)缓存器的工作带来一系列的问题，是使信号判决偏离最佳判决时间、影响系统性能的重要因素。在光纤通信中，将 10 Hz 以上的长期相位变化称为漂动，而将 10 Hz 以下的相位变化称为抖动。

　　数字信号的有效瞬间可以超前或滞后标准时间的位置，我们就把这种时间偏差的最大值称为抖动峰—峰值,用它来衡量抖动大小。峰—峰值用 J_{P-P} 表示,单位为 UI,表示单位时隙。当传输 NRZ 码时,1 UI 就是 1 bit 信息所占用的时间,它在数值上等于传输速率的倒数。

抖动在本质上相当于低频振荡的相位调制加载到了传输的数字信号上。产生抖动的原因主要有随机噪声、时钟提取回路中调谐频率偏移、接收机的码间干扰和振幅相位换算等。在多中继长途光纤通信中,抖动具有累积性。抖动在数字传输系统中最终表现为数字端机解调后的噪声,它使信噪比劣化,灵敏度降低。

抖动难以完全消除,为了保证数字网的抖动要求,必须根据抖动的累积规律对光纤传输系统的抖动提出限制。衡量系统抖动性能的参数有三个:输入抖动容限、无输入抖动时的输出抖动容限及抖动转移特性。

1. 输入抖动容限

光纤通信系统各次群的输入接口必须容许输入信号含有一定的抖动,系统容许的输入信号的最大抖动范围称为输入抖动容限,超过这个范围,系统将不再有正常的指标。根据 ITU-T 建议,PDH 各次群输入接口的输入抖动容限必须在图 7.13(a)所示的曲线之上。表 7.4 给出了图中各量的对应值。而对于 SDH 系统,STM-N 光接口输入抖动和漂移容限要求如图 7.13(b)和表 7.5 所示。

2. 输出抖动容限

当系统无输入抖动时,输出口的信号抖动称为输出抖动。根据 ITU-T 建议和我国国标,在全程网(或一个数字段)用带通滤波器对 PDH 各次群的输出口进行测试时,输出抖动不应超过表 7.6 给出的容限值,SDH 设备的各 STM-N 口的固有抖动不应超过表 7.7 给出的容限值。

对于 STM-1,1 UI=6.43 ns;对于 STM-4,1 UI=1.61 ns;对于 STM-16,1 UI=0.40 ns。

3. 抖动转移特性

抖动转移也称为抖动传递,定义为系统输出信号的抖动与输入信号中具有相应频率的抖动之比。抖动转移特性用来验证系统对高低频抖动的适应能力。图 9.20 给出了对 SDH 再生器抖动转移特性的要求。对于 STM-16,$f_0=30$ kHz,$p=0.1$ dB。

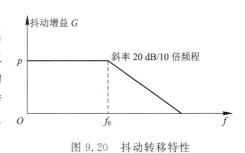

图 9.20 抖动转移特性

4. 抖动性能测试

抖动性能测试框图如图 9.21 所示。

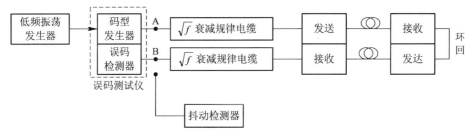

图 9.21 抖动性能测试框图

低频振荡发出的信号作为抖动信号，对误码仪发出的规定的测试信号进行干扰，误码仪与光端机之间的连接电缆符合 $\sqrt{f}$ 衰减规律。

（1）输入抖动测试。按照框图接好测试系统，用低频信号调制误码仪的发送端，向光端机输入口送入具有一定抖动幅度和抖动频率的测试信号。固定低频信号频率，加大信号幅度，即加大抖动幅度，直到误码仪刚好不出现误码时，稳定 60 s，此时在 A 点接上抖动检测器，测出的抖动数值即为此频率下的输入抖动容限。然后改变频率，重复上述步骤，得到的值与图 7.13(a)、(b) 的曲线比较，在曲线之上即为合格。

（2）输出抖动测试。不接低频振荡发生器，从抖动检测器读出输出抖动，由于是环回测试，因此测得的抖动值的一半才是实际系统的输出抖动。对比输出抖动容限要求，其值小于表 7.5～表 7.7 的值即为合格。

（3）抖动转移特性测试。输入低频调制的抖动信号，将抖动检测器与 A 点相连，读出抖动幅度 P_{in}，再将抖动检测器与 B 点相连，读出输出幅度 P_{out}，抖动增益 G 为 $P_{out} - P_{in}$。由于是环回测试，实际系统的抖动增益是该值的一半。改变抖动频率，重复上述步骤，可以得到不同抖动频率下的 G 值，与图 9.20 对比，在该曲线之下的即为合格。

目前，很多数字传输分析仪和 SDH 分析仪将 ITU-T 建议的输入/输出抖动容限的有关曲线输入机内 CPU，只要启动自动测试功能，便能方便地测出系统的抖动性能。

9.5　误码测试仪与 SDH 数字传输分析仪

在前面的测试中频繁地用到误码测试仪，下面就简单地介绍一下误码测试仪的工作原理。

误码测试仪由三大部分组成：发码发生器、误码检测器和计数器，如图 9.22 所示。发码发生器可以产生测试所需的各种不同序列长度的伪随机码（$2^7 - 1 \sim 2^{23} - 1$），接口电路可以实现输出 CMI 码、HDB$_3$ 码、NRZ 码、RZ 码等码型。误码检测器包括本地码发生器、同步电路和误码检测器。本地码发生器的构成和发码发生器相同，可以产生和发码发生器完全相同的码序列，并通过同步设备与接收到的码序列同步。误码检测器将本地码和接收码进行比较，检测出误码信息送入计数器显示。

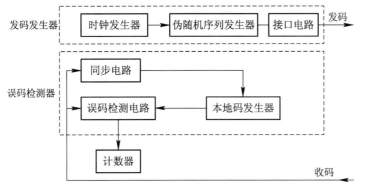

BERT

图 9.22　误码测试仪框图

误码分析仪的基本结构和误码测试仪相同，但是其内部具有 CPU，可以对测试结果进行分析，给出 BER、ES、SES、DM 等信息。有的还可以自动计算出被测设备或系统的"利用率"和"可靠度"等。

数字传输分析仪除具有误码分析仪的全部功能外，还能产生测试所需要的各种幅度可调的低频信号，并将其调制到发码上，产生带有抖动的数字序列。数字传输分析仪的接收部分，除具有误码检测功能外，还能测试抖动量，因此该设备能测试全部的误码性能和抖动性能。

SDH 数字传输分析仪不仅能测试 SDH 设备的误码性能和抖动性能，而且能分析和检测 SDH 设备的帧结构和映射复用结构。不少 SDH 设备也能对 PDH 支路口的性能进行测试。

9.6　波长计、光谱分析仪(OSA)及应用

9.6.1　波长计

对以 SDH 终端设备为基础的多波长密集光波分复用系统和单波长 SDH 系统的测试要求差别很大。首先，单波长光通信系统的精确波长测试是不重要的，只需用普通的光功率计测试光功率值就可判断光系统是否正常了。设置光功率计到一个特定的波长值，例如 1310 nm 或 1550 nm，仅用作不同波长区光系统光源发光功率测试的校准与修正，因为对宽光谱的功率计而言，光源波长差几十纳米时测出的光功率值的差别也不大。可是，对 DWDM 系统就完全不同了，系统有很多波长，很多光路，要分别测出系统中每个光路的波长值与光功率大小，将二者结合才能判断出是哪个波长、哪个光路系统出了问题。由于各个光路的波长间隔通常是 1.6 nm(200 GHz)、0.8 nm(100 GHz)，甚至 0.4 nm(50 GHz)，故必须要用有波长选择性的光功率计，即用波长计或光谱分析仪(OSA)才能测出系统的各个光路的波长值和光功率的大小，因此，用一般的光功率计测出系统的总光功率值是不解决问题的。其次，为了平滑地增加波长，扩大 DWDM 系统容量，或为了灵活地调度、调整电路和网络的容量，需要减少某个 DWDM 系统的波长数，即要求 DWDM 系统在增加或减少波长数时，总的输出光功率基本稳定。在这种情况下，当有某个光路、某个净负荷载体，即光波长或光载频失效时，用普通光功率计测试总功率值是无法发现问题的，因为一两个光载频功率大大降低或失效，对总的光功率值影响很小。此时，必须对各个光载频的功率进行选择性测试，不仅要测出光功率电平值，而且还要准确地测出具体的波长数值后，才能确切知道是哪个波长、哪条光路出了问题。这不仅在判断光路故障时非常必要，而且在系统安装、调测和日常维护时也很重要。

波长计具有几种结构形式。波长计赖以工作的原理是光干涉测试法。因为激光发出的光线是相干光，因此依照相位关系的不同，光信号可以相互增强或相互抵消。假设把一束激光分成两束相同光强的光束，再强制这两束光中的一束比另一束走过更长一段距离，然后再让它们在感光传感器的感光表面上重新会合。感光传感器所检测到的光强，可由零光

强(两束光反相情况)变到任一束光的光强的两倍(两束光同相情况)。如果两个光路之一包含有一个可以运动的反光镜,那么便可以高度准确和高度精密地测试物体的运动参数,因而也就可以确定光的波长。如果忽略波长数值的小数点后的部分,那么波长就等于光路长度的变化除以感光传感器在我们改变光路长度时所检测到的光功率的波峰数。

如果在空气中做这个实验,就必须进行一定的修正,以便考虑光在空气中传播的速度 c_{air} 和光在真空中传播的速度 c_{vac} 的不同。c_{air} 的大小也不是一个常数,它取决于空气的温度、湿度和气压。但是,如果知道环境条件,就能查出 c_{air} 的数值。同时,还必须进行另一项修正,即考虑波长的多普勒频移(Doppler shift),此频移是在测试过程中由变化的光路长度所引起的。

显然,波长计还可以使整个测试过程自动化起来。在自动测试中,只需把自被测光源来的一束光聚焦在一个合适的测点上,然后再用波长计进行测试即可。波长计可以改变光路长度,数出光功率的波峰数,测试空气的温度、湿度和气压,查表和进行修正,作计算和列出计算结果。

此外,在测试数据中如果包含有可能被忽略的波长的小数点部分,如果有必要,这种波长计也可对此加以修正。假设反光镜以一已知的恒定速度运动(反光镜就应当这样运动,因为多普勒频移的计算需要速度信息)。然后再假定,在反光镜运动过程中,波长计将测试在检测第一个波峰之前出现的间隔和在检测最后一个波峰之后出现的间隔的宽度。为了得到更精确的波长测试值,波长计能把这些间隔转换成光路长度的变化量,然后再从光路的总长度变化量中减去这些变化量。当然,如果所记录的波峰数多,那么修正量就小。

波长计一般可以测试的指数有光波长及谱宽、中心波长、峰值功率、积分功率、光信噪比、DWDM 系统及器件的通道特性等。

波长计的一个重要用途就是测试 PMD(极化模的色散)。PMD 是单模光纤的一个重要特性,这个特性既不完全稳定,又不可以完全预测。发射进入这种光纤的单色光将分成传播速度稍微不同且互为正交的一对分量。不同的传播速度就会产生不同的波长,这种波长可以用一合适的测试设备——波长计来测试。WDM 的生产过程测试就是波长计除测试波长、光功率及回光损耗外的另一个重要用途。

9.6.2 光谱分析仪(OSA)及应用

使用光谱分析仪测试得到的光功率是波长的函数。一般,OSA 的功能是利用基于衍射光栅的光滤波器来实现的,它的波长分辨率小于 0.1 nm。基于 Michelson 干涉仪的波长计可以达到更高的波长分辨率(±0.001 nm)。为了测试非常窄的线宽(典型单频半导体激光器的线宽是 10 MHz),光谱分析仪使用零差和外差检测技术。

具有不同性能等级(例如波长分辨率)的光谱分析仪可以用于测试光输出或器件的传输参数随波长的变化规律。波长分辨率由 OSA 中的光滤波器的带宽决定。分辨率带宽这个术语用于描述光滤波器的带宽。典型的 OSA 中可选择滤波器的波长范围为 0.1~10 nm。OSA 通常扫描一个光谱区,并在离散的波长点上进行测试。波长间隔,也就是所谓的轨迹点间距,取决于仪器的带宽分辨能力。

1. 光源特性

用于光纤通信系统的基本光源主要有三种：发光二极管(LED)、法布里-珀罗(F－P)激光器和分布反馈式(DFB)激光器。每种光源的波长与输出的关系完全不同。OSA 是快速准确测试这些器件输出频谱特性的通用仪器。

LED 的发射光谱是宽带的连续谱，它的 FWHM 谱宽是 30～150 nm。图 9.23 是一个中心波长在 1300 nm 的 LED 频谱的典型轨迹图。

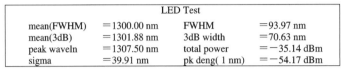

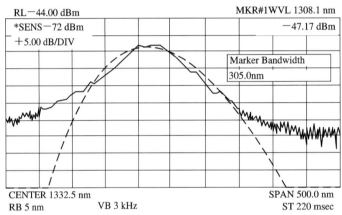

OSA

图 9.23　HP－71450 光谱分析仪记录的 LED 频谱

OSA 可以自动测试和显示的一些值得关注的参数包括：

（1）输出总功率 P_{total}：各轨迹点 i 的归一化输入功率 P_i 之和。轨迹点间距与分辨率带宽的比值可将输入功率归一化，也就是说如果在频谱区内进行 N 次测试，则

$$P_{total} = \sum_{i=1}^{N} \left(P_i \frac{轨迹点间距}{分辨率带宽} \right)$$

（2）平均波长 λ_{tmean}：大量测试点的中心，其值为

$$\lambda_{tmean} = \sum_{i=1}^{N} \left(\frac{\lambda_i P_i}{P_{total}} \frac{轨迹点间距}{分辨率带宽} \right)$$

（3）峰值波长：LED 频谱峰值处的波长。

（4）半高全宽(FWHM)：给出了半功率点，也就是该点处的功率谱密度的幅度是峰值处功率谱密度幅度的一半。假设功率分布是连续的高斯分布，则有关系式：

$$FWHM = 2.355\sigma$$

其中，σ 是 LED 的 rms 谱宽，可以使用 OSA 测试得到，即

$$\sigma^2 = \sum_{i=1}^{N} \left[(\lambda_i - \lambda_{mean})^2 \left(\frac{P_i}{P_{total}} \frac{轨迹点间距}{分辨率带宽} \right) \right]$$

（5）LED 的 3 dB 谱宽：LED 频谱峰值两边两个波长的间距，这两个波长上的频谱密

度是峰值功率处频谱密度的一半。

　　OSA 可以自动测试的法布里-珀罗激光器的参数包括：频谱的 FWHM 或包络带宽、中心波长、模式间距和激光器的总功率。图 9.24 是法布里-珀罗激光器频谱的典型轨迹图。对应于 LED 的输出总功率和平均波长的计算公式，也可以计算出 F－P 激光器的输出总功率和平均波长，只是这里没有归一化因子，因为 F－P 激光器不像 LED 那样具有连续光谱。

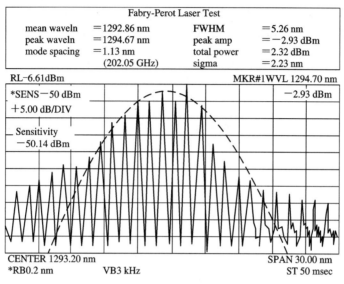

图 9.24　HP－71450 光谱分析仪记录的 F－P 激光器频谱

　　除了频谱更窄以外，分布反馈式激光器的性能和 F－P 激光器相似。OSA 提供的可自动测试的 DFB 激光器参数包括中心波长、边模抑制比、峰值功率和阻带特性等。边模抑制比是主模频谱成分与最大边模频谱的幅度差。所谓阻带，是指与主模相邻的最大边模与比它低一点的边模之间的波长间隔。图 9.25 是典型的 DFB 激光器频谱的轨迹图。

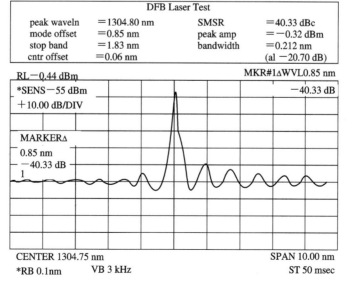

图 9.25　HP－71450 光谱分析仪记录的 DFB 激光器频谱

2. EDFA 增益和噪声系数的测试

在光放大器应用于光纤通信链路时，增益和噪声是放大器最重要的两个参数。放大器的增益可以使用光功率计、(电域)频谱分析仪或光谱分析仪来测试；噪声系数既可以使用频谱分析仪，也可以使用光谱分析仪来测试。每种方法都有自己的优势、局限性和难度级别。这里我们仅讨论使用 OSA 测试 EDFA 的增益与噪声系数。

1) 增益测试

图 9.26 给出了测试光放大器增益的基本装置以及 OSA 的输出结果。这个装置中包括可调谐激光器(而且其输出功率电平也是可调节的)、光隔离器以及一个 OSA。测试步骤是：先在不接入 EDFA(掺铒光纤放大器)的情况下将光源连接到 OSA 上，测试未经过放大的光源的输出功率电平，这样就能得到图 9.26 中的频谱与波长关系曲线中下面那条曲线；然后再接入 EDFA 即可得到放大后的输出功率电平，即图 9.26 中的上面那条曲线。两条曲线的幅度差就是放大器增益 G。当使用 EDFA 放大几个光源输出的不同波长光信号时，这种测试方法也可以扩展到 WDM 系统。然而，WDM 系统测试的成本和复杂度随信道数的增加而迅速增加，所以可以采用简化的光源来近似地测试 EDFA 的增益。在这种方法中，一个光源就能表示需要关注的频谱区内所有的 WDM 信号。

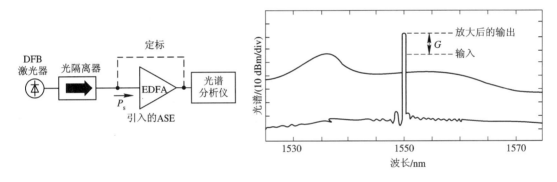

图 9.26　测试光放大器增益的基本装置和 OSA 显示的测试曲线

2) 噪声系数测试

假设光检测过程仅受限于散粒噪声，输入信号仅受限于散粒噪声以及光带宽接近于零，则噪声系数定义为放大器的输入噪声与输出信噪比的比值。在噪声系数的测试过程中，一个基本要求是：测试使用的光源必须具有可靠的输入功率和可变的波长范围，同时还能产生像 LED 那样的宽频谱，也称为光源自发辐射(SSE)。SSE 随信号一起放大，并加在 EDFA 的输出功率上。因此，为了只测试信号和 EDFA 的 ASE(自发辐射放大噪声)作用，就必须把 SSE 从测试数据中扣除掉。

测试光放大器的噪声有三种基本方法，分别是光源扣除法、偏振消除法和时域消光法或脉冲法。这里讨论第一种方法，图 9.27 就是它的测试框图。

使用光源扣除法时，激光器的 SSE 频谱密度 P_{SSE} 是在测试的定标阶段(即链路中没有光放大器)被测试的，并保存在 OSA 的定标文件中；然后接入光放大器并测试 EDFA 的总噪声谱密度 P_{ASE}，其中包括 P_{SSE}；最后将信号功率 P_{in} 注入 EDFA 并测试放大器的输出总功率 P_{out}，其中包括 ASE 和放大的 SSE。在有了这些值之后，就可以根据下面的等式计算出增益 G 和量子极限噪声系数 NF：

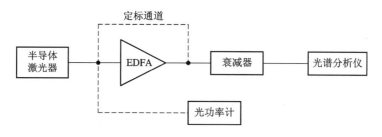

图 9.27　使用光源扣除法测试 EDFA 的噪声系数的系统框图

$$G = \frac{P_{\text{out}} - P_{\text{ASE}}}{P_{\text{in}}}$$

和

$$\text{NF} = \frac{P_{\text{ASE}}}{G h \nu B_0} + \frac{1}{G} - \frac{P_{\text{SSE}}}{h \nu B_0}$$

其中，ν 是测试点上的光频率，B_0 是接收机光滤波器的带宽。NF 计算公式中的最后一项表示要扣除放大的 SSE。

9.7　光衰减器及应用

在许多实验或产品测试中，可能需要测试高电平光信号的特性。如果电平太高，比如是光放大器的强输出，则测试前信号需要经过精确衰减，这样做是为了避免损坏仪器或出现测试的过载失真。光衰减器允许用户降低光信号电平，例如在特定波长上（通常是 1310 nm 或 1550 nm）经过精确处理步骤，最高衰减能达到 60 dB（相当于 10^6）。用于野外快速测试的设备，其衰减范围的精度能达到 0.5 dB 就可以了，而实验室内使用的仪器的衰减精度需要达到 0.001 dB。

目前常用的衰减器主要采用金属蒸发膜来吸收光能，实现光的衰减，故衰减量的大小与膜的厚度成正比。

光衰减器可分为固定衰减器和可变衰减器，其结构如图 9.28 所示。

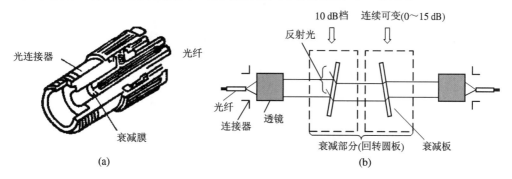

图 9.28　光衰减器的基本结构
（a）固定衰减器；（b）可变衰减器

图 9.28（a）为固定衰减器，可以制成活动接头的形式，在光纤端面上按要求镀上一定

厚度的金属膜即可实现光的衰减。它的衰减量是一定的,用于调节传输线路中某一区间的损耗,要求体积小、重量轻。具体规格有 3 dB、6 dB、10 dB、20 dB、30 dB、40 dB 的标准衰减量,要求衰减量误差小于 10%。另外也有用空气衰减的,即在光的通路上设置一个几微米的气隙,即可实现光的固定衰减。

图 9.28(b)为可变衰减器。光纤输入的光经过自聚焦透镜变成平行光束,平行光束经过衰减片再送到自聚焦透镜并耦合到输出光纤中。衰减片通常是表面蒸镀了金属吸收膜的玻璃基片。为了减小反射光,衰减片与光轴可以倾斜放置。连续可调光衰减器一般采用旋转式结构,衰减片不同区域的金属膜厚度不同,这种衰减器可分为连续可变和分挡可变两种。通常将这两种可变衰减器组合起来使用,衰减范围可达 60 dB 以上,衰减量误差小于 10%。

在测试光接收机灵敏度时,需要用可变光衰减器进行连续调节来观察光接收机的误码率。在校正光功率计和评价光传输设备时,也要用到光可变衰减器。

光可变衰减器的主要技术指标是衰减范围、衰减精度、衰减重复性以及原始插入损耗等。

9.8 网络分析仪及应用

在实验室、生产和质量控制环境中,许多仪器都有替代模块,使用这些替代模块可以完成各种不同类型的测试。

图 9.29 是 EXFO 公司的一个多功能光测试系统,它包括一个主机的基本模块和一个扩展单元。主机是一个基于微处理器的单元,它能进行数据编译和分析各种测试仪器送来的数据。这种测试系统具有可以控制 RS-232 通信能力的外部仪器,它还具有网络功能,可提供计算机的远程接入。这种即插式模块具有在很宽的范围内进行测试的能力,例如它可以提供单信道或多信道光功率计、ASE 宽带源、可调谐激光光源、可变衰减器、光谱分析仪和 PMD 分析仪等仪器的主要功能。

图 9.29 基于 PC 的多功能光测试系统

现在许多国内的公司也推出了新型的模块化光网络测试仪,兼容 OTDR(光时域反射计)、损耗测试、光谱分析和色散测试模块等,有些仪器还具有现场快速检测 SDH/SONET 设备支路侧的能力和网络业务测试的能力。

日本安立公司推出了 10 G 的网络测试仪，可以支持对包括 XENPAK 在内的 10 G 光接口的测试，测试范围扩展到 10 M～10 G，可以测试的项目包括吞吐量、延时、在全线速下捕捉帧、纠错等。

习　题　九

1. 某工程师想测试一根 1895 m 长的光纤在波长 1310 nm 上的损耗，唯一可用的仪器是光检测器，它的输出读数的单位是伏特。利用这个仪器，使用截断法测试损耗。该工程师测试得到光纤远端的光电二极管的输出电压是 3.31 V，在离光源 2 m 处截断光纤后测试得到光检测器的输出电压是 3.78 V，试求光纤的损耗是多少 dB/km。

2. 根据光纤损耗测试中的截断法所依据的公式可知，要测量的功率正比于光检测器的输出电压。如果两次功率测量的电压读数相差±0.1%，则损耗精度的偏差有多大？若要获得优于±0.05 dB/km 的灵敏度，光纤至少应有多长？

3. 现已测得光纤的色散系数为 120 ps/(nm · km)，当光源谱宽是 2.5 nm 时，光纤的 3 dB 带宽有多宽？

4. 当采用对端环回—本端测试方法观测一段全长为 280 km 的四次群光纤通信系统的全程误码时，误码仪每秒钟统计一次误码，其结果如表 9.4 所示。（注：表中未标出的时间，其误码个数为 0。）

表 9.4　误码测试结果

时间	误码个数
00:00:00	0
⋮	⋮
06:00:01	800
06:00:02	1800
06:00:03	2400
06:00:04	2200
06:00:05	1000
06:00:06	700
06:00:07	0
⋮	⋮
23:59:59	0

试求：

(1) 系统的平均误码率 BER；

(2) DM、SES、ES 的平均百分数。

5. $H(f)$ 的高斯近似表达式为

$$H(f) = \frac{P_{\text{out}}(f)}{P_{\text{in}}(f)} = \exp\left[-\frac{(2\pi f \sigma)^2}{2}\right]$$

已知该公式至少对幅度为峰值 75% 的频域内的点是精确的。利用这个关系式，分别画出光纤脉冲响应的 rms 脉冲全宽 2σ 分别等于 2.0 ns、1.0 ns 和 0.5 ns 时的 $P(f)/P(0)$ 与频率的关系曲线，频率范围是 0~1000 MHz。这些光纤的 3 dB 带宽分别是多少？

6. 将 3 段 500 m 长的光纤有序地连接在一起，然后使用 OTDR 测试这段光纤的损耗，得到的数据如图 9.30 所示。这 3 段光纤的损耗分别是多少 dB/km？接头损耗是多少 dB？第 2 段和第 3 段光纤接头处的接头损耗较大的原因是什么？

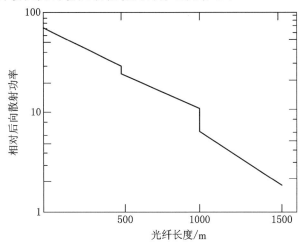

图 9.30 题 6 用图

7. 如果使用 OTDR 将光纤故障定位在真实位置 ±0.5 m 范围内，试证明光脉冲的宽度应不大于 5 ns。

第 9 章习题答案

参 考 文 献

[1]   李玉权，崔敏著. 光波导理论与技术. 北京：人民邮电出版社，2002

[2]   KEISER G. 光纤通信. 5 版. 李玉权，蒲涛，崔敏，等译. 北京：电子工业出版社，2002

[3]   KAZOVSKY L G. 光纤通信系统. 张肇仪，等译. 北京：人民邮电出版社，1999

[4]   赵梓森. 光纤通信工程. 北京：人民邮电出版社，1998

[5]   杨祥林. 光纤通信系统. 北京：国防工业出版社，2000

[6]   顾畹仪，李国瑞. 光纤通信系统. 北京：北京邮电大学出版社，1999

[7]   孙学康，张金菊. 光纤通信技术. 北京：北京邮电大学出版社，2001

[8]   张明德. 光纤通信原理与系统. 南京：东南大学出版社，1998

[9]   纪越峰. 现代光纤通信技术. 北京：人民邮电出版社，1997

[10] 钱宗珏，区惟煦，寿国础，等. 光接入网技术及其应用. 北京：人民邮电出版社，1998

[11] 陈根祥. 光波技术基础. 北京：中国铁道出版社，2000

[12] 纪越峰. 光波分复用系统. 北京：北京邮电大学出版社，1999

[13] 顾畹仪，等. 光纤通信. 2 版. 北京：人民邮电出版社，2011

[14] 纪越峰. SDH 技术. 北京：北京邮电大学出版社，1998

[15] 韦乐平. 光同步数字传送网. 北京：人民邮电出版社，1998

[16] 解金山. 光纤用户传输网. 北京：电子工业出版社，1997

[17] 韦斯特耐技术培训公司. 局域网络. 陈明，译. 北京：中国电力出版社，2000

[18] Titu. s, Jon. DWDM communications rely on basic test techniques[J]. Test and Measurement World，2000(3)：42

[19] 储钟圻. 现代通信新技术. 北京：机械工业出版社，1998

[20] 张宝富，刘忠英，万谦，等. 现代光纤通信与网络教程. 北京：人民邮电出版社，2002

[21] 张宝富，万谦，葛海波，等. 宽带光网络技术与应用. 北京：电子工业出版社，2002